Une histoire
des techniques

Bruno Jacomy

Une histoire des techniques

Éditions du Seuil

En couverture : escalier tournant de Laurian. Détail du dispositif de suspension des cordes. Dessin aquarellé, début du XIXe siècle. Portefeuille industriel, Inv. 13571-137, pl. 1. © Musée national des techniques/Photo Dephti Ouest.

ISBN 2-02-012405-X

© ÉDITIONS DU SEUIL, FÉVRIER 1990.

La loi du 11 mars 1957 interdit les copies ou reproductions destinées à une utilisation collective. Toute représentation ou reproduction intégrale ou partielle faite par quelque procédé que ce soit, sans le consentement de l'auteur ou de ses ayants cause, est illicite et constitue une contrefaçon sanctionnée par les articles 425 et suivants du Code pénal.

Ce livre n'aurait pu être sans le concours d'un certain nombre de personnes qui ont accepté, à un niveau ou à un autre, d'être mêlés à cette aventure : Mme Dominique Ferriot, directeur du Musée national des techniques du CNAM et M. Jacques Darolles, directeur du Centre national art et technologie de Reims ; MM. Yves Deforge, Pierre Lherbier et Patrice Nottéghem qui ont bien voulu me faire part de leurs remarques constructives ; sans oublier les spécialistes qui m'ont conseillé pour telle ou telle partie et qui se reconnaîtront.

Que tous trouvent ici le témoignage de mes remerciements et de mon amitié.

Note : Pour uniformiser l'écriture des mots étrangers d'origines très diverses utilisés dans ce livre, ceux-ci ont été retranscrits selon la graphie du *Petit Robert 2*.

Introduction

> Technique : un de ces nombreux mots
> dont l'histoire n'est pas faite.
>
> Lucien Febvre, 1935.

Plus d'un demi-siècle après que Lucien Febvre a écrit cette phrase, du chemin a certes été parcouru et le champ de l'histoire des techniques, encore en friche avant la Seconde Guerre mondiale, a depuis lors produit nombre de fruits. Au départ simple curiosité, cette discipline a acquis, grâce à quelques pionniers encore trop peu connus, une notoriété au moins universitaire. Cependant, la petite phrase de L. Febvre doit toujours rester présente à nos esprits, car beaucoup de travail reste encore à faire.

Le grand mouvement qui a démarré dans les derniers siècles du Moyen Age a conduit l'Occident vers une société de production de masse qui a culminé en cette seconde moitié du XXe siècle. Depuis l'expansion du moulin à eau, vers le XIIe siècle, puis l'avènement de l'horloge mécanique, la technique s'est rapidement imposée comme l'une des composantes majeures de cette civilisation, et sa place, sans cesse grandissante, a engendré la civilisation industrielle que nous connaissons aujourd'hui. Mais au moment où s'ouvre la dernière décennie du XXe siècle, le courant de mécanisation croissante semble marquer le pas. Les machines mises à notre disposition, toujours plus nombreuses, ont créé des besoins énergétiques nouveaux. Toutefois, la mutation que nous vivons aujourd'hui diffère des autres périodes de profond changement qui ont secoué notre civilisation, comme le néolithique ou la révolution industrielle, par sa nature même. Certes, cette mutation touche encore largement notre vie quotidienne, mais les nouveaux outils qu'elle nous offre ne prolongent plus seulement nos mains, nos jambes, nos muscles. Ils prolongent nos sens, nos organes de communication et, dans une certaine mesure, notre cerveau. Naguère, la technique était dominée par la mécanique, dans son sens le plus concret, matériel, palpable. A présent, la multiplication des domaines du savoir, l'imbrication extrême des sciences et des techniques, la dématérialisation que nous offrent les nouvelles technologies nous contraignent à élargir de plus en plus le champ de nos disciplines traditionnelles.

Dès lors, une histoire des techniques écrite aujourd'hui ne peut se satisfaire de la simple évocation des grandes innovations qui l'ont jalonnée et des grands hommes qui l'ont marquée. Elle ne peut, non plus, être divisée en des champs bien distincts, dans lesquels on pourrait suivre l'évolution d'une lignée de machines, d'objets techniques. L'histoire des techniques, telle que je tente de l'approcher ici, est *culturelle*. Elle fait apparaître les liens qui, depuis les silex taillés par les premiers hommes jusqu'aux plus récents outils, souvent immatériels, que la société actuelle met entre nos mains, unissent les techniques aux pratiques sociales, les savoir-faire aux arts, les innovations aux modes de vie, etc. Ensuite, nous irons chercher les racines de cet Occident technique jusqu'en des sociétés et des pays fort lointains, pour mettre justement en rapport des points de vue, des modes de pensée parfois étonnamment proches. De même que les outils de communication dont nous disposons aujourd'hui nous mettent quotidiennement en contact avec la terre entière, et que le XXe siècle ne peut se comprendre sans un détour par les États-Unis, la Renaissance déjà ne peut être comprise sans un passage par l'Islam.

L'objectif est ambitieux. Mais il n'est pas question dans cet ouvrage introductif de tout dire, tout expliquer. Certains pans entiers sont ainsi soit laissés de côté, soit succinctement évoqués dans les synthèses qui ouvrent chaque grande période historique. Vouloir exposer à la fois la grande complexité des liens qui unissent les techniques entre elles et avec leur contexte, et quelques traits dominants, qui sont autant de constantes de l'histoire des techniques, n'est pas chose facile.

La nécessité même d'adopter le discours linéaire d'un livre pour retranscrire ce champ à deux dimensions qu'est l'histoire — dimension thématique d'une part, dimension temporelle

Introduction

d'autre part — m'a conduit à proposer ici une approche à la fois nouvelle et simple. Sept grandes tranches d'histoire rythment l'ouvrage et chacune d'elles, sauf la partie la plus ancienne, se compose d'un même triptyque : un panorama, un objet, un homme :

— un *panorama* est indispensable pour comprendre l'évolution des techniques à une période donnée ; nécessairement sommaire, cette synthèse s'attachera avant tout à donner des points de repère au lecteur, ainsi que les faits les plus marquants par rapport au contexte de chaque époque ;

— un *objet* est par définition concret. Et une histoire des techniques doit constamment se rattacher au tangible. Il importe d'entrer parfois dans le détail pour bien comprendre une démarche, une évolution. Chacun de ces chapitres ouvrira, à partir d'un objet technique particulier, des perspectives plus larges et une réflexion plus approfondie ;

— un *homme* est toujours à la base d'une innovation, d'un progrès technique. Certes, le rôle des individus doit souvent être réévalué par rapport aux mythes qui suivent depuis longtemps les « grands inventeurs », notamment à travers une imagerie populaire largement en vogue depuis la fin du XIXe siècle. Toutefois, certains hommes reflètent parfaitement une époque, une culture, et leurs travaux ne peuvent être dissociés de leur propre vie, de leur statut social. Nous avons choisi six personnages, pas nécessairement très connus du grand public, mais qui permettent d'illustrer d'une manière plus dynamique un mode de pensée et un environnement technologique.

Un certain nombre de thèmes transversaux étant traités au fil des exemples concrets, comme autant de messages à décrypter dans l'étude d'un homme ou d'un objet, le lecteur trouvera à la fin les outils indispensables à une recherche plus précise ou, au contraire, plus générale : l'index reprend les noms et les principales notions évoquées, et la bibliographie l'attirera vers d'autres horizons.

Dernier outil indispensable à cette approche globale, des tableaux chronologiques permettent au lecteur de resituer les courants ou événements marquants de l'histoire des techniques. Ces tableaux sont de deux types :

— des tableaux par période à la fin de chaque panorama,

résumant dans une vision d'ensemble les principaux éléments traités dans les trois volets de chaque partie ;
— un tableau général en fin d'ouvrage, montrant l'évolution comparée de quelques domaines majeurs.

L'histoire des techniques étant par essence cumulative, j'ai naturellement représenté ce dernier tableau selon une échelle de temps logarithmique, la plus pratique et la plus fidèle pour rendre la réalité de l'évolution des techniques depuis leurs origines.

Invention et innovation

J'ai volontairement proscrit, dans la plupart des cas, l'attribution du qualificatif « premier » à tel ou tel objet ou machine, rompant avec une habitude aussi néfaste que tenace d'attribuer à un individu, à une date bien précise, ce qui n'est généralement que le fruit d'une maturation plus ou moins lente, de recherches parallèles, de rencontres fortuites. De telles créations *ex nihilo* existent, mais elles sont rarissimes et nous ne manquerons pas de les signaler. Pour s'en convaincre, il suffit de noter les différents anniversaires séculaires de la naissance de l'automobile, qui se sont déroulés successivement dans plusieurs pays occidentaux, chacun ayant une excellente raison de prétendre avoir inventé cette machine.

Souvent, plusieurs inventions sont concomitantes, et surgissent « naturellement », ici ou ailleurs, à partir du moment où le milieu devient propice à leur apparition et où un homme, peut-être plus astucieux que les autres ou plus ouvert à l'innovation, a l'« étincelle créatrice ». Ainsi, pour le moulin à eau, la poudre à canon, le téléphone ou le phonographe, les créateurs ne sont pas uniques, et les procès en antériorité, menés aux États-Unis au cours de ces dernières années, ont montré la vanité de ce type de recherches. Oui, depuis les temps les plus reculés, depuis les premiers pas de l'agriculture ou de la métallurgie jusqu'aux découvertes les plus récentes, l'histoire des techniques est un enchaînement constant d'avancées où chaque technique évolue sur la base d'une culture existante pour créer des innovations successives et cumulatives.

Je réserverai donc le terme d'« innovation » aux inventions

qui auront accédé au stade d'un produit nouveau, effectivement réalisé et économiquement viable, et produit en série plus ou moins limitée. Si Papin a inventé la marmite à vapeur et Seguin la chaudière tubulaire, ce sont la machine à vapeur de Watt et la locomotive de Trevithick que je considérerai comme de grandes innovations. Bien sûr, la frontière ne sera pas toujours aussi nette, la réalité étant généralement plus complexe que notre esprit voudrait bien la voir...

Le règne machinal [1]

Alors que, dans chaque synthèse historique, sera donnée de l'histoire des techniques une vision essentiellement chronologique, les autres parties l'aborderont sous un angle plus dynamique, où les objets seront resitués dans un système plus global. Plus précisément, j'envisagerai l'objet au nœud du réseau de relations qu'il entretient avec son environnement, empruntant les quatre « regards » que propose Y. Deforge pour aborder l'objet industriel. Considérant l'objet comme produit dans un système de production, nous verrons par exemple comment la technique du rivetage, au cours de la révolution industrielle, a évolué en lien étroit avec l'organisation du travail et la mécanisation des opérations, faisant intervenir des variables économiques, sociales ou pédagogiques. En tant que marchandise dans un système de consommation, le minitel sera l'occasion de constater comment un objet technique peut être introduit dans les foyers d'aujourd'hui sans qu'il existe *a priori* de demande sociale pour ce type d'appareil. Dans le même ordre d'idées, nous verrons que certains objets n'ont, tel l'obélisque, qu'une fonction symbolique.

Les machines, comme le moulin à eau ou le métier à bas, pourront, elles, être appréhendées comme des éléments d'un système d'utilisation, dans lequel elles suivent des lois d'évolution typiques : vers le simple, le concret, l'automatique, etc. Enfin, en tant qu'« êtres en soi », les objets évoluent selon des « lignées », c'est-à-dire des ensembles regroupant les objets de

---

1. Formule que j'emprunte à Guy Deniélou.

même type, ayant même fonction et même principe de fonctionnement. Ainsi, nous verrons, avec les exemples de la noria et du moulin à eau, comment, pour un objet donné, toutes les possibilités techniques sont généralement explorées avant de parvenir à un type durable. De ces lignées, nombreuses sont celles qui sont abandonnées, car ne pouvant être développées dans un système technique donné. C'est le cas des machines volantes des ingénieurs de la Renaissance. D'autres sont oubliées et resurgissent quelques années ou quelques siècles plus tard, comme les systèmes de régulation de Ctésibios et d'al-Jazari.

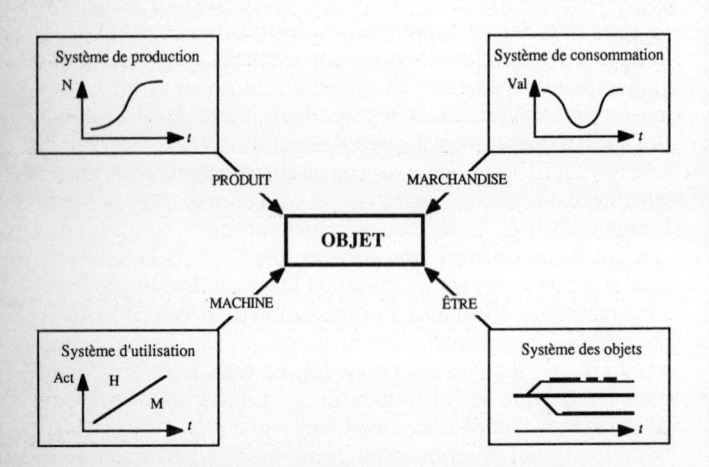

Les quatre approches de l'objet industriel [1]

Un autre phénomène se manifestera fréquemment. Il s'agit de la saturation d'une filière technique donnée, cette filière étant définie comme l'ensemble des objets ayant une même fonction d'usage, et pouvant donc englober plusieurs lignées. Nous verrons comment aujourd'hui, par exemple, la filière des

1. D'après Yves Deforge, *Technologie et Génétique de l'objet industriel*, Paris, Maloine, 1985, p. 76.

ordinateurs tend vers une saturation dans ses performances — vitesse, miniaturisation... — et qu'il est nécessaire, dans pareil cas, de récupérer une technique momentanément abandonnée pour progresser à nouveau : on oriente notamment les recherches actuelles vers des ordinateurs à architecture parallèle. Cette notion de filière saturée, B. Gille l'utilise au niveau plus global du système technique d'une époque et d'un lieu précis [1]. Il parle alors de système bloqué, et le cas typique est celui du système technique chinois arrivé à un stade de blocage autour du XVe siècle.

Ces notions générales, sommairement évoquées ici, ne seront pas toujours explicitées dans le texte qui suit. Ce sera au lecteur de prolonger, à partir des clés qui lui sont livrées, cette rapide histoire des techniques par sa propre approche, sa propre culture.

---

1. Voir, à ce propos, les « Prolégomènes à une histoire des techniques » qu'expose Bertrand Gille dans son *Histoire des techniques* (Paris, Gallimard, « Encyclopédie de la Pléiade », 1978), p. 19-34.

première partie

Les origines

L'étude des origines de la technique nous plonge dans un monde bien étrange et bien différent des autres périodes que nous allons aborder. Nous déplorions, en introduction, un cloisonnement des disciplines qui tend à mettre à part l'histoire des techniques, hors des champs habituels de l'histoire. Voici qu'avec la préhistoire nous pénétrons dans un domaine où, justement, les techniques occupent une place centrale. Les préhistoriens, serait-on tenté de penser alors, ont beaucoup à apprendre aux historiens des civilisations postérieures, puisqu'ils partent de l'objet et des traces matérielles — outils, pointes de flèches, etc. — pour lire l'histoire de l'homme dans une perspective très globale : ses créations, ses activités, sa culture, la taille de son cerveau et de ses membres, son habitat, son mode de vie, ses rites... Bel exemple de vision d'ensemble où l'homme n'est plus séparé de ses activités, notamment techniques... Tout serait pour le mieux si l'historien des techniques ne se trouvait rapidement confronté aux difficultés chronologiques d'un monde où les différents chercheurs qui se sont depuis longtemps penchés sur la question n'avaient eux-mêmes instauré, chacun de son côté, un schéma d'évolution indépendant, avec ses propres termes, ses propres systèmes de référence. Paléontologues, anthropologues, géologues ont mis en place une terminologie complexe que seule une étude approfondie de la préhistoire permet d'appréhender finement.

Dans les quelques pages que nous consacrerons à ces milliers d'années qui ont précédé l'émergence des premières grandes civilisations antiques, nous nous contenterons d'une chronologie sommaire, fondée sur la datation courante, en tentant seulement de faire ressortir les principaux systèmes techniques et les acquisitions fondamentales de l'homme depuis les premières traces d'utilisation des outils. Bien entendu, les chiffres que nous avançons sont toujours, pour cette époque, à prendre avec précaution et ne sont cités que pour donner des points de repère ; en l'absence de précision, ces dates font référence à l'Europe occidentale. Il sera aisé au lecteur qui voudra approfondir la question de se tourner vers les histoires plus complètes ou les écrits d'André Leroi-Gourhan qui a, entre autres, produit une synthèse remarquable de l'évolution des outils avec une vision technique qui dépasse largement les limites de la préhistoire [1].

L'histoire technique de l'humanité commence avec l'homme lui-même. « Le seul critère d'humanité biologiquement irréfutable est la présence de l'outil [2]. » Ce qui différencie l'animal de l'homme, c'est bien, d'une part, la station debout qui libère la main de la locomotion et, d'autre part, l'usage d'outils artificiels. En cela, la main précède le cerveau. Les premiers hommes qui utilisent des outils et les façonnent — et qu'on nomme *Homo habilis* — sont encore dotés d'une intelligence sommaire, mais la lignée dont nous sommes issus est déjà bien délimitée. C'était il y a environ 2 500 000 années.

Cette première acquisition fondamentale, inséparable de l'homme lui-même, sera suivie de deux autres, tout aussi importantes, qui conduiront l'homme primitif vers les premières civilisations : le feu, apparemment fort tardif puisque sa domestication n'intervient que vers 400 000 ans avant notre ère, et surtout l'agriculture qui, autour du VIIIe millénaire, ouvrira véritablement la voie à l'histoire moderne.

L'outil de pierre taillée

L'apparition des premiers outils de pierre taillée voit la naissance de notre culture technique, bien antérieure à notre culture tout court. L'Australanthrope d'il y a deux à trois millions

---

1. Voir notamment André Leroi-Gourhan, *Évolution et Techniques*, Paris, A. Michel, coll. « Sciences d'aujourd'hui », 1971 (1re éd., 1943-1945), 2 vol., ainsi que le chapitre qu'il a rédigé dans l'*Histoire générale des techniques* dirigée par Maurice Daumas (t. 1).
2. André Leroi-Gourhan, *Le Fil du temps, ethnologie et histoire*, Paris, Éd. du Seuil, coll. « Points Sciences », 1983, p. 69 (1re éd., Paris, Fayard, 1983).

Les origines

d'années découvre qu'en frappant un galet perpendiculairement avec un autre galet, comme on brise des noix ou des os, il se fabrique un outil fort utile. Mais il ignore encore qu'en réalisant cette forme la plus élémentaire d'outil tranchant, ou plutôt raclant, il inaugure une lignée technique qui se pérennisera sur des millénaires par transmission et accumulation successives.

Cet homme, car c'en est déjà un, transmettra à sa descendance, en même temps que les outils et les objets qu'il a fabriqués, un savoir technique qui servira de base à de futurs progrès. La boucle dès lors s'enchaîne et, de petits pas en petits pas, au gré des migrations de populations, des changements climatiques, puis de facteurs économiques et sociaux de plus en plus complexes, naîtront, presque logiquement, la charrue, la machine à vapeur et les supraconducteurs.

Certes, l'Australanthrope est encore relativement loin de notre aspect physique actuel, et son cerveau a encore une faible capacité. Mais avec la station debout, les changements dans son alimentation et son mode de vie, son cerveau s'enrichira progressivement et lui permettra l'acquisition du langage et de la réflexion abstraite, caractéristiques d'un *Homo sapiens* qu'on a longtemps tenu pour notre premier ancêtre « sérieux », pour la simple raison qu'il pensait...

Les outils primitifs, simples silex éclatés, vont connaître un développement considérable tant dans leur forme et leur usage que dans leurs méthodes de fabrication. Compte tenu de leur longévité, puisqu'ils ne disparaîtront pas avec l'avènement de la métallurgie, ils constituent à coup sûr les outils les plus utilisés de tous les temps. Le premier de cette longue lignée d'outils de pierre, simple galet tronqué, appelé *chopper* par les préhistoriens en raison de son usage de hachoir, est parfois bien difficile à dissocier de galets brisés par un choc fortuit. Mais il est bien le résultat d'une opération volontaire : frapper perpendiculairement un silex avec un autre pour créer un tranchant.

Le galet aménagé originel, grossier et irrégulier, cède progressivement la place au biface, façonné dans sa totalité par un travail d'éclatement beaucoup plus fin ; faisant notamment appel à une frappe oblique, il permet l'obtention d'un tranchant rectiligne. Le pas est énorme entre ces deux étapes et il

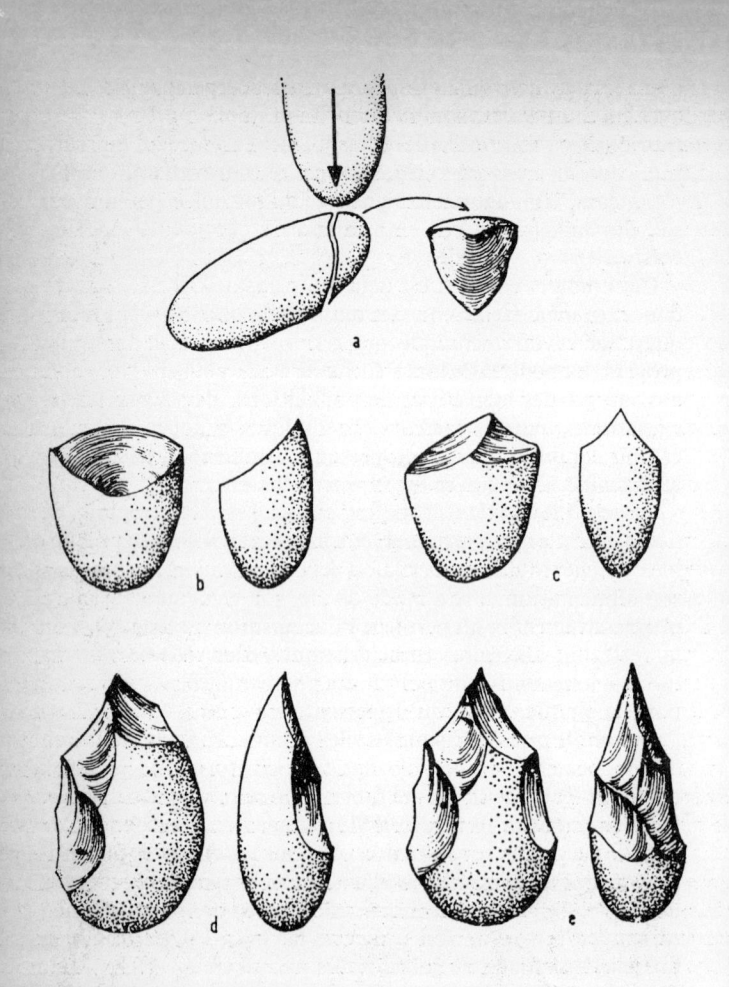

La fabrication d'un « chopper », premier galet éclaté des archanthropiens. En frappant un galet contre un autre, l'homme crée un éclat et l'outil ainsi fabriqué peut servir de racloir.

Le biface. Dans ce stade plus évolué de la fabrication des outils, l'homme frappe tout autour du galet pour créer un tranchant beaucoup plus fin.

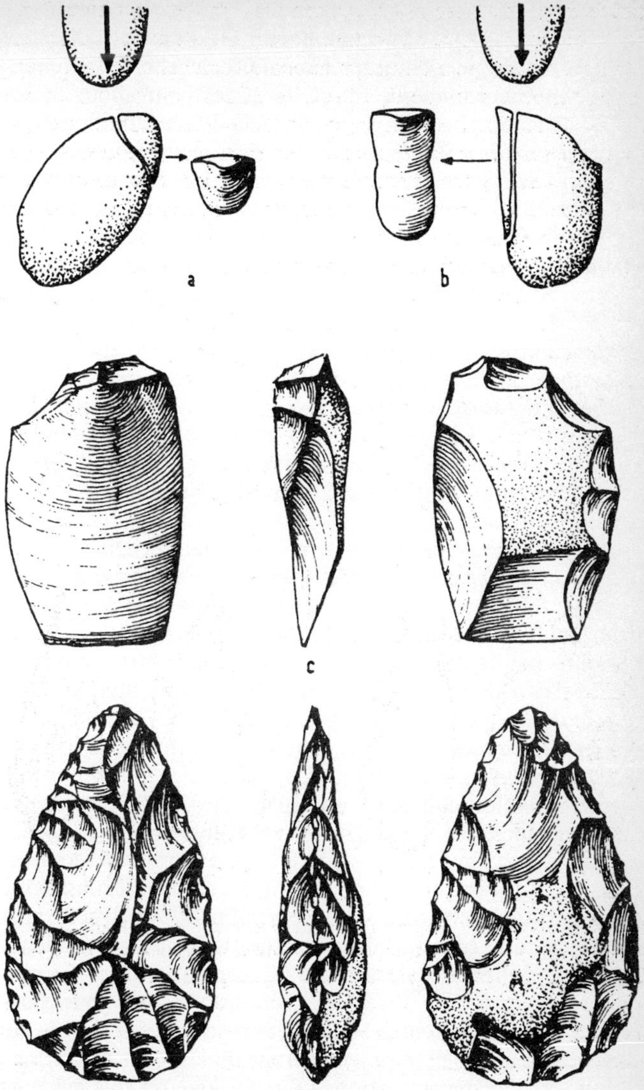
a
b
c
d

faudra près d'un million d'années pour passer de la pratique fruste de l'Australanthrope, qui ne réalise qu'un seul geste pour transformer le galet en outil élémentaire, à celle de l'Archanthrope qui coordonne de multiples gestes pour aboutir à un outil beaucoup plus complexe. Au-delà d'une évolution de la pratique même, il faut, pour le mettre en œuvre, que la forme de l'outil à réaliser préexiste dans l'esprit de son réalisateur, ce qui induit une intelligence technique déjà très évoluée.

Dès lors il ne faudra plus que quelques centaines de milliers d'années (!) pour franchir un nouveau pas et aboutir à ce qu'on nomme en Occident le complexe levalloisien, ensemble technique né avec les premiers hommes de Neandertal et qui culmine entre 100 000 et 40 000 ans avant notre ère. A présent, une technique mûre de débitage des silex autorise la réalisation d'outils très diversifiés — racloirs, pointes, couteaux... — issus d'éclats larges et minces et non plus seulement du *nucleus* initial. Il ne faut pas moins de six groupes d'opérations différentes et des cailloux soigneusement sélectionnés en fonction de leur forme et de leur poids pour fabriquer ces produits complexes. Si l'on assiste alors à une spécialisation des outils, on doit se représenter des ateliers eux aussi spécialisés dans la fabrication en série de cet outillage. Pour Leroi-Gourhan, l'étape franchie par les Neandertaliens est « aussi importante que l'accession à l'agriculture ou aux forces motrices artificielles » ; à partir de cette industrie du silex arrivée à son apogée devient possible l'évolution qui conduira à la métallurgie.

Bien évidemment, les silex, pour aussi nombreux qu'ils nous soient parvenus, ne doivent pas nous faire oublier qu'ils n'étaient pas les seuls outils ou objets utilisés par les hommes préhistoriques. Tout ce qui est périssable — bois, corne, peaux... — ne nous est hélas parvenu qu'à de rares exceptions, et les préhistoriens ont tenté, à partir des traces qui subsistent, de reconstituer la vie de ces premiers hommes. Ainsi, si les plus anciens d'entre eux utilisaient leurs outils de pierre pour dépecer la viande, les Archanthropiens faisaient aussi usage des bois de cerfs ou de cornes d'antilopes comme massues, pour chasser les grands mammifères et surtout les découper. La vie sociale s'organise notamment autour de la nourriture et des techniques de consommation. Le feu y joue un rôle évidemment fort important et sa domestication, apparue autour de

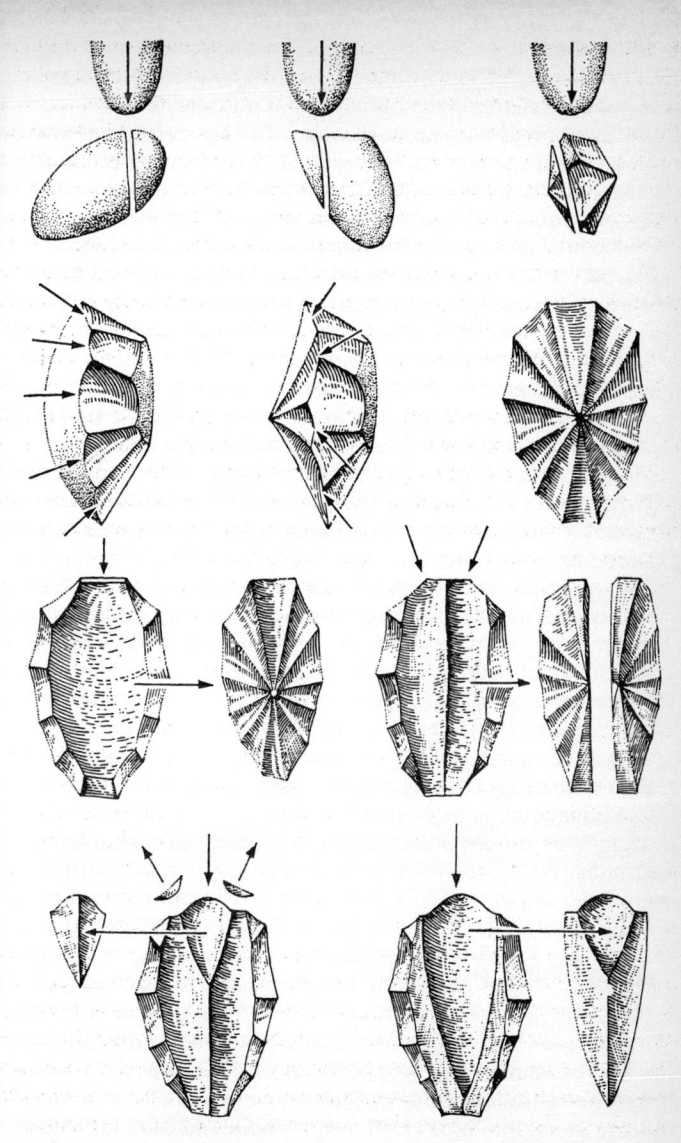

Étapes de fabrication dans le complexe levalloisien.

400 000 ans avant notre ère, aura pour première motivation la cuisson des produits de la chasse. L'homme de Neandertal, lui, utilise les nombreux outils de silex qu'il sait travailler pour tailler le bois et la corne, se façonner des sagaies ou des flèches.

Au stade suivant, les hommes de Cro-Magnon, ces Néanthropiens vivant entre -30 000 et -10 000, hériteront d'outils et de techniques déjà très perfectionnés, qu'ils affineront à leur tour pour fabriquer des herminettes, des haches, des couteaux, des perçoirs, toute une panoplie d'outils variés avec lesquels ils travailleront les peaux pour se faire des vêtements, se bâtiront des huttes et des tentes, feront de la vannerie. L'homme de Neandertal avait probablement déjà acquis un langage lui permettant, sinon l'expression de données abstraites, du moins la communication au cours de ses actes techniques. La naissance d'une expression artistique avec l'homme de Cro-Magnon, qui nous est parvenue sous forme d'art pariétal, va de pair avec une expression parlée très proche de notre langage.

Les dernières formes d'outillage de pierre se développent alors que nous entrons dans le néolithique et qu'apparaît un nouveau système technique fondé sur l'agriculture et les techniques liées au feu — poterie, puis verre et enfin métal. Alors même que la métallurgie se sera implantée en plusieurs points du côté oriental du bassin méditerranéen, haches et herminettes de pierre polie achèveront la longue histoire occidentale de l'industrie de la pierre par des réalisations très évoluées, outils de grandes dimensions dotés de manches et adaptés au nouveau système agricole. Et de l'autre côté de l'Atlantique, l'outillage lithique survivra jusqu'à l'aube de la Renaissance, et même jusqu'à aujourd'hui en quelques points isolés de l'Ancien Monde.

L'explosion du néolithique

Sans que l'on en connaisse les raisons précises, il se produit dès la fin du mésolithique, autour du VIIIe millénaire, une accélération radicale dans le rythme des acquisitions techniques. Jusqu'alors, l'homme vivait avant tout de cueillette, de chasse et de pêche, et tout son système technique était tourné vers une

Les origines

survie matérielle dans une société formée de petits groupes d'hommes souvent nomades. Grâce notamment à un climat plus doux, les populations commencent à se sédentariser et à se fixer en certaines zones favorables. L'un des foyers les plus féconds de cette civilisation naissante se concentre entre la Méditerranée et la mer Noire, dans une zone englobant grossièrement la Grèce et la Turquie actuelles, avec des ramifications vers l'Irak, la Syrie et la Palestine. Les sites de Jarmo, Shanidar, Çatal-Höyük, fouillés au cours des dernières décennies, témoignent d'un net passage de l'économie primitive à la culture du blé et à l'élevage des chèvres entre -8 000 et -6 000. Dans ces zones où préexistent nombre de graminées à l'état sauvage, les populations nouvellement fixées commencent à exploiter les ressources de la terre, à cultiver le blé sauvage et l'orge, à domestiquer bovidés, porcs et moutons. A l'avènement de l'agriculture et de l'élevage se joint un mouvement de concentration humaine en gros villages, de plusieurs milliers d'habitants, sans qu'on puisse encore parler de véritables villes.

Avec l'agriculture prend forme un outillage adapté de l'outillage ancien. Des faucilles en silex permettent de récolter les nouvelles céréales cultivées, les outils à travailler le bois se perfectionnent pour la fabrication d'habitations et de mobilier. Pilons et bols de pierre permettent le broyage et la consommation. Le changement de mode de vie, malgré sa relative rapidité par rapport aux évolutions précédentes, se produit progressivement et n'élimine pas d'un seul coup les anciennes pratiques. Chasse, pêche et cueillette seront longtemps encore pratiquées simultanément avec l'élevage et l'agriculture. De plus, faut-il le préciser, les évolutions des différentes sociétés à travers le monde sont loin d'être concomitantes. Alors que s'érigent les premières cités irakiennes et que la métallurgie y est maîtrisée, beaucoup d'autres zones, dont l'Europe occidentale et septentrionale, en sont encore au système technique du mésolithique et ignorent l'agriculture; d'autres enfin connaissent à peine l'usage du feu.

Remarquons au passage que, pour la préhistoire, et pour la préhistoire seulement, c'est le stade de développement technique qui sert de repère pour les dénominations temporelles : paléolithique pour l'âge de la pierre taillée, néolithique pour

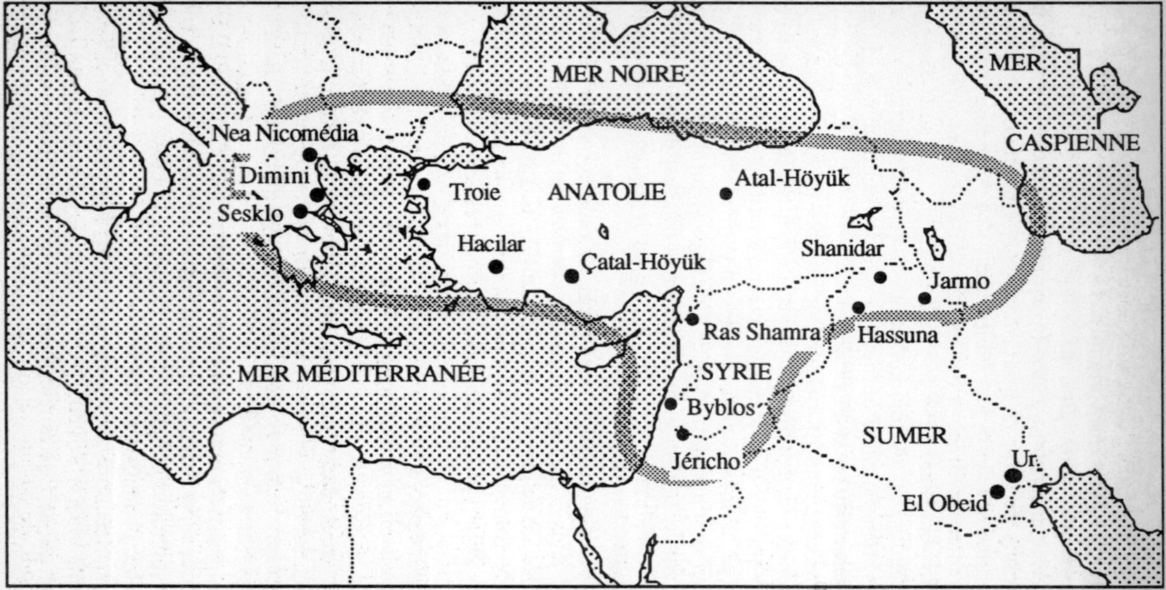

Foyers de proto-agriculture en Asie occidentale au néolithique.

l'âge de la pierre polie, etc. Beaucoup plus tard, le terme de « révolution industrielle », entré dans le langage courant, nous rappellera encore un tant soit peu le champ de la technique, mais il reflétera davantage une vision socio-économique des choses qu'une vision purement « technologique ».

Au cours du néolithique voient le jour d'autres foyers de civilisation où les hommes domestiquent plantes et animaux. Le foyer soudanais, apparu vers −3500 en Afrique occidentale, met en culture le sorgho et le mil ; dans le foyer tropical humide d'Asie orientale, la culture des ignames se répand à partir de l'Indonésie. Et les civilisations des grands fleuves connaissent un début d'implantation : hors le croissant fertile, qui se peuple à partir de l'Asie Mineure, les vallées de l'Indus et du Gange d'un côté, celles du fleuve Jaune et du fleuve Bleu de l'autre, concentrent des populations autour de la culture des différentes espèces de millet et de riz. Sans oublier les foyers d'Amérique, dont le principal, au Mexique, exploite la culture des plantes à tubercules : manioc, patate douce.

Si l'agriculture joue un rôle certain dans la mise en place de nouvelles pratiques collectives, par le partage et la protection commune du patrimoine agricole de la collectivité, la structuration sociale avait commencé il y a bien longtemps déjà, en particulier autour du feu. Dès sa domestication, vers −400 000, le feu a modifié la perception de l'espace et du temps des hommes. Avec la cuisson des aliments s'est mise en place une division du temps pour permettre au groupe de prendre ses repas en commun, de même qu'une division des tâches a réparti l'espace de vie selon les activités : travail de la pierre, préparation alimentaire, etc. Le passage à l'agriculture se situe dans le droit fil de cette évolution de la vie sociale, favorisée par un milieu naturel propice.

Les outils de l'agriculture primitive sont encore sommaires, et dérivent des outils « généralistes » précédents. Mais ils vont se spécialiser en fonction des opérations agricoles et donner forme à quelques types principaux qu'on voit apparaître et se perpétuer dans les diverses civilisations du globe. Tenter une évolution génétique des outils de la terre n'est pas aisé, d'autant que les outils sont indissociables des plantes cultivées, de leur mode de culture, et des caractéristiques du sol.

Les ethnologues se sont toutefois attelés de longue date à l'étude des techniques agricoles [1] et l'évolution des outils de l'agriculture est à présent bien connue. La houe y joue un rôle fondamental et on la trouve sous des formes très semblables dans la plupart des sociétés rurales. L'étude des outils utilisés actuellement nous permet d'imaginer avec assez de précision l'état de l'outillage paléo- ou néolithique. Les houes à lame de pierre retrouvées notamment en Asie du Sud-Est nous montrent les techniques d'emmanchement généralement obtenues par ligature de la lame sur un manche en bois. La houe, utilisable pour la plupart des opérations de préparation des sols — retourner et égaliser la terre, creuser des sillons — trouve dans l'herminette son homologue pour le travail du bois. Les deux outils sont de configuration semblable, la houe étant plus forte que l'herminette, et leur mode d'action est le même, la percussion perpendiculaire. Ils diffèrent radicalement du bâton à fouir, simple bâton pointu utilisé aujourd'hui encore par les Bochimans ou les Indiens d'Amérique du Sud pour l'ensemencement ou le travail du sol. Le bâton à fouir est plutôt à l'origine de la bêche, puis, par traction du soc, donne naissance à la lignée des araires et charrues.

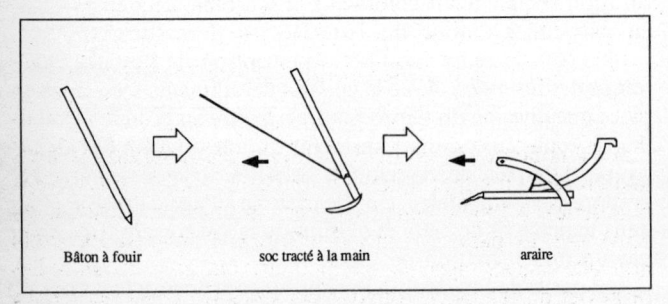

Passage du bâton à fouir à l'araire.

---

1. Voir notamment l'étude fondamentale d'André-Georges Haudricourt et Mariel Jean-Brunhes Delamarre, *L'Homme et la Charrue à travers le monde*, Lyon, La Manufacture, 1986 (1re éd., Paris, Gallimard, 1955), 410 p.

Les origines

On retrouve d'ailleurs un exemple de cette phase intermédiaire du soc tracté dans la pêche aux équilles sur nos côtes de Normandie. De même on trouve encore nombre de cas d'utilisation d'herminettes avec lame en éclat de silex de par le monde, comme celles qui servent à l'extraction de la moelle en Nouvelle-Guinée. Le passage à l'araire, pour sa part, n'est rendu possible qu'avec la domestication du gros bétail, vers 3500 av. J.-C.

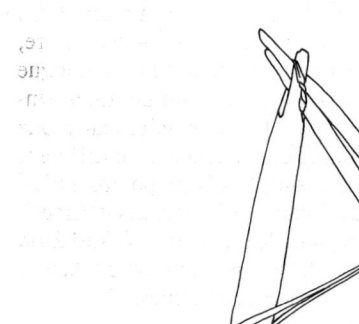

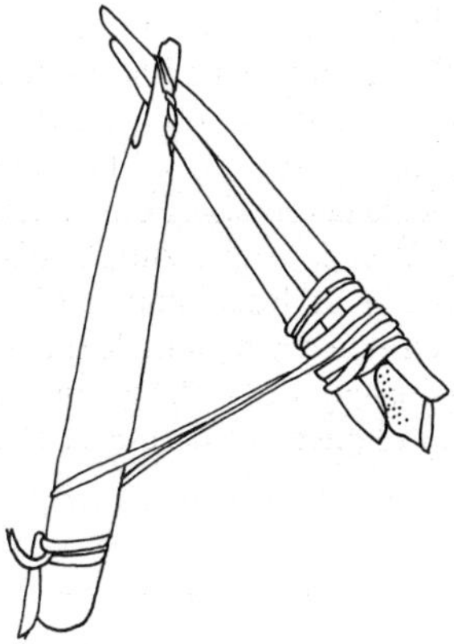

Herminette des Yafar.

Avec la domestication des plantes et des animaux, se mettent en place nombre d'activités annexes relatives au portage (vannerie), à l'habillement (tissage), au mobilier (travail du bois), etc. Le passage à la sédentarité et l'organisation de la nouvelle société agricole permettent, par une division des tâches et du temps en fonction du stockage de la nourriture et des rythmes saisonniers, de libérer des heures de travail et des spécialistes pour les nouvelles activités artisanales. Ce contexte favorable permettra un décollage rapide du progrès technique, notamment dans le domaine des activités liées au feu.

Les arts et techniques du feu

Bien qu'on ne connaisse pas précisément les conditions d'apparition de la céramique, on ne peut qu'être frappé par la rapidité d'arrivée de cette nouvelle technique dans le contexte de la proto-agriculture. Dès 6 000 ans avant notre ère apparaissent des figurines d'argile cuite et la céramique primitive verra le jour au cours du millénaire suivant, dans les sociétés agricoles, en même temps que le plâtre. Nous savons que le feu est utilisé depuis longtemps déjà pour les besoins culinaires, mais il a aussi servi au cours du mésolithique à cuire des ocres ferrugineuses pour obtenir les teintures nécessaires au premier art rupestre des Néanthropiens, qui ne cesse de se développer dans les différents foyers entre -30 000 et -8 000.

C'est sans doute fortuitement que la faculté de solidifier l'argile par cuisson a été découverte, mais sa mise en œuvre à échelle artisanale demande un savoir-faire spécialisé qui ne pouvait voir le jour que dans un contexte propice : d'une part, le besoin de récipients pour conserver et transporter les produits de la terre, d'autre part, le passage à la sédentarité apportant la stabilité indispensable au séchage des poteries. Enfin cette nouvelle technique émane aussi d'un milieu, d'une culture où l'argile, sous forme de briques crues, commence à être utilisée couramment pour édifier les habitations. L'avènement de la céramique représente une étape essentielle dans le long cheminement d'un système technique fondé sur le minéral, dont les outils de pierre ont constitué l'origine, et qui culmine avec le savoir-faire des Égyptiens dans les méthodes constructives de leurs gigantesques monuments.

L'obtention du plâtre exige, comme la céramique, une température de cuisson de 500 à 700 °C qui ne peut être obtenue que grâce à une parfaite maîtrise du foyer et de la composition des matières premières ; elle demande elle aussi des artisans spécialisés. Et c'est la pratique des potiers et chaufourniers qui servira de base à l'apparition de la métallurgie primitive. Mais le passage d'une technique à l'autre suppose encore un pas important dont tous les facteurs ne sont pas clairement élucidés. La réduction du cuivre, l'un des premiers métaux façonnés par l'homme, réclame une température de plus de 800 °C, ce qui peut être réalisé dans les foyers des potiers, et nécessite aussi l'emploi d'un élément réducteur, qui peut être la chaux des chaufourniers. Le plâtre recouvrant les parois et le sol du four de potier a pu créer au départ les conditions favorables à la réduction du minerai.

Mais le pas à franchir, pour passer de la poterie à la métallurgie, est aussi, et dans une large part, psychologique. Le métal est rarement disponible à l'état natif et généralement il faut avoir recours au minerai, qui se présente sous une forme proche de la pierre. Fondre une pierre pour en tirer un métal malléable n'est pas chose évidente. Les premiers métallurgistes qui sauteront le pas créeront autre chose que du métal. Ils donneront naissance à un mythe extrêmement vivace dont nous verrons, avec les riveurs du XIXe siècle, qu'il en reste encore des traces tout près de nous. Le forgeron jouit, dans la plupart des sociétés, d'un statut très particulier. Mis à l'écart du village, il exerce son art utile dans un relatif isolement, la maîtrise du feu et de la transformation de la matière lui conférant un pouvoir qu'il ne peut avoir acquis que des dieux. « Le technicien est donc bien le maître de la civilisation parce qu'il est le maître des arts du feu », nous dit Leroi-Gourhan. Et il précise : « Les peuples qui nous ont conservé le souvenir de cette première période des sociétés modernes ont eu conscience du caractère ambigu de l'organisme naissant et ce n'est pas sans motif que le mythe prométhéen reflète à la fois une victoire sur les dieux et un enchaînement, ni que la Bible, dans la Genèse, expose le meurtre d'Abel par l'agriculteur Caïn, bâtisseur de la première ville et ancêtre de son double Tubalcaïn, premier métallurgiste [1]. »

A la métallurgie du cuivre et de l'or succéderont, jusqu'au début du IIIe millénaire, celle du bronze et, en dernier lieu, celle du fer qui suppose un nouveau pas quantitatif dans la température de fusion, et donc dans l'appareillage du four : construction du foyer, soufflets, etc. Mais alors que des armes et des outils métalliques commenceront à être produits, les hommes de la fin du néolithique continueront d'utiliser cou-

---

1. André Leroi-Gourhan, *Le Geste et la Parole*, Paris, A. Michel, 1985 (1re éd., 1964), t. 1, *Technique et Langage*, p. 248.

ramment un outillage de pierre arrivé à sa maturité, étape ultime de son évolution.

Avec le façonnage de manches adaptés aux différents gestes, le polissage de la pierre et son perçage, les hommes du néolithique fabriquent des outils de pierre proches de la perfection, et dont certaines civilisations poursuivront la tradition parfois jusqu'au XIXe siècle, tels les Polynésiens, les Mélanésiens et les Indiens d'Amérique. Ces marteaux, haches et herminettes seront couramment utilisés par les Mésopotamiens et les Égyptiens, longtemps après l'avènement de la métallurgie du fer.

deuxième partie

L'Antiquité

1. Panorama

Avec la fin du néolithique apparaissent ce qu'on a coutume d'appeler les temps historiques, vers la fin du IVe millénaire av. J.-C. Les modifications climatiques entamées au mésolithique ont provoqué des déplacements de populations depuis les régions rendues trop sèches vers celles, plus humides, des grands fleuves des zones tempérées. Les premières grandes civilisations techniques vont ainsi naître en plusieurs points du globe présentant des analogies géographiques. Le Proche-Orient verra se développer les deux civilisations sœurs d'Égypte et de Mésopotamie, plus à l'est apparaîtra le foyer de la vallée de l'Indus puis, en Chine, la vallée du Huang Ho, le fleuve Jaune. Avant de revenir sur ces dernières civilisations asiatiques, nous verrons tout d'abord comment celles du « croissant fertile » ont donné naissance, en quelques millénaires, à la civilisation indo-européenne, à travers les deux grands foyers de l'Antiquité : la Grèce et Rome.

Avant que les techniques de la communication ne viennent, en notre siècle, en bouleverser le paysage, l'histoire des techniques repose traditionnellement sur deux grands domaines dont nous suivrons pas à pas jusqu'à aujourd'hui l'évolution et les points de rencontre : d'un côté des techniques « lourdes », mettant en œuvre de gros moyens, comme l'exploitation des ressources naturelles, la construction ou les techniques militaires, et de l'autre des techniques plus « fines », essentiellement caractérisées par la mécanique, depuis les métiers à tisser jusqu'aux horloges, techniques destinées dans un premier temps à seconder l'homme dans ses activités productives ou ludiques, avant de faire à sa place nombre de tâches. Cette dichotomie élémentaire sera illustrée, pour les deux foyers de création technique de l'Antiquité occidentale que furent l'Égypte et la Grèce, par un objet symbolique, l'obélisque, et par un mécanicien éminent, Héron d'Alexandrie.

Le système technique de l'Antiquité est avant tout un système technique de transition qui verra passer les civilisations méditerranéennes d'une structure rurale disséminée à une structure partiellement urbanisée bâtie autour d'un pouvoir politique fort. Le contexte géographique joue, au démarrage de cette évolution, un rôle capital.

Alors que nous allons nous pencher plus spécialement sur les civilisations du Proche-Orient, nous voudrions rapprocher l'émergence d'une culture urbaine dans les vallées du Nil, du Tigre et de l'Euphrate, de celle de la vallée de l'Indus, certes située plus à l'est puisque sur le territoire actuel du Pakistan, mais procédant d'un type d'évolution tout à fait semblable. Apparue au milieu du IIIe millénaire avant notre ère, la civilisation de la vallée de l'Indus s'est bâtie, comme celles de l'Égypte et de la Mésopotamie, autour d'un pouvoir centralisé ayant mis en place un urbanisme très avancé, avec notamment des réseaux hydrauliques répondant aux besoins d'hygiène publique d'une région rendue insalubre par le régime des crues de l'Indus et leur récession. Les fouilles menées à Harappa et à Mohenjo-Daro ont permis de mettre au jour un ordonnancement urbain de larges rues rectilignes, des systèmes de canalisations alimentant des bains et des égouts couverts pour l'écoulement des eaux usées. Les techniques de construction sont les mêmes que celles que mettront en œuvre les Mésopotamiens avec des assemblages de briques crues jointoyées avec du mortier de chaux et, pour les bains, une couche de bitume assurant l'étanchéité. Dans ce dernier domaine, les constructeurs de l'Indus mettront en place, pour le chauffage des bains, un système d'hypocauste tout à fait semblable à celui qu'utiliseront les Romains près de deux millénaires plus tard.

Sans qu'on ait pu en préciser les raisons, cette grande civilisation urbaine de l'Indus disparaît assez brutalement autour de 1800 av. J.-C. Les contacts étaient fréquents, on le sait, avec les régions du nord-ouest, mais il est tout de même difficile de dire aujourd'hui si la civilisation sumérienne est issue de celle de l'Indus. On peut seulement affirmer que cette vallée, bien longtemps après la chute de la société urbaine, a joué un rôle historique dans les transits entre le Moyen-Orient et l'Inde et, au-delà, avec la Chine.

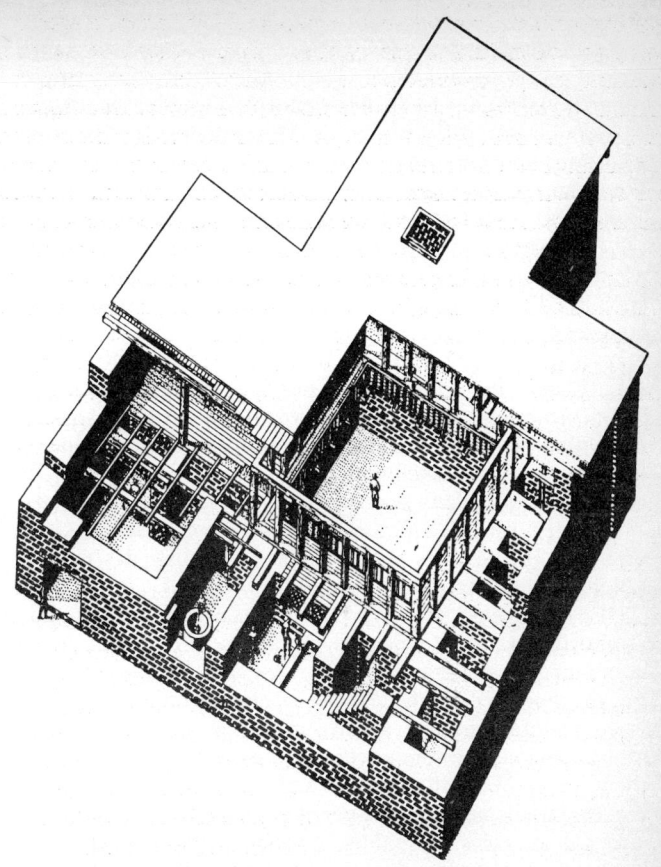

Axonométrie d'une maison d'habitation.

Les grands bâtisseurs de l'Antiquité

Les civilisations méditerranéennes antiques nous ont légué une somme de vestiges architecturaux considérable. Certes, il faut se garder de ne voir, dans ces hommes de l'Antiquité, que des bâtisseurs, en oubliant les autres éléments de leur système technique, mais il n'en demeure pas moins que, dès le IVe millénaire, nous assistons à une prolifération de travaux d'envergure, et ceci pour la première fois dans l'histoire. Les grandes zones fluviales dans lesquelles viennent s'installer les premières populations d'Égypte et de Mésopotamie jouissent de conditions géoclimatiques tout à fait propices à une agriculture riche et variée, mais à condition de tirer parti des crues abondantes et parfois dévastatrices des deux bassins. Dès lors, leur développement se trouve lié à la mise en œuvre d'importantes infrastructures hydrauliques — barrages, canalisation des cours d'eau — nécessairement dotées d'une gestion rigoureuse des périodes de retenue ou d'écoulement. Une telle exploitation n'est envisageable qu'au plan d'un pays et impose, pour être efficace, une centralisation des décisions et une maîtrise de l'information liées à un pouvoir fort. Une fois ces structures en place, la prospérité des populations va accompagner la richesse croissante des administrations centrales. Le savoir-faire technique acquis dans la construction de digues, de canaux, de barrages, est peu à peu mis à profit pour l'édification de tombeaux, de temples et de palais, mais aussi des réseaux urbains d'alimentation et d'évacuation en eau.

L'Égypte, pour sa part, possède, tout au long du Nil, d'importantes carrières de grès, de calcaire et de granit qui lui permettent de construire les pyramides et les temples qui nous sont parvenus. En revanche la Mésopotamie, pauvre en pierre, est contrainte d'ériger ses sanctuaires, ses ziggourats en brique crue, selon la technique traditionnelle en usage sur les rives orientales de la Méditerranée. La pierre, qu'elle utilise toutefois, essentiellement comme parement, elle doit l'importer du nord par les voies navigables, mais aussi par voie terrestre, développant de ce fait de nouvelles techniques de transport. Le portage animal, à dos d'âne ou d'onagre, cède la place, pour les grandes distances, à des voitures à deux ou quatre roues tirées par des bœufs, puis des chevaux ; bien sûr, le réseau routier doit se développer parallèlement.

La documentation abondante constituée, en Égypte, par les inscriptions retrouvées dans les tombeaux ou sur les pierres des temples, manque cruellement pour la civilisation mésopotamienne. Les principaux témoignages des techniques sumériennes ou assyriennes proviennent surtout d'objets votifs et de

Panorama

plaquettes retrouvées lors des fouilles archéologiques, menées depuis guère plus d'un siècle. C'est ainsi qu'on attribue généralement la découverte de la roue aux Sumériens, environ 3500 ans avant notre ère. Avec un seul fleuve et une population concentrée sur ses rives et son delta, l'Égypte développera bien davantage la navigation fluviale et n'utilisera que très peu les transports terrestres.

Les techniques constructives des deux civilisations suivent des développements parallèles, chacune exploitant ses riches-

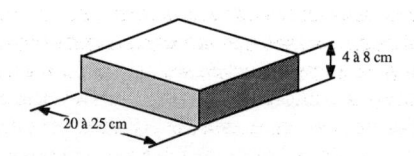

Dimensions des briques crues utilisées dans la construction traditionnelle en Iran.

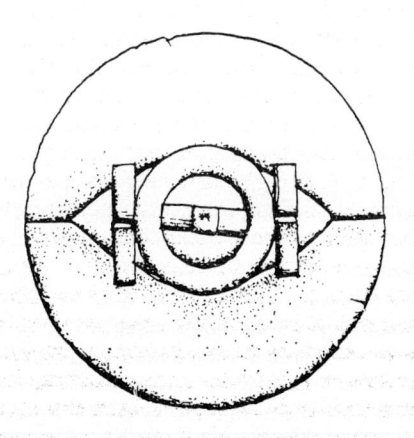

Roue pleine sumérienne.

ses locales : les propriétés particulières des limons du Nil d'un côté — nous y reviendrons à propos de l'obélisque — et celles du pétrole de l'autre. Certes, ce qui deviendra l'Irak d'aujourd'hui ne connaît pas encore d'utilisations énergétiques ou chimiques à ce minéral, mais plusieurs de ses propriétés sont déjà largement exploitées. Affleurant en plusieurs endroits, les hydrocarbures sont ainsi utilisés sous leurs diverses formes : le bitume pour l'imperméabilisation des toitures et des digues, pour le calfatage des bateaux, et le pétrole brut pour l'éclairage. Ils entrent aussi dans la fabrication du mortier d'assemblage des briques ou des pierres de construction.

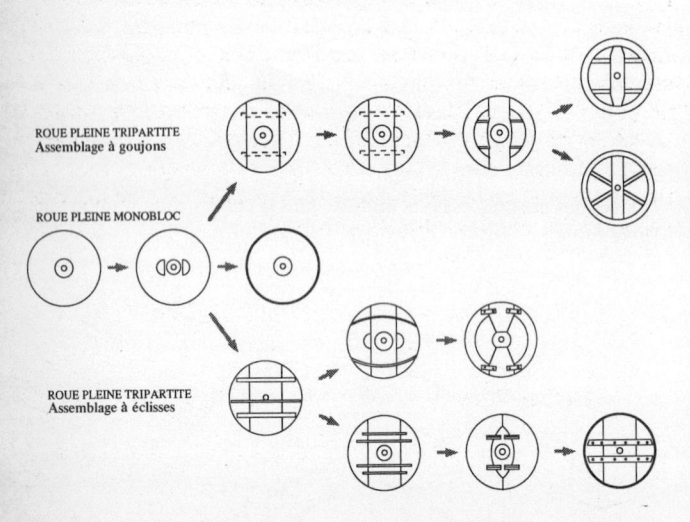

ROUE PLEINE TRIPARTITE
Assemblage à goujons

ROUE PLEINE MONOBLOC

ROUE PLEINE TRIPARTITE
Assemblage à éclisses

Schéma d'évolution de la roue, passant de la roue pleine monobloc à la roue pleine tripartite, à la fin du IIIe millénaire.

Enfin, si les Mésopotamiens utilisent le *chadouf*[1], comme les Égyptiens, pour monter l'eau dans les champs ou les canaux d'irrigation, ils se lanceront aussi dans la réalisation de grands aqueducs pour l'alimentation des villes, comme celui que Sen-

1. Voir détail et illustration du *chadouf* p. 117.

nachérib fit construire à Jerwan, en 691 av. J.-C. pour les besoins de Ninive. Long de 80 km, il enjambait une vallée par un pont à cinq arches, de 270 m de longueur et d'une hauteur de 9 mètres en son maximum.

De la brique à la pierre

Les Grecs et les Romains poursuivront et perfectionneront encore les techniques constructives, les premiers introduisant l'utilisation systématique de la pierre et des machines de levage, les seconds, avec l'usage intensif du mortier, édifiant des constructions de plus en plus hardies, comme les ponts et les aqueducs. Mais avant que le mortier d'assemblage ne soit mis au point vers le IIIe siècle, en Asie Mineure probablement, les Grecs utiliseront encore longtemps un assemblage à sec des pierres. La comparaison de la pose des blocs de grès dans les portiques égyptiens avec celle des murs de calcaire ou de marbre grecs, révèle une ressemblance trompeuse.

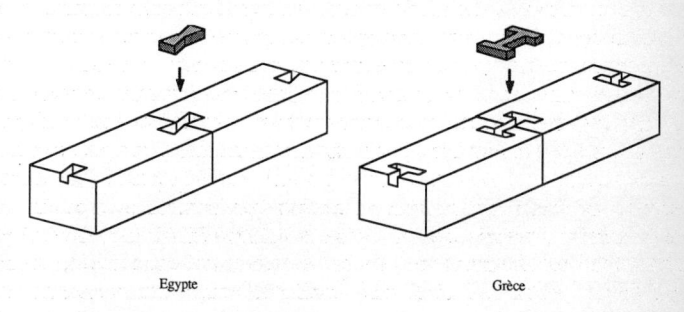

Egypte   Grèce

Comparaison des assemblages égyptien et grec. En Égypte, les blocs sont assemblés par des chevilles de bois en queue d'aronde; en Grèce, les crampons de fer ont fréquemment une forme de double T.

Les deux types de blocs sont également équarris et taillés sur leurs bords externes, attendant la finition du mur pour être parés, et tous deux présentent des évidements en queue

Pont de Jerwan.

d'aronde permettant la liaison des blocs entre eux. Mais là se situe la phase de transition entre des techniques fort distinctes. Les Égyptiens utilisent un plâtre très liquide dont la principale fonction est de permettre le glissement des blocs jusqu'à leur positionnement définitif à l'aide de leviers : des crampons en acacia ou en sycomore, introduits alors dans les évidements, maintiennent les blocs en position pendant le séchage du mortier. Le bois est rare en Égypte, et les crampons sont réutilisés plusieurs fois. Au contraire, les crampons des Grecs demeurent en permanence pour assurer une liaison mécanique entre les pierres en l'absence de mortier. De bois au départ, ils sont remplacés par des pièces métalliques, participant ainsi, avec différentes armatures de fer réparties dans l'édifice, à sa rigidité.

Alors que les Égyptiens n'utilisaient comme seuls appareils que le levier et le coin, l'imposante architecture de pierre de taille développée par les Grecs bénéficie des progrès mécaniques réalisés au cours des Ve et IVe siècles par les premiers grands ingénieurs, dont Archytas de Tarente, au début du IVe siècle, à qui l'on attribue notamment l'invention de la vis et de la poulie. En possession de ces éléments nouveaux, les premiers engins de levage sont utilisés dans la construction : chèvres et grues, treuils, palans, moufles… Les pierres des murs ou des colonnes peuvent ainsi être montées sans le recours à la technique des rampes égyptiennes, longue et coûteuse dans les contextes grec et romain. Dans ce domaine de la mécanique de chantier, les Romains n'innoveront pas de façon significative. Ils introduiront bien sûr la roue à échelons, mais surtout ils apporteront leurs talents d'organisateurs aux techniques existantes.

Leur apport majeur sera constitué par le mortier qui permet, à partir de moellons plus petits et moins réguliers, de construire à moindre coût des édifices extrêmement solides. De même que les techniques de traînage égyptiennes ont été perdues à l'époque romaine, celles de la fabrication du mortier romain étaient oubliées au Moyen Age. Sa qualité exceptionnelle était due autant à ses composants, leur qualité propre comme leurs proportions, qu'à leur mise en œuvre grâce à un gâchage et un pilonnage très soignés. Ce savoir-faire lentement acquis a permis au béton romain de n'être véritablement

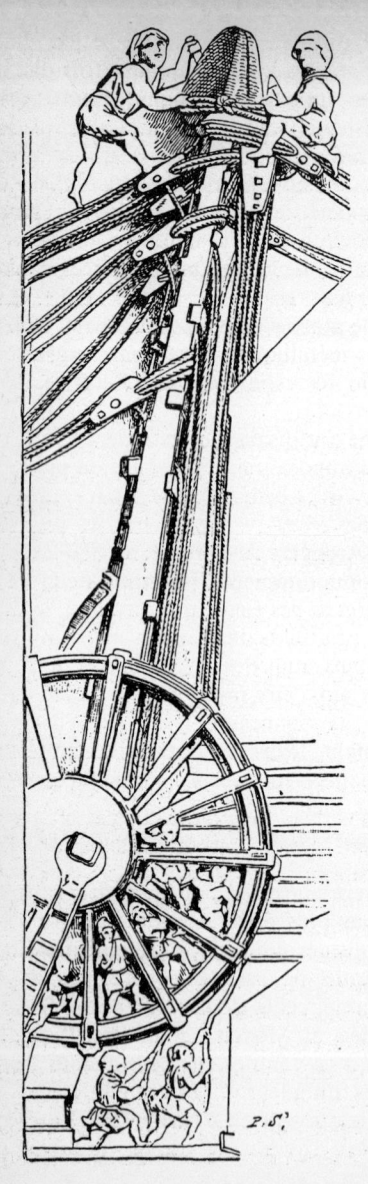

Grue à cage d'écureuil.

surpassé qu'au XIXe siècle par les ciments hydrauliques Portland.

La mise au point de ce mortier par les Romains, et particulièrement d'un ciment à prise rapide solide et étanche, leur a permis de développer très largement les réseaux hydrauliques, nous laissant de nombreux ouvrages d'art encore debout. Les premières arches et voûtes apparues en Grèce au cours du IVe siècle av. J.-C. furent rapidement utilisées dans l'architecture publique. Les Romains en firent un usage intensif dans leurs aqueducs, dont le premier, l'aqua Appia, fut construit vers 312 av. J.-C. pour l'alimentation de Rome en eau potable.

Ces réseaux d'alimentation urbaine représentent la synthèse des nombreux acquis des bâtisseurs de l'Antiquité : la maîtrise des arches pour l'édification des ponts, celle de la géométrie pour le tracé d'une pente régulière et le creusement des tunnels, celle du mortier pour l'étanchéité des conduites. Seul un pouvoir central riche et fort est capable de financer des travaux aussi coûteux et importants ; c'était le cas pour les Mésopotamiens et les Grecs qui avaient déjà pu se lancer dans des entreprises de cette taille. Ainsi, dès le VIe siècle, Eupalinos avait construit, pour l'alimentation en eau de Samos, une canalisation de plus de 2 km comportant un tunnel de 1 000 m. Un autre aqueduc existait également à Athènes à la même époque.

Mais c'est l'Empire romain qui donnera à cette technique son plus grand développement, introduisant, entre autres innovations, l'usage de siphons inversés pour le franchissement de vallées trop profondes ou pour éviter la construction d'aqueducs en milieu urbain. Ces siphons faits de conduites forcées en plomb supposent la maîtrise des techniques métallurgiques et donc minières. Les siphons inversés de Lyon, par exemple, avaient de 800 m à 5 km de longueur, avec des dénivellations de 60 à 130 m. La fourniture des tuyaux de plomb représentait des quantités considérables : 2 000 tonnes pour les seuls aqueducs de Lyon. Elle était assurée par les provinces romaines, dont l'Espagne, riche en minerais.

Un tel réseau hydraulique réparti dans tout l'Empire romain imposait évidemment un service de gestion et d'entretien des canalisations et ouvrages d'art. Les arrêts fréquents et parfois longs pour fuites et réparations que nous rapporte Frontin, Commissaire des eaux à la fin du Ier siècle apr. J.-C., laissent

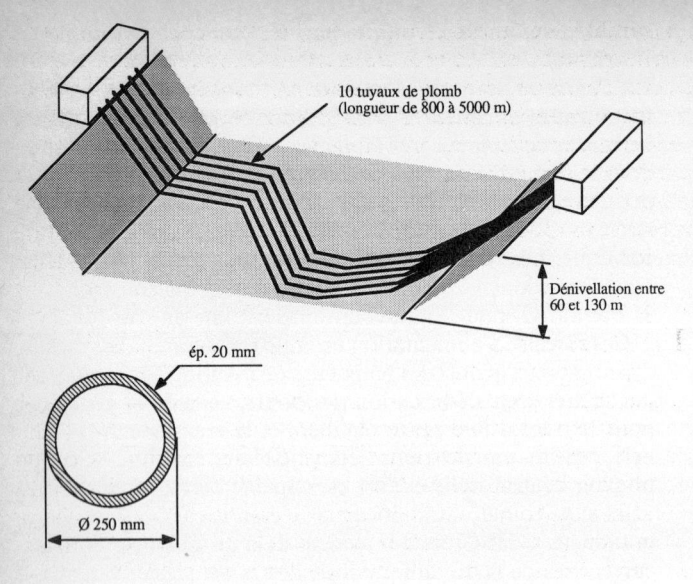

Coupe des aqueducs de Lyon avec siphon.

supposer que ce service n'a pas toujours fonctionné pour le mieux. Nombre d'aqueducs furent fermés pour réparations des années durant.

Que ce soit dans la construction, dans les machines et dans de nombreux secteurs de la technique, les Romains ont beaucoup plus mis à profit les innovations et les procédés des civilisations précédentes, en les portant à un haut degré de technicité, plutôt que d'être eux-mêmes des inventeurs féconds. Il est à ce propos remarquable que nous soient connus nombre d'ingénieurs ou d'architectes grecs, et même égyptiens, alors que Rome ne nous a transmis que les noms des administrateurs chargés de gérer les différents chantiers ou ceux des personnalités politiques qui les ont commandités au nom du pouvoir central.

Ainsi, bien qu'ayant mis en place un système hydraulique d'une ampleur inégalée, les Romains n'ont, en guise d'énergie, utilisé pratiquement que l'énergie musculaire, soit sous forme de traction par des animaux domestiques, soit sous forme de mécanismes à force humaine, comme les moulins à main ou les roues à cage d'écureuil. Les moulins à eau n'apparaissent que tardivement et l'étonnant ensemble hydraulique de Barbegal, construit au IVe siècle apr. J.-C. près d'Arles, fait figure d'exception. Il est, là aussi, bien plus le reflet d'un esprit d'organisation de type industriel que d'un sens aigu de l'innovation.

Les transports

Dans toute l'Antiquité méditerranéenne, l'eau a joué le premier rôle dans la circulation des marchandises et des personnes. Depuis les bateaux assyriens primitifs, constitués de paniers ronds imperméabilisés au bitume, jusqu'aux grandes galères romaines capables d'atteindre les mers du Nord ou de Chine, de grands pas ont été franchis, tant dans les tonnages que dans la vitesse ou le rayon d'action des navires. La première navigation s'est cantonnée au Nil ou aux canaux de Mésopotamie. La descente des cours d'eau se faisait au fil de l'eau mais, pour la remontée, la propulsion s'effectuait à l'aide de rames, par halage ou à la voile.

La voile carrée est déjà utilisée par les Égyptiens pour remonter le Nil, le vent soufflant du nord au sud, mais ce sont les Grecs qui tirèrent le plus grand profit, tant commercial que militaire, de la propulsion par le vent. Son expansion représente la première utilisation importante d'une énergie naturelle, bien avant les moulins à eau, et bien sûr les moulins à vent. Les bords de la mer Égée constituent le berceau de la navigation maritime occidentale. Tout un système technique et économique se met en place, avec la création des grands ports grecs comme Cnide, Alexandrie ou Antioche. C'est au début du IIIe siècle que l'architecte Sostratos de Cnide construit le phare d'Alexandrie, haut de 87 m et visible de nuit à plus de 50 km. La flotte commerciale de la Grèce se double d'une imposante flotte militaire. Si les navires de commerce sont courts et trapus, les navires de guerre sont très effilés et dotés d'une voile plus grande. Tous possèdent à la fois la propulsion par rames,

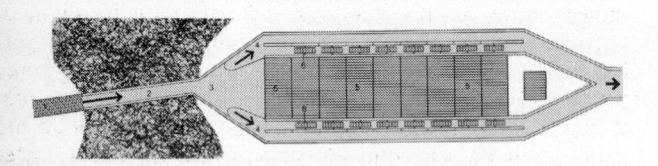

Moulins de Barbegal.

avec jusqu'à trois ou quatre rangs de rameurs, et par l'unique voile carrée située au centre du navire. Deux gouvernails latéraux complètent le travail des rameurs pour les manœuvres.

Dans le domaine naval aussi, les Romains ont avant tout perfectionné les techniques existantes, profitant des apports des Égyptiens, des Phéniciens, des Grecs ou des Celtes ; mais ils ont su les porter à un niveau de qualité qui a largement contribué à leur suprématie sur les mers occidentales pendant plusieurs siècles. Leurs trirèmes, armées de catapultes, permettaient de protéger les navires marchands sur la Méditerranée.

Longtemps, au cours de l'Antiquité méditerranéenne, les transports de quelque importance ont emprunté les voies maritimes ou fluviales, donnant par là la suprématie aux villes portuaires. L'utilisation précoce des transports terrestres en Mésopotamie, liée à une configuration de terrains favorable, si elle resta assez rudimentaire, fait figure d'exception dans l'Antiquité avant l'expansion romaine. De cette tradition ancienne a découlé la réalisation, après le VIe siècle av. J.-C., d'un réseau de quelques routes royales dans l'Empire perse de Cyrus, dont une voie reliait Sardes à Suse — à l'est de Babylone — sur environ 2 600 km. Ni les Égyptiens, ni les Grecs, et à peine les Crétois, ne se dotèrent d'un réseau routier praticable, complément indispensable pour utiliser efficacement le transport par voitures sur de longues distances. Les quelques voies dallées construites furent réservées aux cérémonies religieuses. A part quelques chariots à quatre roues, les Grecs ont principalement fait usage de chars légers à deux roues dérivés des chars guerriers.

Depuis son introduction en Mésopotamie au cours du IIIe millénaire, le cheval a conquis peu à peu tout le bassin méditerranéen et représente l'animal de trait le plus courant pour les véhicules routiers. Le harnachement reste peu fonctionnel pendant toute l'Antiquité : généralement constitué d'un joug d'épaules et d'un collier souple, il comprime le garrot du cheval et limite de beaucoup ses capacités de traction. Ce n'est qu'au Moyen Age qu'il sera remplacé par le harnais moderne. Certes, le fer à cheval n'est pas connu non plus, mais le climat chaud et sec du bassin méditerranéen ne l'impose pas autant que dans les régions septentrionales plus humides. Enfin, l'usage du cheval comme monture n'apparaîtra que vers le XIe siècle av. J.-C. et il faudra encore attendre près de six siècles pour voir la selle remplacer le simple tapis.

Le plus important progrès sera réalisé par les Romains avec la mise en œuvre d'un vaste réseau routier carrossable. Élément indispensable à la gestion administrative, politique et militaire d'un immense empire, ce réseau fort de 90 000 km de grandes routes et de 200 000 km de voies secondaires est devenu aussi un facteur de développement économique considérable. La chaussée romaine est justement illustre pour ses qualités de résistance et de souplesse dues à sa structure stratifiée composée de plusieurs couches de matériaux superposés : de bas en haut, pierres plates, pierres et mortier, tout-venant et sable, cailloux.

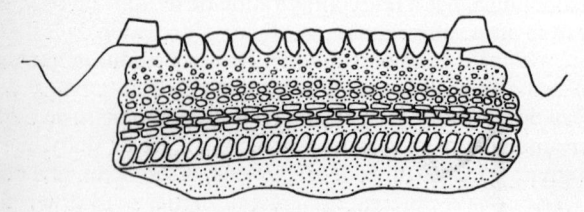

Coupe d'une voie romaine.

Les arts et techniques nés du feu

Avec la construction et les transports, le domaine des matériaux est celui qui a subi les plus grands changements au cours de l'Antiquité, et plus particulièrement les matériaux qui requièrent l'usage du feu. Lorsque nous voyons, en notre fin de XXe siècle, la métallurgie et la céramique s'allier pour produire des moteurs à la durée de vie et au rendement accrus, nous retrouvons un lien perdu depuis près de cinq millénaires entre le métal et la terre. Nous avons vu ce que l'apparition de la métallurgie doit aux arts du feu. Le forgeron prend, au cours de l'Antiquité, le relais du potier comme artisan spécialisé, possédant un statut marginal dans la communauté villageoise, tant par la maîtrise d'un art difficile, fait d'un savoir-faire lentement acquis et transmis, que par celle du feu, qui lui donne un pouvoir mythique, touchant au sacré.

Panorama

Le potier est sans doute le plus ancien des artisans. La fabrication des vases en terre cuite remonte au VIe millénaire avant notre ère et toutes les civilisations antiques ont largement utilisé la céramique pour la vie quotidienne. De par leur nature, les pièces en terre cuite ou en faïence ont survécu aux millénaires qui nous séparent de ces civilisations, et les archéologues ont souvent bien du mal à se retrouver dans les quantités considérables de tessons recueillis. Laissons de côté l'évolution complexe de la céramique antique pour ne relever que l'événement le plus marquant, l'émergence du verre en Mésopotamie, probablement d'abord par le plus pur des hasards. La composition du verre et celle de la glaçure recouvrant nombre de pièces de pierre ou de faïence sont extrêmement proches et c'est sans doute à cause d'un excès de fusion qu'une faïence a donné naissance, fortuitement, à la première pièce de verre. En tout état de cause, le verre est connu dès le IIIe millénaire en Mésopotamie et en Égypte, sous forme de perles ou de pièces de joaillerie.

La verrerie, beaucoup plus jeune que la céramique, connaîtra d'importants progrès pour aboutir à des verres presque transparents ou décorés de subtiles couleurs. Si l'origine du verre soufflé est probablement syrienne, seuls les Romains sauront atteindre, par leur virtuosité, une technicité vraiment nouvelle. Réussissant à maîtriser la montée en température (jusqu'à 1 100 °C) et le refroidissement, ils parviendront à rendre le verre translucide, puis transparent. Dès le IIIe siècle, la vitre remplacera, en guise de fenêtres, les plaques de mica, les toiles ou peaux huilées ou les volets de bois, dans les thermes et les grands édifices.

Pour leur part, les techniques de tournage et de cuisson de la céramique ne varient guère tout au long de l'Antiquité, mais tant les revêtements de surface — vernis, glaçures, émaux — que les décors révèlent une richesse considérable.

Les origines de la métallurgie

Comme pour bien d'autres découvertes techniques, il est illusoire de vouloir situer exactement, en lieu et en date, la naissance de la métallurgie. Sans doute peut-on supposer que les premiers utilisateurs de cuivre et d'or ont découvert par hasard la fusion de ces minerais dans un four de potier, et ont utilisé cette propriété pour en faire des bijoux par martelage. Que faire d'autre, en effet, de tels métaux, au départ si rares ? A l'aube du IIIe millénaire avant notre ère, plusieurs foyers possèdent la maîtrise de la métallurgie du cuivre et de l'or, tous deux existant à l'état natif et de propriétés très proches. Ces foyers se situent grossièrement autour de la mer Noire et dans le bassin oriental de la Méditerranée. La température des fours de cuisson de la poterie, entre 900 et 1 200 °C, fait du potier l'ancêtre du métallurgiste. Les Égyptiens et les Mésopotamiens savent déjà fondre ces métaux pour en faire des joyaux alors que d'autres les façonnent directement par martelage, comme les Crétois ou les populations des Balkans. Nombre d'objets utilitaires sont réalisés ainsi, mais la malléabilité de l'or et du cuivre ne permet pas d'en faire des outils ou des armes. Si les Égyptiens maîtrisent dès le IIe millénaire les techniques de fusion du cuivre pur, les Mésopotamiens savent, pour leur part, réaliser le premier alliage vraiment utilisable, le bronze, fait de cuivre et d'étain. On ignore la part du hasard dans la découverte du bronze, mais l'on sait qu'il devient vite d'un usage courant en Mésopotamie puis en Égypte et en Crète au cours du IIe millénaire. Grâce à la propriété des alliages de posséder un point de fusion inférieur aux points de fusion de ses différents composants, le bronze se fond et se coule plus facilement que le cuivre pur. Quelques outils, comme des haches et des cognées, et quelques armes sont fabriqués ainsi, mais la production est essentiellement artistique, faite surtout de figurines.

Le passage à la métallurgie du fer représente un pas fondamental dans l'histoire des techniques et c'est la maîtrise de celle des métaux cuivreux qui lui ouvre le chemin. C'est probablement le fer météorique, pratiquement pur, qui fut utilisé au départ — dans le mot « sidérurgie », on retrouve sidéral, et donc l'origine céleste du fer —, mais son emploi reste limité par les faibles quantités disponibles. La principale difficulté à surmonter réside dans le processus de réduction qui permet de passer du minerai à un métal utilisable. Les premiers à avoir su maîtriser cette technique sont, semble-t-il, les Chalybes, population installée au sud du Caucase, approximativement sur le territoire de l'actuelle Arménie. Les Chalybes étant sous la domination des Hittites, ces derniers introduisirent dans les plateaux d'Anatolie la découverte, faite dans la première moitié du IIe millénaire, et ils l'y exploitèrent largement, grâce à leurs abondantes forêts, pour fabriquer notamment les armes qui les aidèrent à agrandir leur empire alors en pleine expansion. Des bords de la mer Égée, la métallurgie du fer ne tarde pas à gagner, par la mer, la Crète et les côtes occidentales de la Méditerranée et, par la terre, les différents pays d'Europe de l'Ouest et du Nord.

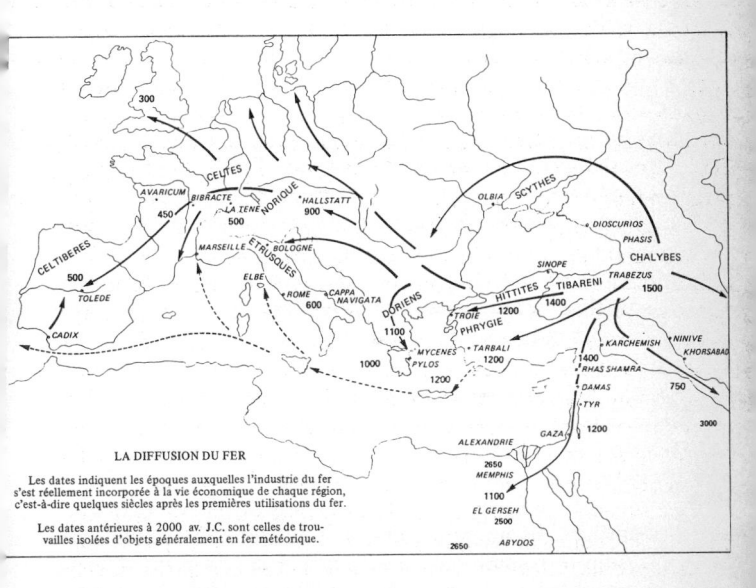

LA DIFFUSION DU FER

Les dates indiquent les époques auxquelles l'industrie du fer s'est réellement incorporée à la vie économique de chaque région, c'est-à-dire quelques siècles après les premières utilisations du fer.

Les dates antérieures à 2000 av. J.C. sont celles de trouvailles isolées d'objets généralement en fer météorique.

Alors que l'Égypte et la Mésopotamie restent à l'écart de cette expansion en raison de leur pauvreté en bois et donc en combustible, la Gaule celtique et les pays limitrophes en profiteront largement. Au tournant du Ier millénaire, l'époque de Hallstatt est alors marquée par une grande variété d'objets en fer, notamment guerriers, remarquables par leur qualité, comme les épées gauloises réputées pour leur élasticité.

Par rapport au bronze, le fer présente deux avantages majeurs. Moins lourd, il convient beaucoup mieux à la fabrication d'outils agricoles — haches, faucilles, herminettes... — et, disponible en gisements plus nombreux, il est moins onéreux. Il s'y substituera donc peu à peu pour tout ce qui concerne les outils, les armes, les instruments domestiques et des éléments de machines ou de construction.

Comme dans de nombreux cas de techniques élaborées nécessitant un saut important dans le système technique d'une civilisation, les sidérurgistes deviendront, dès les premiers pas de leur domaine, des spécialistes au niveau de compétence très élevé. Et les siècles qui suivront cet avènement n'apporteront pas d'innovations importantes. On assiste seulement à des perfectionnements de détail dans les techniques de mise en œuvre comme le soufflage. Il faudra attendre le Moyen Age et l'apparition du haut fourneau pour franchir un nouveau pas vers la métallurgie moderne.

Au début du VIIe siècle av. J.-C., le fer est déjà un métal courant chez les Égyptiens. Certes ils manquent de bois, et donc du charbon de bois nécessaire en grande quantité pour la réduction du minerai, mais ils disposent d'importants gisements de minerai de fer dans la région d'Assouan. Ils utilisent trois types de soufflets, selon l'opération à réaliser : le chalumeau pour les travaux de précision, la sarbacane pour les bijoux et le soufflet à outre actionné par les pieds pour les quantités plus abondantes. Ces mêmes types ont subsisté longtemps dans les différents lieux de production, y compris en Afrique dans les plus récents sites métallurgiques retrouvés. Les Grecs n'apporteront pas de progrès notable et, si ce n'est par une utilisation accrue du fer dans la construction pour armer les blocs de pierre des édifices, ils ne passeront pas pour de grands forgerons.

L'Empire romain suivra la même voie, en n'introduisant comme seule innovation qu'un soufflet formé de panneaux de bois articulés réunis par une poche en cuir et fournissant, par l'intermédiaire d'une tuyère, un apport d'air plus intense à la base du foyer. C'est un tel soufflet qui persistera sous une forme très proche jusque dans nos cheminées contemporaines. Les Romains utiliseront aussi la technique du fer damassé pour la fabrication des armes. Cette technique, importée des Celtes qui s'en feront une spécialité, permet de réaliser des épées à la fois souples et très tranchantes, grâce à un façonnage complexe de bandes de fer pur et de fer carburé tressées et soudées ensemble.

Le principal atout des Romains réside là aussi dans l'étendue même de leur empire qui leur permet de disposer, en puisant dans leurs différentes provinces, des importantes quantités de minerais, additifs et combustibles nécessaires à l'élaboration des métaux. L'exploitation des riches gisements de fer d'Espagne, déjà connus au VIIIe siècle av. J.-C., n'a pu se faire à grande échelle que sous l'occupation romaine, avec les moyens techniques et administratifs de l'empire. La question du pompage des eaux dans les mines s'est posée dès les premières exploitations et s'il semble que les Espagnols aient utilisé des roues élévatoires dans leurs mines de Tharsis, en Andalousie, on ne sait que peu de chose des mines de l'Antiquité. On connaît les principales mines, mais les techniques d'extraction sont généralement difficiles à reconstituer, tant pour l'Antiquité que pour le Moyen Age d'ailleurs.

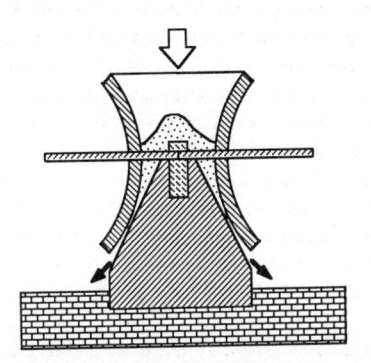

Meule à grain ou à minerai.

Les mines les plus importantes que nous connaissions sont les mines du Laurion, à la pointe sud-est de l'Attique, d'où les Grecs ont extrait du plomb et de l'argent pendant plus de trois siècles, dès l'aube du Ve siècle av. J.-C. Alors que les Égyptiens exploitaient leurs mines d'or avec des moyens très rudimentaires et dans des conditions extrêmement dures, les Grecs ont réalisé d'importants progrès dès le début du Ve siècle. L'étude archéologique du site du Laurion a révélé une exploitation très avancée sur les différents plans : économie capitaliste avec la participation des bourgeois d'Athènes, puits à section carrée ou rectangulaire d'une verticalité parfaite, remontée du minerai en paniers par des treuils et des poulies, réseau de galeries avec ventilation et piliers de pierre, et probablement une exhaure assurée par des vis d'Archimède. Le traitement des minerais en surface était lui aussi réalisé à une échelle industrielle, avec des méthodes perfectionnées de grillage et de réduction, pour obtenir du plomb et de l'argent purs. Le broyage était réalisé dans des meules « en sablier », identiques aux meules à grain.

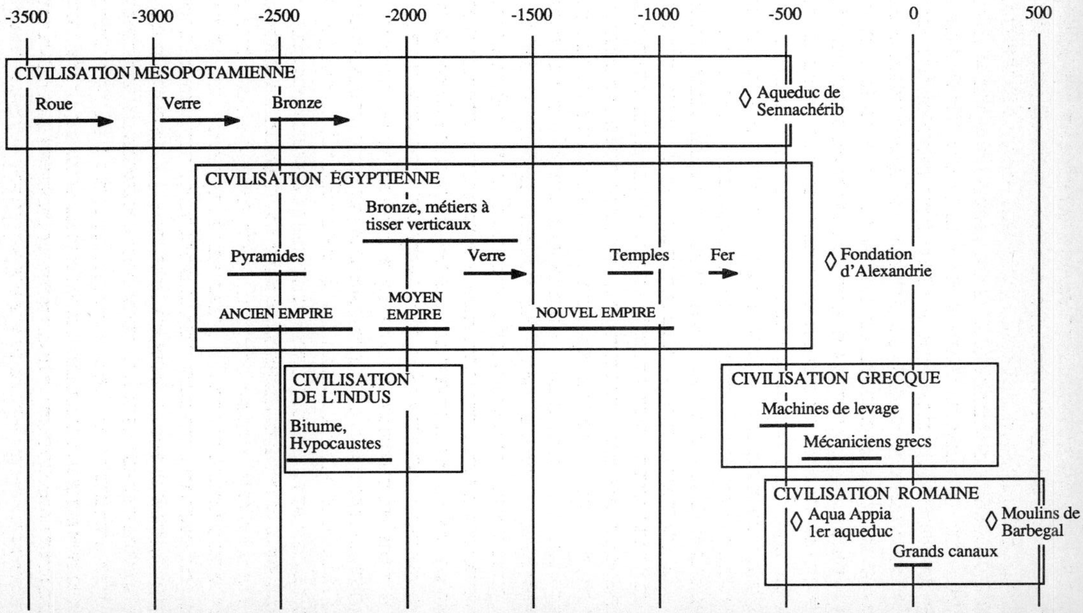

Date	Civilisation	Événements / Techniques
-3500	CIVILISATION MÉSOPOTAMIENNE	Roue ↑
-3000		Verre
-2500		Bronze ↑
-2500	CIVILISATION ÉGYPTIENNE	Pyramides — ANCIEN EMPIRE
-2000	CIVILISATION DE L'INDUS	Bitume, Hypocaustes
-2000		Bronze, métiers à tisser verticaux — MOYEN EMPIRE
-1500		Verre ↑
-1000		Temples — NOUVEL EMPIRE
-500		Fer ↑
-500		◊ Aqueduc de Sennachérib
-500	CIVILISATION GRECQUE	Machines de levage, Mécaniciens grecs
0		◊ Fondation d'Alexandrie
-500	CIVILISATION ROMAINE	◊ Aqua Appia 1er aqueduc
0		Grands canaux
500		◊ Moulins de Barbegal

2. Un objet : l'obélisque

Le premier objet qui nous servira à illustrer concrètement notre histoire des techniques possède des dimensions sans commune mesure avec ceux qui suivront. Le nom d'objet peut même paraître abusif pour un bloc de pierre arborant couramment, dans l'Égypte antique dont il est devenu le symbole, une hauteur de 25 m. Mais l'obélisque est tellement emblématique de la maîtrise égyptienne des constructions monumentales qu'il s'est naturellement imposé à notre choix. Les travaux scientifiques récents menés notamment au Centre franco-égyptien de Karnak ont considérablement fait avancer notre connaissance des principes et des méthodes de construction de l'Égypte antique, quitte à ôter une part du mystère qui s'attachait depuis si longtemps à ses chantiers monumentaux : pyramides, temples et obélisques.

Au-delà de la prouesse technique, l'obélisque révèle aussi magistralement les préoccupations religieuses d'une civilisation qui ne pouvait concevoir le matériel sans le spirituel, l'architecture sans le symbole divin.

L'obélisque élément symbolique

La fonction symbolique de l'obélisque est essentielle dans le complexe d'un temple égyptien comme ceux de Karnak ou de Louksor. L'Égypte est fondamentalement liée aux axes nord-sud et est-ouest que représentent respectivement le Nil, élément terrestre, et la course du soleil, élément divin. L'architecture originelle des pyramides exprimait déjà ces bases de la théologie solaire mais, depuis que leur fonction est devenue uniquement funéraire, l'obélisque a repris la signification première de lien tangible entre l'univers des hommes et l'univers sacré du soleil. Successeurs des pierres levées qu'on retrouve dans de nombreux sites protohistoriques — menhirs, dolmens... —, les obélisques monolithes ont acquis sous le Nouvel Empire, environ entre 1400 et 1200 av. J.-C., une dimension exceptionnelle. Érigés en des endroits précis liés au culte d'Amon, ils s'élèvent à plus de vingt mètres de haut, et sont ornés d'un pyramidion recouvert d'électrum, alliage d'or et d'argent reflétant l'éclat du soleil et rappelant aux hommes le rôle médiateur de l'obélisque entre le terrestre et le sacré.

De même que les colosses royaux alignés dans plusieurs tem-

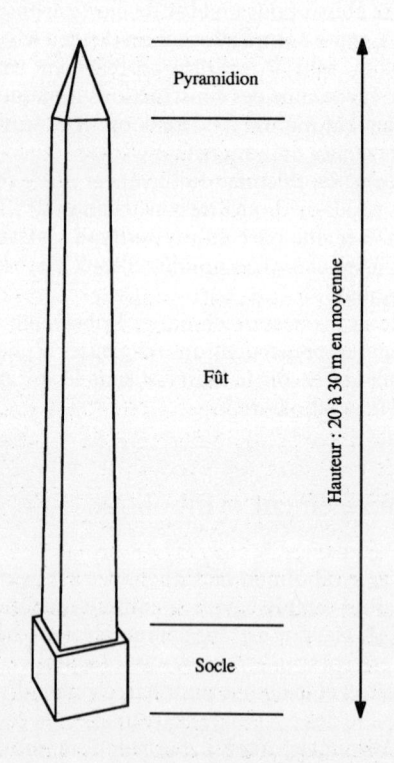

Élévation d'un obélisque.

Un objet : l'obélisque

ples, dotés eux aussi d'une signification divine, les obélisques étaient taillés dans des blocs de granit rose et nécessitaient un travail considérable pour les transporter et les ériger sur leur socle.

L'art d'ériger les obélisques

La mise en place de ces énormes monolithes a toujours suscité l'admiration, compte tenu des moyens dont disposaient les Égyptiens pour les tailler, les transporter et les ériger. La connaissance plus précise de leur système technique et des méthodes de construction qu'ils ont utilisées ne fait que renforcer ce sentiment, et nous mesurons bien à présent leur étonnante maîtrise dans ce domaine, acquise dès le début du IIe millénaire avant notre ère, quand fut élevé le plus ancien obélisque connu, celui de Sésostris Ier, à Héliopolis, qui mesure plus de 20 m de haut et pèse 136 tonnes.

Le cours du Nil est longé de nombreuses carrières qui ont servi à extraire les différentes pierres de construction des temples et autres grands monuments de l'Égypte. Les carrières de calcaire et de grès, roches tendres, étaient utilisées pour les blocs de pierre des temples ; dans le granit étaient taillés les obélisques, les linteaux et les colosses royaux. La carrière d'Assouan, la plus importante, située à environ 200 km au sud de Thèbes, abrite encore un obélisque inachevé, dont les dimensions en auraient fait le plus gigantesque des monolithes antiques. Long de près de 42 m et pesant 1 168 tonnes, il fut abandonné en raison de fissures apparues en cours de taille. D'autres échecs se produisirent sans doute, mais n'ont pas laissé de traces, la pierre étant alors débitée en blocs plus petits. Heureusement, ce monolithe inachevé nous permet aujourd'hui de comprendre parfaitement les méthodes de taille utilisées pour extraire les obélisques. Leurs dimensions, et surtout leur forme longiligne, excluaient les techniques mises en œuvre pour les blocs de calcaire ou de grès débités par des coins de métal ou de bois mouillé, jugées dans ce cas trop risquées. Ces dernières techniques étaient seulement utilisées pour débarrasser le site choisi pour l'extraction de l'obélisque des bancs superficiels de moindre qualité et pour atteindre les couches préalablement repérées par des puits de sondage. Le déblaiement de surface se faisait aussi par brûlage de végétaux sur lesquels était répandue de l'eau ; il en résultait un éclatement du granit en une multitude de débris facilement déblayés. Ensuite seulement commençait le véritable travail d'extraction.

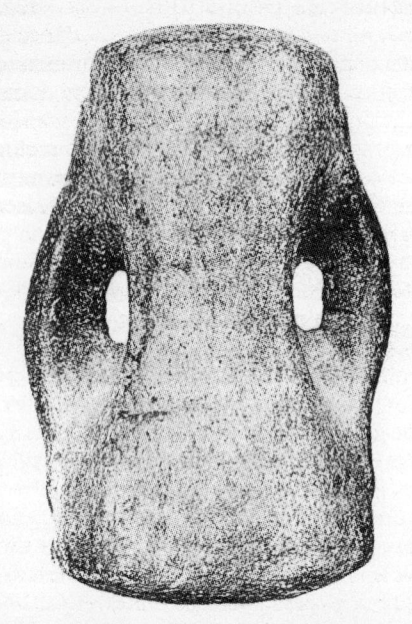

Marteau de pierre égyptien.

L'obélisque était débité à plat, en creusant des tranchées, tout autour du tracé, par simple percussion à l'aide de marteaux de pierre volcanique. La taille était poursuivie sur la périphérie de l'obélisque par plusieurs équipes d'ouvriers travaillant simultanément. La vitesse, évaluée à 5 mm de profondeur par heure, montre l'efficacité de la méthode. Le monolithe étant taillé sur cinq côtés, la face inférieure était dégagée à son tour par le creusement de tunnels rapprochés, comblés au fur et à mesure pour supporter le bloc pendant la taille des piliers res-

Un objet : l'obélisque

tants. Il suffisait ensuite de dégager l'obélisque de son berceau, ce qui était effectué soit à l'aide de leviers, en procédant pas à pas jusqu'à ce qu'il puisse glisser sur le sol de la carrière, soit en faisant sauter à l'aide de coins l'un des côtés de ce berceau pour sortir l'obélisque sur un même plan.

Nous savons combien le Nil a joué un rôle capital dans l'agriculture et dans toute la civilisation égyptienne. Il a aussi permis l'acquisition d'un savoir-faire très élaboré dans les techniques hydrauliques et, au-delà, a constitué la base de la culture technique des Égyptiens. De même que les transports sont avant tout fondés sur le flottage, monuments et carrières étant situés sur les bords du fleuve, toutes les techniques de transport terrestre découlent des principes du transport flotté. Les méthodes acquises au temps de l'édification des grandes pyramides ont été appliquées à des blocs de pierre de plus en plus gros : des pierres de plus de 5 tonnes aux obélisques et autres colosses de 170 tonnes. Le principe de transport de ces lourdes charges sur terre et jusqu'au haut des murs est toujours le même et découle d'une parfaite connaissance des propriétés des matériaux qui sont à portée de la main, essentiellement les terres limoneuses du Nil. Les limons sont couramment utilisés, comme dans de nombreux pays encore aujourd'hui, pour bâtir en brique crue l'habitat local, mais ils possèdent en outre la faculté de devenir glissants comme de la neige lorsqu'ils sont arrosés d'eau.

Ces techniques éprouvées se sont révélées particulièrement efficaces lors des travaux de restauration du temple de Karnak après l'effondrement du toit de l'immense salle hypostyle, au début de notre siècle. Les techniques antiques furent alors appliquées avec scepticisme mais ont démontré leurs remarquables performances. Le témoignage d'Henri Chevrier, qui dirigea ces travaux en 1934, est saisissant : « Devant cet appareil [la copie d'un traîneau antique], la piste fut arrosée superficiellement et une cinquantaine d'hommes furent attelés aux deux brins d'une corde de traction. Au coup de sifflet, pas plus convaincus que moi qu'ils arriveraient à faire démarrer la charge, leur action fut plus énergique et le résultat immédiat : ils tombèrent tous (sauf votre respect) cul par-dessus tête, les patins et leur charge mis en mouvement facilement, mais dérapant latéralement pour s'arrêter à la limite de la surface mouillée sans creuser d'ornières : seule la pellicule lubrifiée par cet arrosage superficiel fut décapée. La solution s'imposait : il faut et il suffit de n'arroser que la largeur de l'appareil et aussi de réduire considérablement le nombre d'ouvriers tracteurs. Eux aussi avaient compris. De proche en proche, mes ouvriers jouant le jeu, on descendit à six hommes, trois à chaque brin de corde de traction, sans effort excessif de leur part. Première conclusion : un homme, une tonne ; il en faut autant pour déplacer la même charge sur un wagonnet Decauville aux roulements bien graissés. Deuxième conclusion : le coefficient de frottement du limon durement compacté est voisin de zéro [1]. »

Ce moyen de transport parfaitement dominé était utilisé depuis la carrière jusqu'au port d'embarquement, et depuis le fleuve jusqu'aux emplacements définitifs. La décoration d'une tombe nous a fourni une illustration fort détaillée du transport d'un colosse sur laquelle on voit nettement les ouvriers qui tractent, les porteurs d'eau et l'ouvrier chargé d'arroser le limon en avant du traîneau.

Pour monter les blocs de pierre aux plus hauts niveaux des temples, il suffit, avec ce principe, de construire en briques

Dessin du transport d'un colosse.

1. Cité par Jean-Claude Golvin et Jean-Claude Goyon, *Les Bâtisseurs de Karnak*, Paris, Presses du CNRS, 1987, p. 101.

Un objet : l'obélisque

crues des rampes avec une pente de 4 à 5° et de faire glisser dessus les blocs amarrés sur des traîneaux. Cela dit, ces rampes exigeaient des travaux de terrassement énormes qui ne pouvaient être envisagés que grâce à un nombre considérable de manœuvres, prisonniers de guerre pour beaucoup d'entre eux.

Il était nécessaire, pour acheminer l'obélisque dans de meilleures conditions jusqu'à son lieu définitif, de l'emballer dans un coffrage de bois qui était démonté une fois l'obélisque positionné verticalement. Dans leur caisse, ils étaient traînés de la carrière au Nil où ils embarquaient sur des barges renforcées avant d'être à nouveau hissés sur les rampes.

Dessin d'un bateau transportant un obélisque.

Aucun document graphique ne nous a rapporté le principe de l'érection des monolithes, mais une étude approfondie sur maquettes a permis de la reconstituer avec précision. Les propriétés du limon étaient là aussi utilisées au maximum. La traction jusqu'au point le plus haut était réalisée de la manière classique, en humidifiant le sol en avant du traîneau pour lui permettre de glisser aisément. Le soleil séchant le limon en arrière et sur les côtés du traîneau créait un frein naturel, évitant à la charge de reculer ou de s'écarter de sa trajectoire.

Au-dessus de l'emplacement définitif était établi un silo rempli de sable sec qui, une fois vidé de son contenu en partie inférieure par des porteurs munis de paniers, permettait à l'obélisque de descendre lentement sur son socle. Une rainure, observée sur les différents socles subsistants, servait d'axe de rotation pour qu'il bascule dans sa position définitive sans pivoter. Il suffisait, en fin d'opération, de tirer sur la partie supérieure pour ériger délicatement l'obélisque en position verticale. Ainsi ont été dressés tous les obélisques égyptiens, avec une remarquable précision, et sans le recours à un quelconque liant. Ils sont tous posés sur leur socle grâce à leur propre poids et à un calage parfait.

Outre l'extraordinaire maîtrise que représente l'érection des obélisques, on ne peut qu'être surpris de la rapidité avec laquelle étaient réalisés ces travaux. Grâce aux inscriptions recueillies sur le socle même de l'un des deux obélisques de la reine Hatchepsout, à Karnak, on sait qu'ils ont demandé sept mois pour leur extraction et moins d'une journée pour la mise en position verticale, phase finale de l'opération.

Les méthodes constructives des Égyptiens

Si la construction des obélisques représente une prouesse technique indéniable, elle n'est que le point d'aboutissement d'une maîtrise technique acquise au fil d'une expérience multiséculaire et dont les pyramides et les temples sont les prestigieux représentants. L'art de la statique a été porté alors à un très haut degré et les principes constructifs égyptiens sont fondés sur la compression. Les murs ou pylônes des temples ont toujours cette forme trapézoïdale rejetant les efforts vers l'intérieur de la masse. Avec d'autres angles, il en est de même pour les pyramides et les obélisques, qui tous créent une indéniable impression de force et d'équilibre. Mais la construction de ces imposantes masses requérait des fondations solides. Des tranchées étaient creusées jusqu'au niveau des nappes phréatiques et du sable étendu sur l'eau affleurante permettait d'asseoir bien horizontalement les blocs de pierre servant de fondation. Le déplacement de blocs monumentaux ne représentant pas à leurs yeux de difficultés particulières, la réutilisation d'éléments existants pour la réalisation de constructions nouvelles était fréquente. Morceaux de colonnes, blocs épars constituent ainsi la base des constructions les plus récentes.

Un système technique profondément cohérent

Comparées aux techniques constructives dont les Romains se sont eux aussi fait une spécialité, celles des Égyptiens peuvent sembler fort rudimentaires, notre culture technique étant fortement imprégnée d'un machinisme totalement absent de la culture égyptienne. Il convient aujourd'hui de dépasser ces sentiments superficiels pour comprendre que le système technique y est profondément cohérent, et combien il sait prendre en compte les éléments locaux pour atteindre un très haut degré de maîtrise technique. L'examen des techniques encore vivantes en montre, par surcroît, l'extrême pérennité.

Le coin, le levier et le plan incliné constituent les seules machines élémentaires utilisées par les Égyptiens dans les travaux monumentaux. Les principes de base des techniques égyptiennes étaient d'abord d'utiliser la main-d'œuvre en grand nombre et, dans l'édification de bâtiments, de ne jamais soulever les pierres mais de les faire glisser. Certes ils connaissaient la roue, mais ne l'utilisaient que pour des travaux de transport de faible poids et de courte distance. Ainsi, les échafaudages utilisés pour surfacer et décorer les édifices étaient, comme nombre d'échafaudages actuels, montés sur des roues permettant de les déplacer facilement. Les routes de l'Égypte actuelle montrent d'ailleurs que ce désintérêt pour la roue a largement traversé les âges.

Si les traces matérielles de l'art constructif des Égyptiens sont encore largement visibles dans l'architecture, leur maîtrise des techniques artisanales — travail des bijoux et du bois notamment — n'a pu être révélée que par des recherches approfondies. Il faut sans doute voir dans la dimension gigantesque des travaux qu'ils ont entrepris l'habitude très précoce qui leur a été imposée par les contraintes climatiques et géographiques, de mettre en œuvre des infrastructures hydrauliques imposantes pour exploiter une terre périodiquement asséchée puis inondée par le Nil.

La construction de canaux, de barrages, de terrasses de culture, a contraint les Égyptiens, dès leurs origines, à résoudre

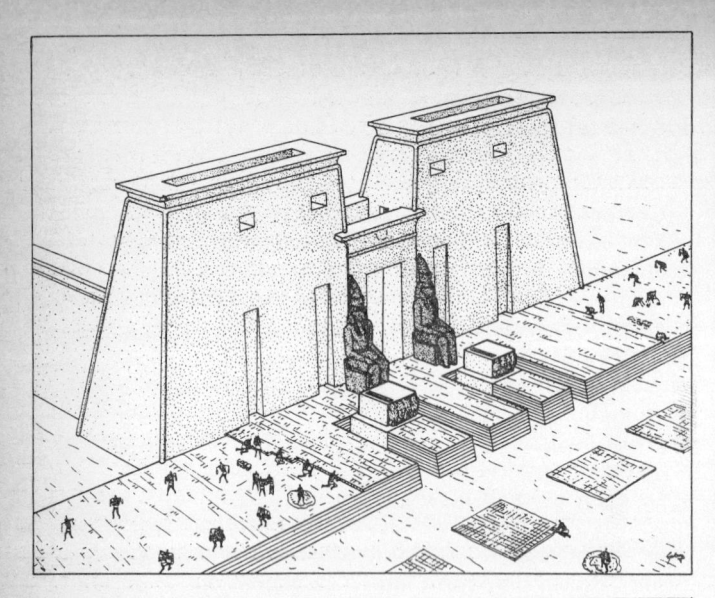

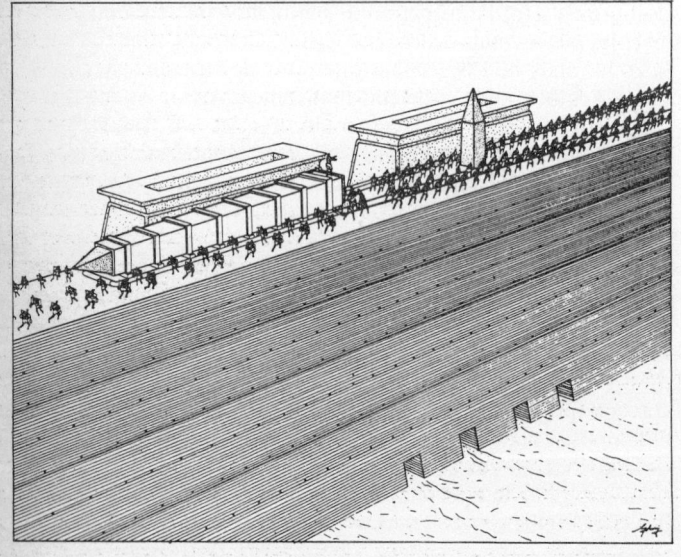

L'érection

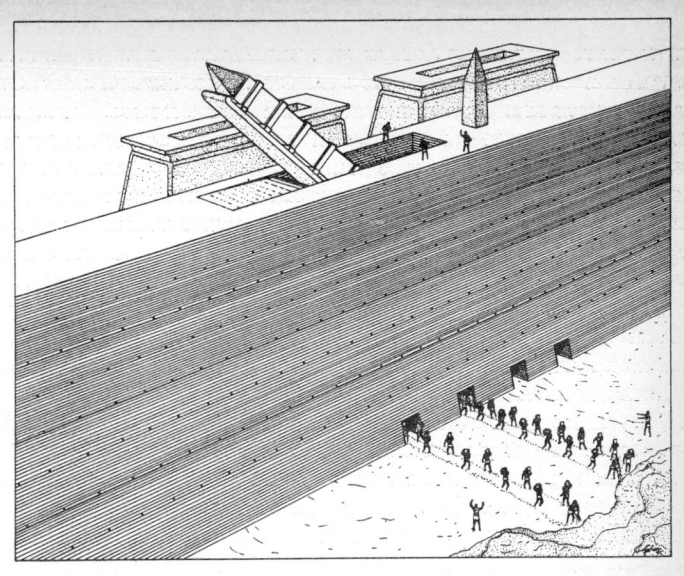

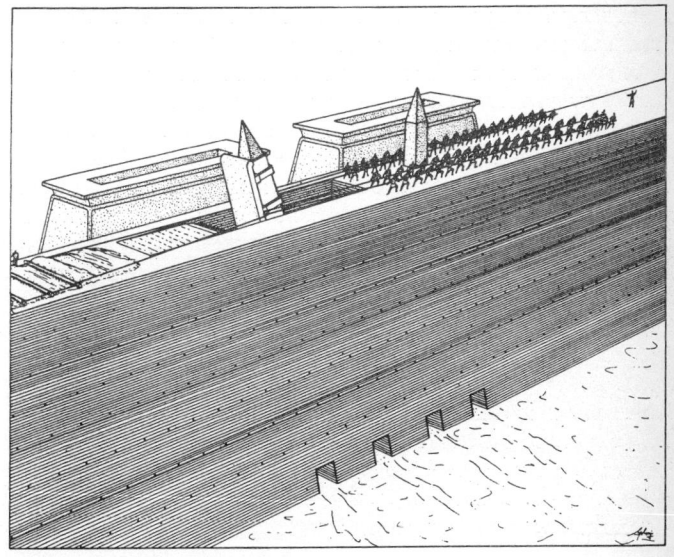

d'un obélisque.

le délicat problème du transport de matériaux lourds et volumineux. N'oublions pas que, dès le Ve ou le IIIe siècle av. J.-C., la communication était possible entre la Méditerranée et la mer Rouge, grâce à un canal reliant le Nil aux lacs Amers, qui comportait déjà un barrage muni d'une porte. Mais, si les traces monumentales qui ont traversé les siècles sont surtout des constructions de pierre, il ne faut pas oublier que la plupart des constructions, à l'image de celles de la Mésopotamie, étaient réalisées en brique crue et que ce matériau a lui-même largement contribué à la construction des temples et des obélisques.

L'Égypte n'a pas connu les machines de levage, mais elle a utilisé avec une maîtrise inégalée les propriétés particulières des boues du Nil qu'une longue expérience d'agriculture lui a appris à connaître. On a cru pendant longtemps que les lourdes pierres et les obélisques étaient transportés, sur terre, par roulage sur des rondins ; on sait aujourd'hui que le glissage par traîneaux sur boue humide fut beaucoup plus largement employé.

De même, bien que les parties en bois et en métal aient disparu au gré des incendies et des pillages, on a pu reconstituer, notamment grâce à l'étude détaillée des vestiges et des hiéroglyphes taillés sur les pierres, beaucoup d'éléments décoratifs ou fonctionnels. Ainsi, les portes des temples, les mâts, les serrures ou les pointes d'électrum des obélisques nous révèlent une connaissance de l'ébénisterie et de la métallurgie beaucoup plus approfondie qu'on ne l'a longtemps imaginé.

3. Un homme : Héron d'Alexandrie

Notre exploration des grands foyers de création qui, tout au long de l'histoire des techniques, ont marqué leur époque par des avancées remarquables, commence par un milieu intellectuel particulièrement prolifique dont nous avons choisi le représentant le plus prestigieux et le plus connu, Héron d'Alexandrie. Si ses écrits et ses travaux ont suscité une grande curiosité et ont donné lieu à une abondante littérature, nous devons reconnaître aujourd'hui que nous connaissons finalement bien peu de choses de ce grand ingénieur, jusqu'aux dates précises de sa vie. Les historiens s'accordent toutefois à penser que Héron a vécu dans la deuxième moitié du IIe siècle av. J.-C., ou peut-être au Ier, c'est-à-dire à la fin d'une période qui, depuis la création d'Alexandrie par Alexandre le Grand vers 332, a porté la civilisation grecque à un très haut degré de technicité. Bien plus que le précurseur de la régulation ou de la machine à vapeur, il faut voir en Héron le continuateur, l'homme qui, après quatre siècles de progrès et de réflexions techniques constants, est parvenu à réaliser la synthèse remarquable d'une école alexandrine marquée par les grands mécaniciens que furent Archytas, Ctésibios et Philon de Byzance entre 400 et 200 av. J.-C.

Les Égyptiens nous ont légué une tradition de constructeurs de haute volée, maniant les matériaux avec un savoir-faire inégalé pour la mise en œuvre de travaux gigantesques. Les Grecs, eux, nous laissent un patrimoine mécanique considérable, périodiquement redécouvert et réétudié. Les deux volets majeurs de l'art de l'ingénieur sont ainsi présents à travers les deux premières grandes civilisations occidentales, et nous verrons comment, tout au long de cette fascinante histoire des rapports entre les hommes et leurs créations techniques, s'est forgée la culture technique de notre civilisation contemporaine.

Comme Vaucanson, quelque vingt siècles plus tard, Héron d'Alexandrie jouit d'une tenace réputation de créateur d'automates, pour ne pas dire d'amuseur public créant, certes, de géniales machines, mais à ranger au rayon des curiosités ou de la « physique amusante ». Bien sûr, il est un fabricant de jouets, nous ne lui enlèverons pas ce qui représente à nos yeux une grande qualité, mais nous demanderons à ces mécaniques et à l'œuvre de Héron de nous refléter deux images bien distinctes. La première nous conduira, en partant des réalisations concrètes et des centres d'intérêt de notre ingénieur grec, aux sources de la mécanique, à la « naissance de la technologie », comme se plaît à le dire B. Gille [1], auprès des principaux représentants de l'école d'Alexandrie. La seconde sera une réflexion plus générale sur le rôle du jeu dans l'histoire des techniques. Un rôle que notre culture occidentale « sérieuse » rejette avec dédain mais qui pourtant, à l'aube de ce qu'on nous annonce être une civilisation de loisirs, est loin d'être négligeable.

Automates et automatisme

Par bonheur, la majeure partie des écrits de Héron est parvenue jusqu'à nous, grâce notamment à la publication par Thévenot, en 1693, de quatre de ses principaux ouvrages : le *Traité des machines de guerre*, les *Pneumatiques*, les *Automates* et la *Chirobaliste*. Déjà un siècle auparavant, la publication en latin des *Automates* avait suscité un grand intérêt dans le milieu technique d'alors, très ouvert à ce type de recherches. Plusieurs des théâtres de machines des XVIe et XVIIe siècles reprendront des éléments des automates de Héron en y apportant les perfectionnements permis par le système technique classique. Mais c'est surtout le XIXe siècle qui redonnera à ces travaux anti-

---

1. L'important ouvrage de Bertrand Gille, *Les Mécaniciens grecs* (Paris, Éd. du Seuil, coll. « Science ouverte », 1980) porte en sous-titre « La naissance de la technologie ».

Un homme : Héron d'Alexandrie

ques l'écho le plus grand et les recherches historiques les plus fructueuses. Évidemment, comme Léonard de Vinci, qui sera reconnu alors comme un grand ingénieur, Héron d'Alexandrie passera rapidement pour l'inventeur d'une multitude de choses, depuis la machine à vapeur jusqu'aux engrenages.

Le théâtre roulant de Héron d'Alexandrie. P : contrepoids en plomb — M : « grains de millet ou de sénevé, à la fois légers et glissants » — R : roues motrices — V V' : rails ornières.

Les automates représentent certainement le domaine où Héron applique le plus clairement ses préoccupations scientifiques et son sens de la mécanique, acquis dans le milieu fécond que fut l'école des mécaniciens d'Alexandrie. Des nombreuses représentations de mécanismes qu'il nous a laissées, ses théâtres d'automates sont les plus fascinants, par le nombre d'éléments hydrauliques et mécaniques qui les composent et les principes qui les mettent en mouvement. Deux idées majeures se dégagent immédiatement, au service d'un art de la représentation scénique très prisé par les Grecs : la programmation et la régulation par rétroaction.

Le premier de ces principes est particulièrement mis en œuvre dans les chariots destinés à se mouvoir sur la scène selon un cycle défini au préalable. Le mouvement est donné par un moteur à sable, mécanisme simple qui, par la descente d'un contrepoids, transmet le mouvement aux deux roues motrices. Le contrepoids est posé sur un lit de grains de millet ou de sénevé qui s'échappent lentement par un orifice muni d'une vanne. Le poids du piston, le volume du grain et la dimension du trou permettent de régler la puissance, la distance et la vitesse du chariot. Son mouvement peut lui-même être modulé par l'enroulement de la corde autour du tambour des roues motrices. Le théâtre roulant peut ainsi se mouvoir dans un sens, puis dans l'autre, selon un programme préétabli.

Ce principe peut être multiplié et compliqué à l'envi pour accomplir des cycles plus élaborés ou mettre en action des personnages sur la scène grâce à des systèmes de cames analogues à ceux qu'on retrouve encore aujourd'hui sur les machines-outils automatiques. La transmission de la force motrice est couramment assurée par des mécanismes à poulies et cordelettes, mais aussi par des engrenages. Le *baroulkos* que nous décrit Héron dans les *Mécaniques* est ainsi fondé sur le principe de la démultiplication par trains d'engrenages — engrenages droits et engrenages à roue et vis sans fin — qui permettent de déplacer de lourdes charges à partir d'un effort minime. Il en est de même de l'odomètre qui sert à mesurer la distance parcourue par un véhicule par le comptage de billes de pierre tombant à travers un trou. Léonard de Vinci représentera un appareil similaire près de seize siècles plus tard. L'utilisation de la vis dans ces réducteurs comme dans les mécanismes élévateurs a longtemps soulevé des controverses, mais l'on pense aujourd'hui que la vis, attribuée traditionnellement à Archimède, était en fait connue de longue date par les Grecs.

Un homme : Héron d'Alexandrie

L'usage des graines de moutarde ou du sable dans les automates de Héron est en fait du même ordre que l'usage de l'eau. C'est pour cela que nous ne dissocierons pas ici automates mécaniques et hydrauliques. Fondamentalement, on utilise l'écoulement d'un fluide à travers des trous ou des conduits pour créer un mouvement, le freiner ou compter une quantité. Les clepsydres et les pompes aspirantes et foulantes relèvent du même système technique que celui des Égyptiens mais appliqué à des usages de dimensions beaucoup plus modestes et considérablement plus évolués.

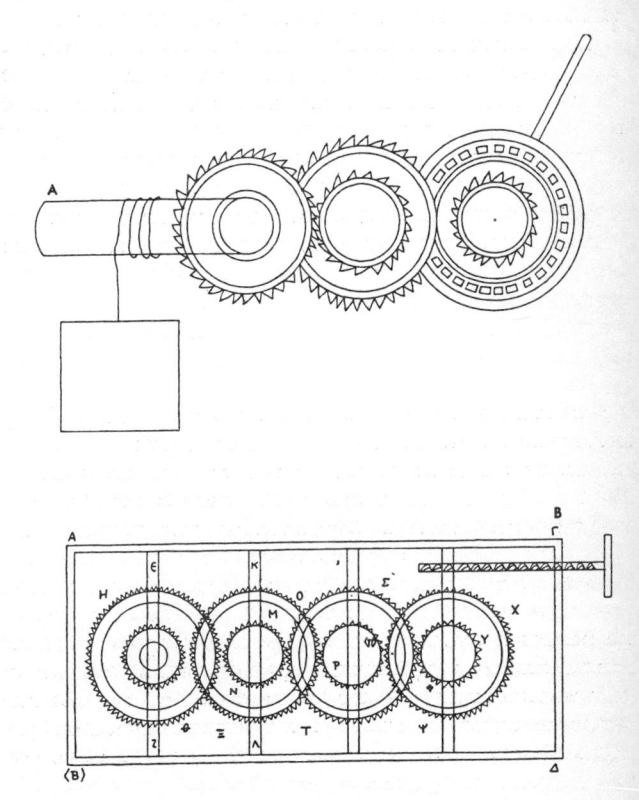

Baroulkos.

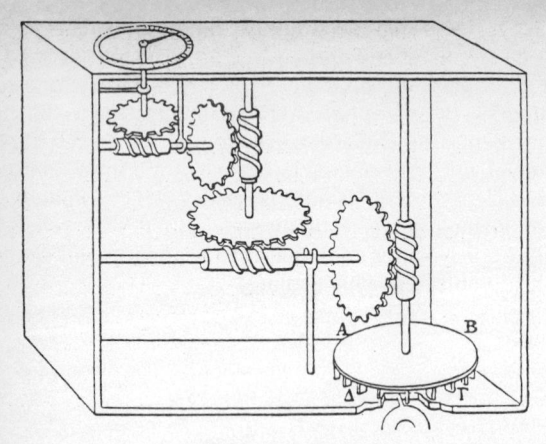

Odomètre de Héron.

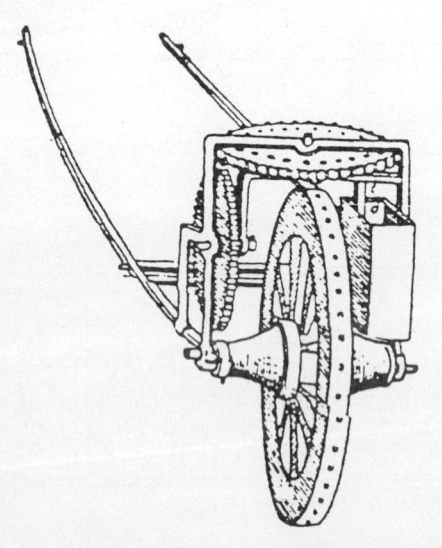

Compteur de Léonard de Vinci.

Une grande lignée d'hydrauliciens

Dans l'hydraulique, Héron se situe dans la lignée des grands ingénieurs comme Archytas, Ctésibios et Philon de Byzance, qui ont su porter ce domaine à un haut degré de technicité. L'ensemble technique favori de Héron est sans conteste le siphon flottant. A côté des nombreux appareils repris de Philon, et qu'il a décrits dans ses *Pneumatiques*, figurent des nouveautés tout à fait intéressantes. Le corpus des autres mécaniciens grecs prend avec Héron d'Alexandrie une dimension nettement plus approfondie et maîtrisée. Parmi ses innovations, la fontaine à vin qu'il nous décrit fait appel à un système de régulation très élaboré. Ctésibios, presque deux siècles auparavant, avait présenté des clepsydres comportant des systèmes à soupape déjà très ingénieux. Mais le régulateur à

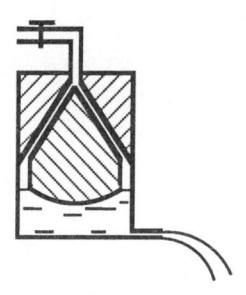

Soupape de Ctésibios. Par un mécanisme très simple, la soupape de Ctésibios permet la régulation d'un flux de liquide grâce à l'action d'un flotteur conique.

flotteur que Héron installe dans sa fontaine à vin fait preuve d'un esprit d'analyse poussé, même si la dissociation des fonctions dans l'appareil n'est pas formulée explicitement. En effet, le signal de niveau d'eau, capté par un vase communiquant avec le godet de réception, est transmis à la soupape de fermeture par un système de leviers, séparant ainsi la fonction de saisie de l'information de l'action sur l'arrivée de liquide. Si l'on peut aisément comparer la soupape de Ctésibios à la vis pointeau du carburateur d'une automobile, le régulateur à flotteur de Héron peut l'être aujourd'hui au mécanisme qui couramment, dans les chasses d'eau, coupe l'arrivée lorsque le réservoir est plein.

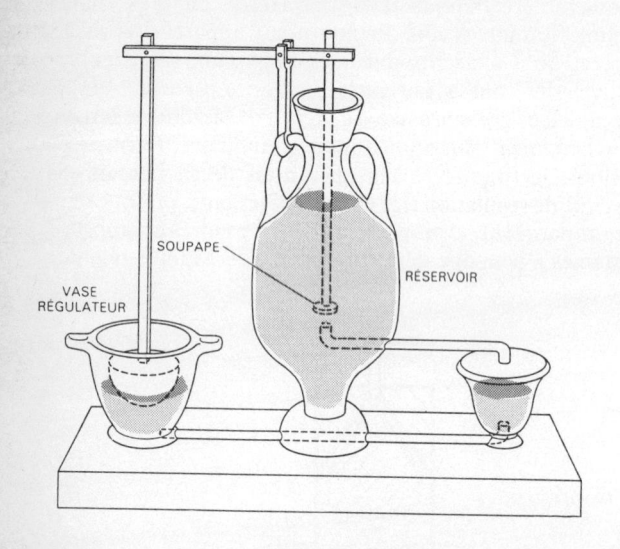

Fontaine à vin de Héron.

La différence entre Ctésibios, le premier des grands ingénieurs d'Alexandrie, et Héron, n'est pas tant, comme dans cet exemple, dans l'ingéniosité des mécanismes que dans la maîtrise des phénomènes mis en jeu, en un mot, son esprit scientifique.

Le principe du siphon flottant, permettant la régulation, associé à une programmation par des mécanismes à cames, poulies et cordelettes, a permis à Héron de créer des automates extrêmement ingénieux. Mais là où il fait preuve d'un esprit totalement nouveau par rapport à ses prédécesseurs, c'est dans l'utilisation de la compressibilité de l'air et de l'incompressi-

Un homme : Héron d'Alexandrie 81

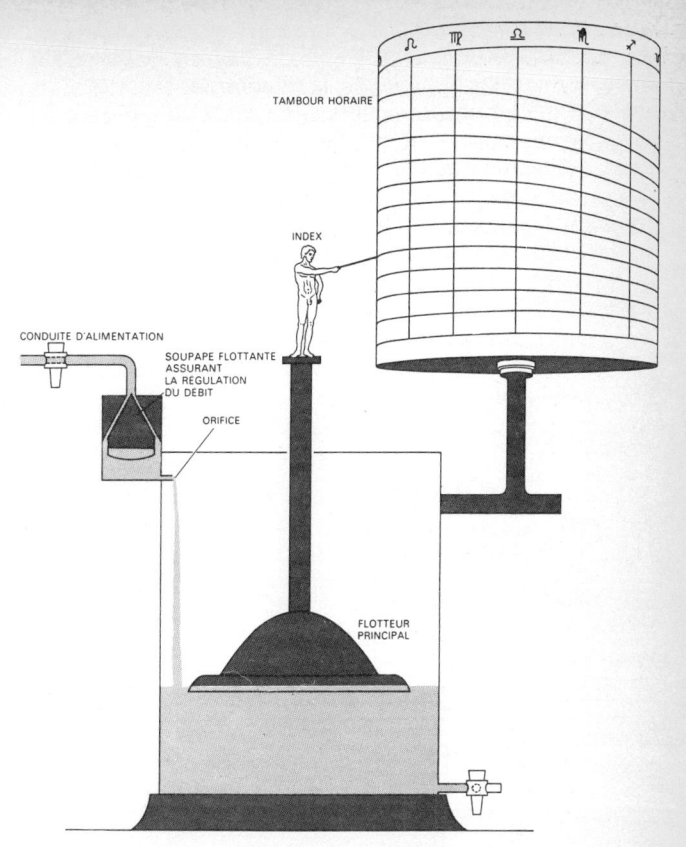

Clepsydre de Ctésibios.

bilité de l'eau. Sans les avoir formulés directement, il a parfaitement conceptualisé les phénomènes physiques des fluides et les a appliqués notamment dans deux automates célèbres : le mécanisme d'ouverture des portes d'un temple d'une part, l'éolipile d'autre part.

Le premier fait appel à la dilatation de l'air contenu dans

la sphère. Chauffé par le feu de l'autel, l'air repousse l'eau dans le récipient mobile, par l'intermédiaire du siphon, et la descente du récipient provoque la rotation des axes des portes grâce au mécanisme de poulies et de cordes. Le phénomène physique mis en jeu — à tous les sens du terme — est uniquement la dilatation de l'air chaud, et produit un refoulement de l'eau analogue à celui de nos cafetières italiennes contemporaines. L'extinction du foyer amène la réalisation du cycle inverse. C'est l'un des rares cas d'automates où le processus est réversible, et donc reproductible. Au-delà de l'ingéniosité même de cet appareil, on perçoit l'effet scénique imaginé par son créateur, la liaison cachée entre l'allumage du feu du sacrifice et l'ouverture des portes devant créer chez le spectateur un superbe étonnement.

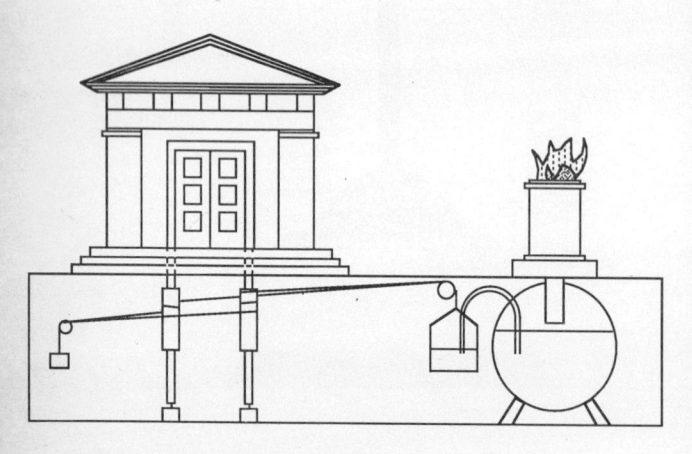

Mécanisme d'ouverture des portes du temple de Héron.

Le second a donné lieu, depuis le XIXe siècle notamment, à nombre de spéculations sur l'usage de la vapeur chez les Grecs. L'éolipile est en fait un moulinet à réaction, du même type que les moulinets d'arrosage des jardins, mais fonctionnant à la vapeur. L'eau contenue dans le socle de l'appareil, constitué par une marmite, est chauffée par-dessous et vapo-

Un homme : Héron d'Alexandrie

risée. La vapeur alimente une sphère qui se met en rotation grâce à deux ajutages opposés. Cet appareil n'est qu'un jouet et en faire l'ancêtre de la turbine à vapeur est un peu abusif. Tel quel, ce dispositif ne peut être transposé à de plus grandes dimensions pour créer une force motrice utilisable industriellement. De simples questions de matériau — les Grecs ne disposent ni de la fonte ni de grandes plaques de tôle — et de liaison entre le tuyau d'alimentation et la sphère suffisent à interdire tout changement d'échelle. Par ailleurs, les phénomènes physiques liés à l'air chaud et à la vapeur ne sont pas clairement élucidés et ne peuvent permettre une application scientifique raisonnée. L'éolipile n'en constitue pas moins une

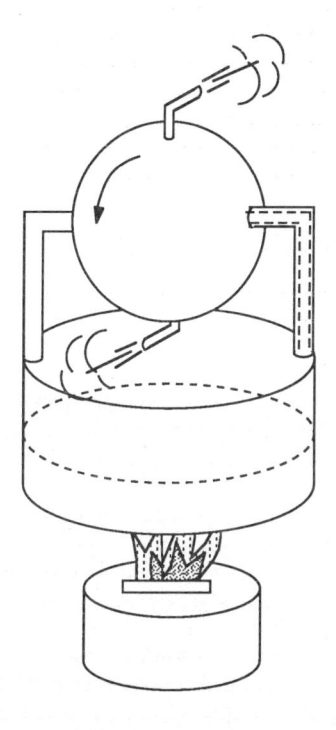

Éolipile de Héron.

machine étonnante, dans la lignée des nombreux automates grecs utilisant les fluides et la chaleur pour créer des mouvements ou des sons.

Si tous ces automates n'ont qu'une fonction de curiosité ou de représentation théâtrale, en un mot une fonction de jeu, la même ingéniosité a été déployée par les mécaniciens grecs pour des machines «utiles» — si tant est que le jeu ne le soit pas — comme des pompes aspirantes et foulantes ou des horloges à eau. Bien que ses études sur les pompes soient développées dans les *Pneumatiques*, il ne nous est guère possible de connaître l'apport de Héron d'Alexandrie dans le domaine des horloges hydrauliques, l'ouvrage correspondant, mentionné par Pappus dans un écrit du IVe siècle, ne nous étant pas parvenu. Si l'on se réfère à ses descriptions de pompes, il semble que, comme pour les clepsydres d'ailleurs, il poursuive la tradition de Philon de Byzance, et plus loin celle de Ctésibios, et n'apporte pas de nouveautés notables. Il faut dire que ce dernier a grandement innové dans ce domaine et a construit des pompes et des horloges fort ingénieuses.

L'art militaire, déjà...

Parmi les œuvres de Héron, le second domaine qui retiendra notre attention, à côté des automates, sera celui des machines de guerre. Il s'agit là aussi d'un champ dans lequel les ingénieurs grecs se sont distingués par leur haute technicité. La grande période de développement de l'art militaire se situe au IVe siècle, sous Denys l'Ancien tout d'abord, puis sous Philippe de Macédoine et son fils Alexandre le Grand. Ce dernier se servit abondamment de l'artillerie névro-balistique pour conquérir ce qui deviendra son grand empire. L'évolution de ces armes de jet se caractérise par trois étapes qui feront passer l'artillerie de l'arc primitif aux énormes catapultes et balistes capables de projeter des traits ou des boulets de pierre à de grandes distances. Ces importants progrès dans les machines de jet se doublent, à la même époque, de profondes mutations dans l'art de la guerre, qui passe de l'échelle humaine à celle des machines, avec tout son arsenal de machines de siège :

Un homme : Héron d'Alexandrie

béliers, ponts volants, tortues, trépans par lesquels les armées s'attaquent aux murailles des villes.

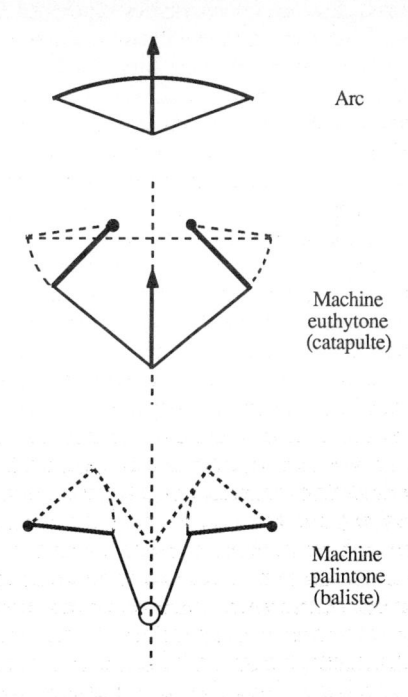

Arc

Machine euthytone (catapulte)

Machine palintone (baliste)

De l'arc aux catapultes et aux balistes.

La mécanique employée dans ces machines — roues à cage d'écureuil, poulies, ascenseurs, etc. — contribue à former la génération d'ingénieurs qui s'attaquera ensuite aux armes de jet, pour augmenter les poids des projectiles et les portées des machines. Ce domaine, alors comme toujours largement subventionné, fait rapidement de grands progrès. Les problèmes que se posent les ingénieurs appelés au service des souverains les orientent rapidement vers l'élaboration d'un corpus scientifique pour la détermination des caractéristiques de cette nouvelle artillerie, appelée névro-balistique car elle fait appel à la torsion de textiles torsadés ou de tendons d'animaux comme ressorts moteurs. Des lois sont élaborées pour construire des machines plus imposantes à partir des machines existantes : le module servant de base aux calculs donne lieu à des recherches mathématiques de plus en plus approfondies pour lesquelles sont mis à contribution des savants comme Archimède. La très forte demande militaire et ses moyens importants permettent aux mathématiques et, au-delà, à ce que nous appelons aujourd'hui les sciences exactes, de faire de grands pas dans le milieu alexandrin.

Héron arrive à la fin de cette grande période, du IVe au IIe siècle av. J.-C., qui cédera la place, peu de temps après, à l'ère romaine ; celle-ci continuera, dans le domaine militaire, l'œuvre entreprise par l'Antiquité grecque sans y apporter de progrès techniques notables. L'apport de Héron se situe, d'une part, dans une description détaillée et précise de l'ensemble des machines de guerre constituant le corpus technique alexandrin, d'autre part, dans la création d'une nouvelle machine, la *Chirobaliste*, machine palintone portative. Alors que les machines antérieures étaient presque intégralement construites en bois, son engin fait appel plus largement au métal, notamment pour les ressorts de torsion. Cette innovation, qui permet de réduire les dimensions dans de fortes proportions tout en conservant une puissance de tir considérable, est permise à présent grâce aux progrès de la métallurgie.

Du jeu comme moteur des techniques

Nous commençons à mesurer, avec les ingénieurs alexandrins, la part qu'occupe la guerre dans le progrès technique. Le climat propice à l'innovation technique sous les souverains grecs se présentera de nouveau à la Renaissance sous l'égide des monarques italiens et bien sûr aujourd'hui, où les recherches militaires bénéficient, quel que soit le pays, des moyens économiques les plus importants. C'est dans cette propension humaine universelle à créer pour dominer que nous rejoignons les automates. Sans vouloir faire du jeu le moteur unique du progrès technique, il faut bien reconnaître, à la lumière de l'évolution des techniques depuis ses origines, que de nombreuses innovations sont nées, non pas d'une recherche finalisée ou d'un besoin économique, mais du besoin personnel de jeu et de compétition d'un certain nombre de techniciens ou d'ingénieurs. Nous en donnerons des exemples concrets aux différentes époques de notre histoire des techniques. Mais si l'instinct ludique du mécanicien le porte à créer des automates, celui du monarque le pousse à se mesurer à ses semblables, et à mettre en œuvre les moyens nécessaires pour accroître son pouvoir [1].

L'exemple qui nous est donné ici par les ingénieurs d'Alexandrie illustre bien le progrès accompli dans le domaine de la mécanique — transmission de mouvement, programmation, régulation —, et dans celui des fluides — vases communicants, air chaud, vapeur... —, par la réalisation d'automates et de jeux scéniques dans un milieu culturel très friand de ces distractions. Ce n'est pas un cas isolé. Nous retrouverons cette même démarche dans les machines automobiles de Francesco di Giorgio, à la Renaissance, et dans les théâtres de machines du XVIe siècle, qui aboutiront aux jeux d'eaux des cours princières du XVIIe et finalement à l'avènement de la machine à vapeur au XVIIIe. Le cas de Vaucanson, que nous évoquerons aussi, nous montrera comment, partant des automates, on peut arriver aux machines textiles automatiques. Hors de notre civilisation occidentale, les feux d'artifice chinois ont eux aussi joué un rôle certain dans la mise au point de la poudre à canon. Comme chez l'enfant, le jeu sert de catalyseur pour se forger une culture technique et l'appliquer ensuite à des réalisations utiles à la vie en société. Plus près de nous, l'industrie cinématographique naît, comme le canard de Vaucanson, dans une baraque foraine. Mais, comme pour les instruments de musique, nous touchons là à des jeux qui ont acquis le droit d'être promus au niveau d'arts, et cette notoriété nous semble aujourd'hui bien plus louable que les amusements d'un Héron ou d'un Villard de Honnecourt... Mais n'oublions pas que ce statut de l'art est une invention

---

1. On pourra se reporter, sur ce thème, aux thèses développées par Johan Huizinga il y a un demi-siècle dans *Homo ludens*, (Paris, Gallimard, coll. «Tel», 1988), où l'on peut seulement regretter que la place de la technique soit si minime.

récente et que, jusqu'à la Renaissance, les sculpteurs, peintres ou musiciens étaient des travailleurs au service d'un pouvoir.

A un niveau quelque peu différent, la compétition fait partie intégrante du jeu, et le concours ou le chef-d'œuvre ont induit, eux aussi, de nombreuses réalisations techniques, généralement plus monumentales. Villard de Honnecourt, au Moyen Age, créait pour son plaisir des automates qu'il destinait aux clochers des églises qu'il construisait, mais il répondait aussi à des concours pour la construction d'un chœur d'église, par exemple. Les chefs-d'œuvre des compagnons participent également de cet esprit de compétition qui incite l'homme à surpasser son voisin. Ce n'est pas aller trop loin d'affirmer que nombre d'ingénieurs du XIXe siècle, et même d'aujourd'hui, font, de l'amélioration continuelle de machines ou de procédés, de la recherche de la meilleure solution, un jeu analogue aux énigmes que posait le Sphinx de la mythologie grecque.

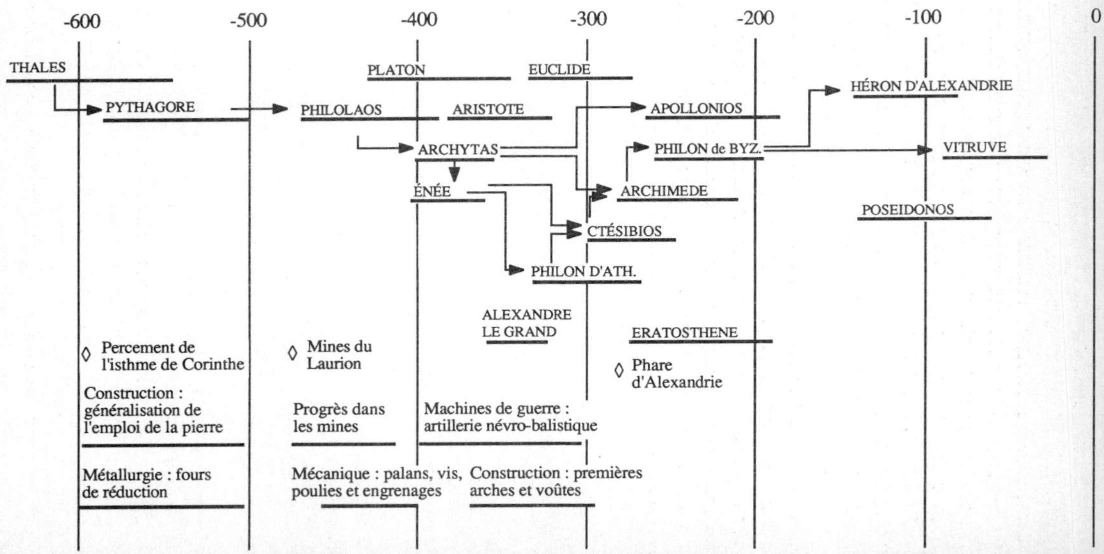

Date	Personnages	Événements / Techniques
0		
-100	HÉRON D'ALEXANDRIE — VITRUVE — POSEIDONOS	
-200	APOLLONIOS — PHILON de BYZ. — ARCHIMÈDE — CTÉSIBIOS — PHILON D'ATH. — ERATOSTHÈNE	◊ Phare d'Alexandrie
-300	EUCLIDE — ARISTOTE — ARCHYTAS — ÉNÉE — ALEXANDRE LE GRAND	Machines de guerre : artillerie névro-balistique, Construction : premières arches et voûtes
-400	PLATON — PHILOLAOS	Progrès dans les mines — Mécanique : palans, vis, poulies et engrenages
-500	PYTHAGORE	◊ Mines du Laurion — ◊ Percement de l'isthme de Corinthe — Construction : généralisation de l'emploi de la pierre
-600	THALES	Métallurgie : fours de réduction

troisième partie

Au-delà de l'Europe

1. Panorama

L'évocation des techniques antiques nous a permis de découvrir un premier grand foyer de création et de développement situé dans le bassin méditerranéen. Aux mécaniciens grecs, aux bâtisseurs égyptiens et romains, la civilisation occidentale doit beaucoup. Notre histoire des techniques est profondément imprégnée de ces premiers grands pas de l'Antiquité méditerranéenne. Mais ne commettons pas l'erreur encore trop souvent reproduite de ne voir nos racines, notamment dans les domaines de la science et de la technique, que dans ce seul foyer occidental. La Chine est située à l'autre extrémité de l'immense continent eurasiatique, et nous préférons voir dans cet éloignement géographique, plutôt que dans une mentalité occidentale un peu trop prétentieuse, la raison essentielle de l'obscurité qui a longtemps entouré un passé technique pourtant extrêmement fructueux.

Le survol des principales innovations techniques du foyer de civilisation extrême-orientale ainsi que l'évocation du rôle essentiel joué par les Arabes, tant comme continuateurs de l'esprit des mécaniciens grecs que comme médiateurs avec l'Inde et la Chine, nous permettront de réajuster l'image un peu trop égocentrique que revêt la culture technique occidentale. Sans toutefois nous y étendre, nous ne manquerons pas de jeter un coup d'œil sur les techniques de l'Amérique précolombienne qui, par leur isolement face aux intenses échanges de l'Ancien Monde, nous éclairent sur certains aspects fondamentaux de l'évolution des techniques à leur stade original.

Le trait sans doute le plus marquant de l'histoire des civilisations de l'Ancien Monde réside dans les échanges à la fois nombreux et très anciens entre l'Orient et l'Occident et, pour être plus précis, entre les deux grands pôles de civilisations du Moyen-Orient et de la Chine, tant par les voies maritimes en contournant la Malaisie et l'Inde que par les voies terrestres de l'Asie centrale. Les premières traces de voyages connues par des textes, entre la Grèce et l'Inde, suivent l'invasion de la vallée de l'Indus par Alexandre le Grand en 325 av. J.-C. Mais c'est surtout au cours des premiers siècles de notre ère que ces échanges deviendront beaucoup plus fréquents entre la mer Rouge et l'Inde méridionale, et même l'Indochine. Avec les marchandises transportées seront aussi colportées les techniques en usage d'une extrémité à l'autre du continent asiatique. Ces techniques transiteront certes moins vite que les denrées mais bien plus rapidement que la science.

L'Occident a su reconnaître assez tôt l'étonnante maîtrise dont disposaient les populations d'Extrême-Orient dans certains domaines, et un certain nombre d'innovations importantes ont pu leur être attribuées, comme la boussole, le papier, l'imprimerie ou la poudre à canon. On sait aussi aujourd'hui que la métallurgie chinoise, comme d'autres secteurs, était fort avancée au début de l'ère chrétienne. Mais nous allons voir qu'il n'est pas si facile de comparer terme à terme les techniques des deux civilisations et, surtout, de connaître les cheminements pris par ces différentes techniques pour transiter d'une zone vers une autre, quand elles ne sont pas apparues simultanément en deux régions éloignées, par l'avènement de systèmes techniques analogues.

Les techniques chinoises primitives

La naissance de la civilisation chinoise se produit dans la vallée du fleuve Jaune et reprend les caractères communs aux civilisations agricoles apparues dans le Moyen-Orient au néolithique. Elle se produit dès le IIIe millénaire, et l'écriture, née au XIVe siècle avant notre ère, jouera là aussi un rôle capital dans son expansion. Mais le caractère le plus particulier de la Chine réside dans la mise en place très précoce de l'unité du pays avec la première grande dynastie Shang vers 1500-1030 av. J.-C. Cette unification de l'Empire, malgré les nombreux troubles qui émailleront l'histoire de la Chine, favorisera un développement progressif des techniques chinoises depuis le Ve siècle av. J.-C. jusqu'à la fin de la dynastie Ming

(1368-1664). Longtemps en avance sur celle de l'Occident, la technique chinoise se fait alors rattraper par celle de l'Occident. Le blocage qui se produit autour des XVe-XVIe siècles fige beaucoup de ces techniques au stade du système technique médiéval. Le développement extraordinaire de l'Occident laissera alors loin derrière une technique chinoise dont on n'a pas encore élucidé totalement les causes de stagnation.

Au cours de ces quinze premiers siècles de l'ère chrétienne, nombre d'innovations seront le fait d'ingénieurs, de techniciens ou de scientifiques chinois. Beaucoup d'entre elles seront introduites en Occident alors que certains domaines, dont la métallurgie et la construction navale, suivront un chemin parallèle à celui des civilisations d'Occident.

La métallurgie chinoise

La question de l'origine de la métallurgie en Chine a longtemps posé problème aux historiens occidentaux par la découverte d'objets en fonte extrêmement précoces. Alors que le fer est connu de longue date en Occident, on n'y trouve trace de fer fondu qu'au cours du Moyen Age. Auparavant, le fer est obtenu par le procédé direct, c'est-à-dire par réduction du minerai dans des bas fourneaux. On a retrouvé en Chine des poêles et des objets de fonte datant du Ier au IIIe siècle. Les travaux philologiques de Haudricourt, corroborant les études de Needham [1], tendent à faire remonter l'origine de la fonte plusieurs siècles auparavant. Le fait est d'autant plus surprenant que le bronze et le fer ont fait leur apparition relativement tard en Extrême-Orient, par rapport aux régions du Proche-Orient où est née la métallurgie.

C'est probablement le savoir-faire acquis dans la fusion du bronze qui a permis aux Chinois d'obtenir de la fonte dès les derniers siècles avant notre ère. Mais atteindre les quelque 1 200 à 1 300° nécessaires à la fusion du fer suppose une puissance de soufflage considérable que les Occidentaux ne possédaient

---

1. Voir notamment le monumental ouvrage publié sous la direction de Joseph Needham, *Science and Civilisation in China*, Cambridge, Cambridge University Press, 1954 →.

Soufflet hydraulique traditionnel chinois.

pas. Needham attribue l'acquisition précoce de la fonte par les Chinois à quatre raisons : la haute teneur en phosphore des minerais de fer chinois qui permet d'abaisser le point de fusion, la connaissance rapide de matériaux réfractaires, l'utilisation de houille à partir du IVe siècle et, surtout, celle de souffleries à pistons à double effet dès le Ier siècle. Alors que les moulins ont été d'abord utilisés en Occident pour moudre le grain, ils l'ont été dès l'origine, en Chine, pour actionner les soufflets des hauts fourneaux. Le premier témoignage de soufflets hydrauliques remonte à 31 apr. J.-C. et précède de plusieurs siècles leur apparition en Europe, bien que le moulin et la pompe aspirante et foulante, connus tous deux de l'Antiquité occidentale, eussent pu donner naissance à de tels ensembles bien plus tôt. Seul le système bielle-manivelle, présent dans les soufflets chinois, était encore inconnu en Occident.

Si la réelle utilisation de fonte dans les derniers siècles avant notre ère fait encore l'objet de discussions entre les différents spécialistes, les nombreux objets — statues, récipients, outils, etc. — datant du VIe siècle et suivants, de même que les représentations attestées depuis le XIVe, montrent une maîtrise de la fonderie de fer largement en avance sur celle de l'Occident. Outre ces usages classiques de la fonte, les Chinois l'ont utilisée dans la construction, soit pour édifier des pagodes, comme celle de 1091 qui subsiste à Tangyang dans le Hu-pei, province riche en minerai de fer, soit pour fondre des tuiles utilisées dans la couverture de temples dans des régions particulièrement ventées à partir du XVe siècle.

L'autre technique maîtrisée très tôt par les sidérurgistes chinois est la fabrication de l'acier. Comme en Occident dès l'Antiquité romaine, on savait cémenter en surface le fer pour obtenir un acier très résistant mais, dès le VIe siècle, les Chinois ont trouvé le moyen de faire de l'acier par cofusion, technique originale consistant à brasser ensemble de la fonte et du fer en fusion continûment pendant plusieurs jours.

Cette méthode, située à mi-chemin entre la cémentation, connue de longue date, et la décarburation apparue tardivement — pas avant le XIVe siècle en Europe — a été totalement ignorée en Occident avant la description qu'en a faite Réau-

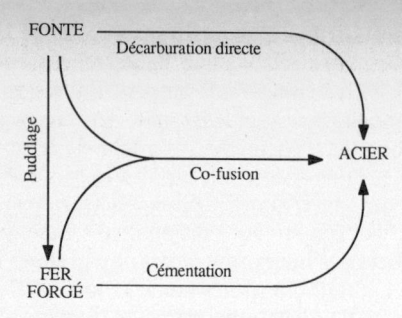

```
FONTE ─────────────────────
          Décarburation directe
  │                              ╲
  │                               ╲
Puddlage                           → ACIER
  │         Co-fusion             ╱
  │                              ╱
  ▼                             
 FER      Cémentation
FORGÉ ─────────────────────
```

Diagramme de la cofusion, d'après Needham.

mur au XVIIIe siècle[1]. La technique du soudage de l'acier doux à l'acier dur, connue en Chine dès le IIIe siècle, a été surtout utilisée par les Japonais dans la fabrication de leurs célèbres sabres et épées damassées dont ils se sont faits les spécialistes à partir du VIIIe siècle.

Malgré les importantes différences chronologiques entre les techniques sidérurgiques orientales et occidentales, la question se pose toujours de savoir s'il y a eu transfert de ces techniques d'est en ouest. C'est ce que les études philologiques de Haudricourt tendent à montrer quand il suit le voyage du mot désignant la fonte depuis la Chine jusqu'à l'Europe centrale. Au vu des témoignages matériels, nous pensons plutôt que les deux zones ont progressé dans des voies parallèles pendant de nombreux siècles, tant dans la structure des fourneaux et des soufflets que dans les savoir-faire eux-mêmes, sans qu'il y ait eu importation en Occident.

Un système technique original

Les mines et la métallurgie chinoises sont intimement liées, dès leurs origines, à l'industrie du sel. D'une part les techniques d'exploitation étaient en partie communes aux gisements

---

1. Réaumur, *L'Art de convertir le fer forgé en acier et l'art d'adoucir le fer fondu*, Paris, 1722.

de minerais métalliques et de sel gemme, d'autre part les ouvriers exploitant le sel avaient besoin de grands récipients pour l'évaporation de la saumure et ceux-ci étaient réalisés en fonte. On a retrouvé lors de la dernière guerre dans la province de Szu-ch'uan, dont le sous-sol est par ailleurs riche en pétrole et en fer, des derricks pour l'exploitation du gaz naturel tout à fait semblables aux représentations des puits de sel de la grande encyclopédie technique chinoise de 1637, le *T'ienkong k'ai-wou*, ou *Exploitation des travaux de la nature* de Song Ying-sing. Une autre représentation datant de la dynastie des Han nous montre un derrick en bambou qui pourrait remonter au Ier siècle av. J.-C. Ces forages, faisant largement appel au bambou comme élément constructif mais aussi pour les canalisations et pompes, atteignaient parfois plus de mille mètres de profondeur, et pouvaient demander plusieurs années de travail. Il ne fait pas de doute que ces techniques étaient là aussi en avance sur les techniques occidentales, puisque les premiers puits artésiens européens tiennent leur nom du forage réalisé en 1126 à Lillers en Artois sur une conception provenant probablement des Arabes. La technique de forage des premiers puits pétroliers en Californie, au début du XIXe siècle, a-t-elle aussi été importée par les Chinois qui furent alors embauchés dans les chemins de fer ? La question reste là aussi posée sans qu'on puisse y apporter de réponse sûre.

Le bambou et le fer, que celui-ci soit forgé ou fondu, constituent assurément les matériaux les plus importants de l'évolution des techniques chinoises. Ils donnent au système technique extrême-oriental un visage tout à fait original par rapport à tout ce qu'on peut constater par ailleurs avant la révolution industrielle occidentale. Alors que la civilisation de l'Europe de l'Ouest passe, à la fin du XVIIIe siècle, du système technique bois-eau au système fer-houille-vapeur, ainsi que nous le verrons plus loin, la Chine fonctionne dès les derniers siècles avant notre ère sur un système technique relativement stable qui se développera lentement mais régulièrement jusqu'à notre Renaissance autour du bois, du fer et de l'eau. La combinaison de ces trois éléments principaux permet la construction d'outils, de machines — soufflets, norias, roues hydrauliques —, de bâtiments et de ponts. Bien que le bambou soit une graminée, nous l'assimilerons ici au matériau bois

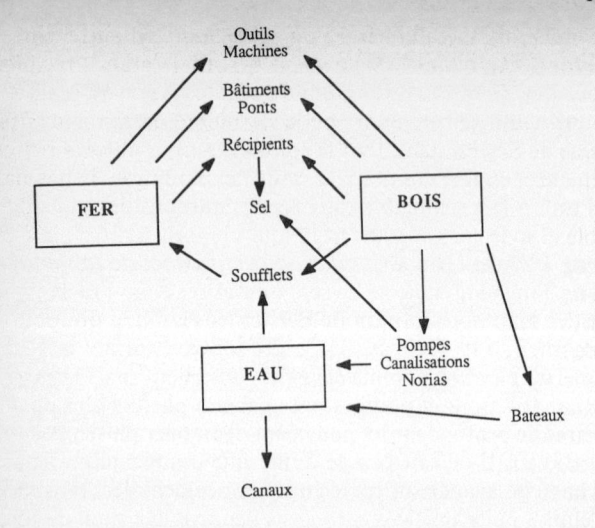

Schéma du système technique de la Chine.

car il est utilisé en parallèle avec différentes essences de bois exotiques et il est travaillé de la même manière que le bois en Occident. Mais il offre de surcroît des caractéristiques fort originales que les Orientaux sauront exploiter au maximum : grande résistance à la flexion, légèreté, section constante, structure tubulaire, croissance rapide.

On trouve en Chine deux types de ponts très répandus : les ponts à arches et les ponts suspendus. Les premiers sont généralement en bambou ou en pierre mais les suspensions des seconds, initialement en câbles de rotin ou de bambou, ont été par endroits remplacées par des chaînes en fer dès le début du VIIe siècle de notre ère, ce qui précède effectivement de près de dix siècles les premiers ponts semblables imaginés en Occident. Cela étant, les représentations disponibles ne permettent pas de connaître précisément la forme de ces premiers ponts suspendus en fer, qui semblent davantage s'apparenter aux « ponts de lianes » existant dans de nombreux pays qu'aux ponts suspendus auxquels nous sommes habitués et que l'on rencontre surtout en Chine à partir du XIe siècle.

Des transports à la mesure de l'Empire

Les ponts, comme les barrages et les canaux, sont des éléments importants dans les origines de la civilisation chinoise qui, comme ses homologues d'Europe et du Moyen-Orient, s'est développée autour de grands fleuves au cours fort variable. Toutes ces civilisations protohistoriques ont dû mettre en œuvre des chantiers considérables pour dompter les eaux et les rendre exploitables pour l'irrigation, la navigation et l'édification de villes. Les Chinois, à une échelle encore plus étendue que celle des Égyptiens ou des Mésopotamiens, ont édifié dès le Ve siècle avant notre ère des canaux d'irrigation, des digues et des barrages pour régulariser le cours des affluents du fleuve Jaune et du fleuve Bleu. Comme au Proche-Orient, les éléments principaux de ces grands travaux sont les matériaux d'une part, la main-d'œuvre abondante d'autre part. Mais au lieu de s'arrêter très tôt dans l'évolution des techniques, comme c'est le cas dans le Croissant fertile, les Chinois utilisent rapidement le bambou comme élément d'armature des digues puis dans la construction de ponts et de bateaux. Ainsi, acquérant progressivement les techniques liées au bois et aux autres matériaux végétaux, ils développeront un machinisme qui leur sera très précieux dans l'irrigation même, ainsi que dans la métallurgie, le tissage, les transports, etc.

Dans ce secteur des transports, en plus de la brouette qu'ils connaissent dès le Ier siècle av. J.-C. et utilisent largement dans la construction et l'industrie du fer, ils exploitent leur abondant réseau hydraulique grâce à une flotte fluviale très développée. Généralement, le bambou constitue l'élément structural des bateaux et le vent l'élément moteur, même pour la navigation intérieure ; dès le VIIIe siècle apparaissent de surprenantes descriptions de bateaux à roues à aubes mus par des hommes. Il semble que le savoir-faire acquis dans les moulins à eau ait largement profité à un machinisme adapté à des usages comme on le voit fort divers. Le développement général de la navigation chinoise suit en gros la même voie que celle de l'Occident, avec l'apparition, entre les IXe et XIe siècles, de jonques de mer possédant des innovations classiques : gouvernail d'étambot, châteaux, voiles multiples, etc.

Navire à voiles, à rames et à roues de l'époque Song.

L'océan Indien, voie d'échanges commerciaux et techniques

On peut avancer que le domaine de la navigation, par essence lieu d'échanges, a joué un rôle dans le transfert de différentes techniques, et notamment les techniques propres de la construction navale. Les renseignements rapportés par Marco Polo dans son *Livre des merveilles du monde* à la fin du XIIIe siècle font une large part à la marine. L'océan Indien a été sillonné très tôt par des flottes grecque, dès le IIIe siècle avant notre ère, et arabe à partir du VIIIe siècle apr. J.-C., les Arabes établissant un siècle plus tard leurs premières colonies en Chine. En sens contraire, les navires chinois contournaient la Malaisie et progressaient jusqu'à Ceylan autour du IVe siècle avant d'atteindre au Ve les ports de la mer Rouge. Par sa situation géographique, l'Inde a joué au cours de ces dix premiers siècles de l'ère chrétienne un rôle essentiel dans les échanges commerciaux est-ouest. Les ports du Sud, comme celui qui donnera naissance au comptoir de Pondicherry, voient les poteries, bronzes et verreries du Moyen-Orient s'échanger contre les laques et les soies de Chine. On imagine aisément que les marins ont pu profiter des techniques maritimes des autres peuples, comme cela se reproduira en Méditerranée à la fin du Moyen Age entre la flotte nordique et la flotte gréco-romaine.

Si la boussole, le gouvernail d'étambot et la poudre à canon ont pu transiter ainsi de l'Extrême-Orient vers l'Occident, il reste plus douteux que le moulin à eau, les techniques métallurgiques ou l'imprimerie aient pris le même chemin. En effet, bien que la connaissance des propriétés du magnétisme date en Chine du IIIe siècle av. J.-C., l'aiguille aimantée n'a longtemps eu qu'une fonction religieuse avant que la véritable boussole soit utilisée dans la navigation, au cours du XIIe siècle. C'est d'ailleurs dans les mêmes dates qu'elle apparaît en Occident et Lynn White, notamment, pense qu'elle a été transmise aux Arabes au XIIIe siècle simultanément par l'Orient et par l'Occident [1]. Cette question de l'« invention » de la boussole reste exemplaire, dans l'histoire des techniques, d'une conception encore trop souvent marquée par l'idée tenace de l'inventeur unique d'un objet bien précis. Or il s'agit là, comme dans bien d'autres cas, de la découverte précoce d'une propriété physique utilisée dans un premier temps dans un cadre sacré avant d'être appliquée beaucoup plus tard à un usage pratique.

Dans le domaine des transports terrestres, nous avons déjà mentionné la brouette, instrument modeste en apparence, mais dont l'histoire est surprenante par le fait même que cet objet nous semble aujourd'hui si familier qu'on l'imagine très ancien. Bien qu'elle ne soit, en Occident, attestée qu'au XIIIe siècle par des illustrations, la brouette est apparemment connue dès le Ier siècle en Chine, ce qui semble extrêmement ancien. En fait, l'étude de l'objet dans son environnement montre que la brouette apparaît généralement avec le haut fourneau, qui demande de nombreux transports de courte distance et une grande maniabilité, toutes qualités que possède la brouette. La pelle fait partie de ce même ensemble et se retrouve elle aussi dans le contexte métallurgique de la fonte, en Orient comme en Occident. Remarquons toutefois que la brouette chinoise a revêtu très tôt une structure différente de son homologue

---

[1]. Voir Lynn White Jr., *Technologie médiévale et Transformations sociales*, Paris, La Haye, 1969, p. 171, n. 346.

européenne, avec une grande roue centrale accompagnée parfois d'une voile pour faciliter son déplacement sur de plus longues distances.

Pour transporter de lourdes charges sur de plus grands parcours, les Chinois ont eux aussi utilisé le chariot à quatre roues, mais sans connaître l'avant-train mobile. Les longues routes impériales tracées par les Han, très semblables aux grandes routes droites bâties par les Romains dans un même contexte d'empire très étendu, peuvent justifier en partie l'absence de dispositif d'articulation du chariot. On retrouve d'ailleurs en Chine les deux modes d'attelage utilisés dans les différentes civilisations du continent eurasiatique : le timon antique central avec un animal de chaque côté, attelé par un joug, et le brancard, adapté à un seul animal en position axiale et généralement utilisé pour des chars à deux roues.

Le papier et la poudre à canon, grandes innovations chinoises

Alors que certaines techniques apparaissent à des stades d'évolution similaires à l'Occident, comme la céramique, d'autres dénotent avec certitude une antériorité importante de la Chine. C'est le cas du papier, dont l'histoire est assez bien connue, de même que les voies de son extension vers l'Ouest. Contrairement aux techniques constructives qui se recoupent dans les différentes zones, celles du support de l'écriture montrent des différences très marquées. Les Chinois n'ont utilisé ni les tablettes d'argile ni le papyrus mais ont laissé des traces écrites dès le IIIe siècle av. J.-C. sur des chaudrons de fonte ou de bronze et sur des papiers faits de matériaux variés : bambou, soie, végétaux divers. Le papier à base d'écorce de mûrier, fabriqué dès le IIe siècle apr. J.-C., se répandra peu à peu dans toute la Chine, comme support de l'écrit mais aussi dans beaucoup d'objets mobiliers, puis sera transmis à partir du VIIIe siècle au Moyen-Orient pour atteindre Nuremberg en 1390 et la France, par l'intermédiaire de l'Espagne, au XIIIe siècle. Gardant leur écriture idéographique longtemps après que les populations d'Occident ont adopté l'écriture alphabétique, les

Chinois mettront en œuvre très tôt des techniques d'impression sur papier au moyen de caractères mobiles.

La xylographie, entre les VIIIe et Xe siècles, encore que très rudimentaire puisque les rouleaux étaient imprimés grâce à des planches de bois, a permis de diffuser nombre d'écrits bouddhiques et taoïques. Les bibliothèques impériales ont contenu ainsi plus de 150 000 volumes au Xe siècle. Mais la véritable origine de la typographie remonte à Pi Ching, vers 1045, qui a inventé les caractères mobiles gravés dans de l'argile durcie. De leur côté, les Coréens ont mis au point en 1403 des caractères mobiles en métal — plomb et cuivre — mais cette découverte n'a pas eu le même impact en Chine que les caractères des imprimeurs de Mayence en Occident, les papiers chinois se révélant trop fins pour cette technique. Le cheminement de l'imprimerie chinoise vers l'Ouest est surprenant puisque, après avoir atteint l'Égypte à la fin du Moyen Age via l'Asie centrale, il a subi un blocage de la part de l'Islam qui a refusé l'usage de l'imprimerie pour les écrits sacrés. De ce fait, son expansion s'est arrêtée aux portes de l'Occident qui a redécouvert la technique de l'impression par caractères métalliques mobiles en Allemagne au milieu du XVe siècle, et l'a rapidement perfectionnée, ce que ne firent pas les Chinois avant l'âge classique.

Avec la boussole, le papier et l'imprimerie, la poudre à canon est la quatrième grande innovation traditionnellement attribuée à la Chine. Nous avons vu combien il fallait être prudent envers ces attributions et leur éventuel transfert vers l'Europe. Il en va de même pour la poudre à canon, dont les origines sont particulièrement confuses. En tout état de cause, la découverte des mélanges détonants et leurs applications festives ou militaires semblent s'être faites aux deux extrémités du continent eurasiatique de façon indépendante, avec quelques tentatives, lancées par les Arabes notamment, pour introduire de la naphte en Chine ou en rapporter la technique des fusées.

D'un côté, les Chinois ont connu des mélanges détonants de soufre et de salpêtre dès les premiers siècles de notre ère, avant de mettre au point la poudre à canon entre le VIIe et le Xe siècle. De l'autre, le « feu grégeois » utilisé par les Byzantins contre la flotte arabe en 678 était connu de longue date et fondé sur un mélange probable de bitume, de soufre et de poix. La filiation, depuis les flèches enflammées jusqu'aux fusées incendiaires et aux feux d'artifice pour arriver à l'artillerie, n'est pas facile à élucider mais semble suivre des chemins parallèles dans les deux foyers du Proche-Orient et de la Chine, qui utiliseront tous deux couramment la poudre à canon vers le XIIIe siècle et l'appliqueront à l'artillerie à la fin du XIVe, favorisant par là les progrès de la métallurgie. En tout état de cause, on trouve déjà avant le Xe siècle ce qui semble être une constante de l'histoire des techniques, l'accélération du progrès par la recherche militaire et l'exploitation systématique de découvertes pacifiques pour des besoins guerriers. La dualité jeu-guerre, caractérisée ici par les feux d'artifice et les fusées incendiaires, constituera l'un des traits majeurs des ingénieurs de la Renaissance lorsqu'ils construiront leurs extraordinaires engins, à la fois machines de fête et chars de combat.

Reproduire la mécanique céleste

Là n'est pas le seul objet de concordance entre les techniques « médiévales » chinoises et celles des ingénieurs des XIVe et XVe siècles. Le goût prononcé de la mécanique chez les Occidentaux de la fin du Moyen Age est un héritage des mécaniciens grecs dont l'esprit s'est perpétué chez les Arabes pendant le long sommeil de la technique européenne ayant suivi la chute de l'Empire romain. De leur côté, les Extrême-Orientaux se sont eux aussi intéressés à la mécanique, certes plus tard que les Grecs, mais ils ont pu progresser plus régulièrement grâce à un milieu culturel plus uniforme que celui des différentes cultures occidentales qui se sont transmis les savoirs antiques. Nous avons vu, au niveau des mécanismes industriels, les progrès accomplis par les Chinois par la maîtrise du bambou et du fer.

Pendant les dix premiers siècles de notre ère, la science chinoise a aussi fait de grands pas, notamment en astronomie. Et c'est de la confluence du désir de représenter les astres en mouvement et d'un savoir hydro-mécanicien très élaboré que sont nés nombre d'instruments astronomiques aboutissant à

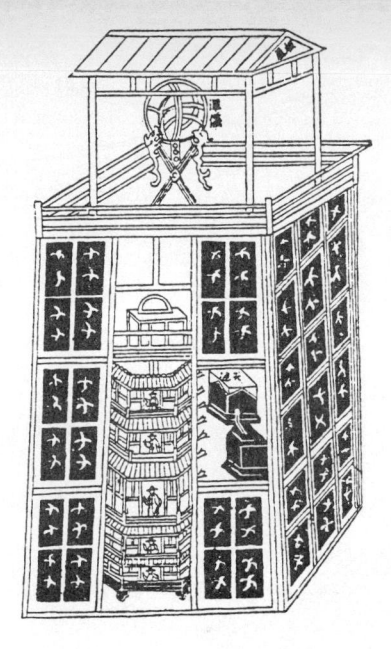

Horloge astronomique de Shen Kua.

l'extraordinaire horloge réalisée par Shen Kua (aussi nommé Su Sung) vers 1090 pour le palais impérial de K'ai-feng.

Needham voit, dans cette réalisation, le chaînon manquant entre les clepsydres de tradition grecque et arabe et les horloges mécaniques à échappement qui apparaîtront en Europe au début du XIVe siècle. En fait, cette horloge monumentale clôt magnifiquement la lignée des clepsydres, la mécanique n'y jouant qu'un rôle de transmission de mouvement et non de régulation. Mais cette lignée a acquis ses lettres de noblesse dès le Ve siècle, tant en Chine qu'au Proche-Orient, où existaient des horloges astronomiques à eau.

Les Grecs avaient été les premiers grands spécialistes de ce domaine, par la conjonction de leur science astronomique et de leur compétence en mécanique de précision. L'Horologion

108   *Au-delà de l'Europe*

Reconstitution par John Christiansen de la tour-horloge astronomique conçue par Shen Kua, homme d'État et astronome, et construite entre 1088 et 1092 par l'ingénieur Han Kung-Lien pour le palais impérial de K'ai-feng, dans la province de Ho-nan. La roue hydraulique mettait en action, par l'intermédiaire d'engrenages, un globe céleste et une sphère armillaire de bronze, ainsi qu'un ensemble de personnages en habits colorés annonçant l'heure avec des cloches et des gongs. Une paire de norias actionnées manuellement remontaient la tonne et demie d'eau nécessaire au fonctionnement quotidien de l'horloge. Haute de plus de 10 m, elle a fonctionné trente ans puis fut transférée par les Tartares à Pékin où, après avoir encore marché près de deux siècles et demi, elle disparut.

d'Andronicos, ou Tour des vents, construite vers 75 av. J.-C. à Athènes, est longtemps restée la clepsydre la plus complexe et la plus monumentale de l'Occident avant que l'horloge d'Hercule construite par les Romains à Gaza vers 500 apr. J.-C. ne lui ravisse la célébrité. Cette lignée prestigieuse suit le chemin du savoir scientifique et technique qui passe successivement entre les mains des Grecs, des Romains, des Arabes, des Syriens et des Byzantins avant de se retrouver en Chine où se mêlent intimement savoirs locaux et savoirs importés. Si la littérature technique chinoise nous a légué des traités de mécanique et d'horlogerie datant du XIe siècle, dénotant une connaissance très avancée, on sait aussi qu'au XIIe siècle le voyageur al-Kinani a transmis en Chine la description de l'horloge ornementale de la grande mosquée de Damas, elle-même bâtie sur le modèle de l'horloge de Gaza. En cette fin de Moyen Age, les échanges entre les deux cultures sont à leur apogée et cette confrontation des savoirs et des savoir-faire orientaux et occidentaux a certainement joué un rôle capital dans l'évolution respective des deux milieux culturels.

A l'Ouest, l'Europe se relève à partir du XIIe siècle et sa technique en progrès exponentiel annonce les Temps modernes. Au contraire, la science et la technique chinoises vont curieusement se figer vers le XVe et, incapables de nouvelles grandes innovations, vont stagner dans un système technique médiéval jusqu'à l'aube de la grande révolution chinoise du XXe siècle.

Les techniques de l'Amérique précolombienne

Le niveau technique très primitif qu'ont gardé les civilisations du Nouveau Monde avant la conquête espagnole a longtemps étonné les Occidentaux ; mais ce contexte particulier de civilisations qui se sont développées de manière autonome, sans les grands échanges de cultures qu'a connus l'Ancien Continent, constitue en fait un élément de réflexion et de comparaison permettant de donner à l'évolution des techniques originelles un éclairage fort instructif.

Les populations originelles venues d'Asie vers 2500 av. J.-C. se sont implantées vers 500 av. J.-C. dans le détroit de Magellan et ont fondé un premier foyer de civilisation en Amérique centrale qui donne naissance, très tardivement par rapport aux autres grandes civilisations de l'Ancien Monde, à l'empire maya autour du IVe siècle de notre ère.

Cette société hiérarchisée, culturellement évoluée, qui met au point une écriture hiéroglyphique, construit des villes et de grands monuments, ne dépassera pas, de même que les civilisations plus tardives des Aztèques et des Incas aux XIVe et XVe siècles, le stade d'un système technique néolithique, globalement équivalent à celui de la haute Égypte. On imagine le choc qu'a produit la confrontation des Occidentaux, en pleine Renaissance, avec des cultures urbaines en retard sur eux de quelque quatre millénaires.

Les causes de la stagnation technique des civilisations de l'Amérique précolombienne sont à présent à peu près cernées et l'on comprend mieux comment l'absence de la roue et de la métallurgie du fer s'explique par celle des animaux domestiques de trait notamment et a figé à son tour le développement des cultures maya, aztèque et inca à un stade essentiellement agricole. En effet, nous avons vu le rôle primordial qu'ont joué dans l'évolution du Vieux Continent la connaissance et la domestication des bovins puis du cheval dans leur utilisation motrice. Les Américains du paléolithique ayant chassé et détruit la plupart des grands mammifères, leurs successeurs n'ont plus eu à leur disposition que des espèces sauvages — lamas, guanacos... — inadaptées à la traction. Haudricourt relie directement le décollage technique et économique d'une société au passage d'une agriculture uniquement humaine à la traction animale : « Les mouvements humains sont naturellement des mouvements de va-et-vient alternatifs. C'est l'animal de trait qui fournit un mouvement continu et c'est lorsqu'on a appris à utiliser ce mouvement que l'on a pu utiliser l'énergie hydraulique [1]. »

Partant, la terre est travaillée avec des moyens très rudimentaires, c'est-à-dire essentiellement le bâton à fouir et la houe. Par ailleurs, cette dernière reste munie d'un tranchant en silex, la métallurgie du fer n'étant pas connue. Les principaux métaux utilisés furent l'or et le cuivre, relativement abondants et bénéficiant d'une basse température de fusion, le bronze n'apparaissant pas avant le XIe siècle chez les Aztèques. Malgré leur connaissance de la métallurgie, encore que très élémentaire, les civilisations précolombiennes n'ont pratiquement réservé

---

1. André-Georges Haudricourt, « L'origine des techniques », *La Technologie, science humaine*, Paris, Éd. de la Maison des sciences de l'homme, 1988, p. 330.

L'agriculture du Nouveau Monde, d'après un manuscrit péruvien.

l'usage des métaux, parallèlement à celui des pierres dures, qu'à des besoins artistiques — bijoux, ornementations, etc. — et ont utilisé l'os, le roseau, la pierre et le cuir pour les outils.

Le plus étonnant pour des Occidentaux reste l'absence de la roue à ce stade d'évolution de la culture américaine, d'autant qu'on a retrouvé des jouets à roulettes et des disques percés à usage sportif. Et la méconnaissance de la roue implique l'absence de chars et chariots, première utilisation traditionnelle de la roue dans les différentes civilisations, de même que celle de rouets, de tours, de moulins, d'engrenages, etc. En un mot, aucune machine ne peut voir le jour sans la roue. Pour imaginer les raisons de ce blocage, il convient de concevoir le système technique dans son ensemble. On constate en effet que l'avènement de la roue en Occident a suivi la domestication d'animaux de trait : comme la voiture ne se conçoit pas sans la route, la roue ne se conçoit pas sans l'animal. Et le passage infranchissable du jouet à une utilisation fonctionnelle de la roue nous rappelle l'éolipile de Héron d'Alexandrie et l'impossibilité de son application à la machine à vapeur dans un système technique grec insuffisamment mûr pour l'accueillir.

Nous comparions plus haut les civilisations maya et égyptienne dans leur évolution technique ; l'analogie se poursuit aussi dans l'architecture : habitations communes en brique crue, bâtiments publics et religieux en pierre. Comme dans le Croissant fertile, les pyramides, atteignant parfois 70 m de hauteur, sont complétées plus tard par des temples à salles hypostyles avec colonnes monolithiques. Le développement y est très semblable, avec un décalage de plusieurs millénaires. Toutefois, les techniques constructives ne sont pas clairement élucidées ; les Mayas, comme les populations andines, ne disposaient pas de la terre limoneuse des Égyptiens ni des appareils de levage des Grecs. Les plans inclinés et le levier y étaient sûrement mis en œuvre pour élever les lourds blocs de basalte jusqu'au sommet des construction, mais l'usage de rouleaux, comme le suppose B. Gille, reste hypothétique.

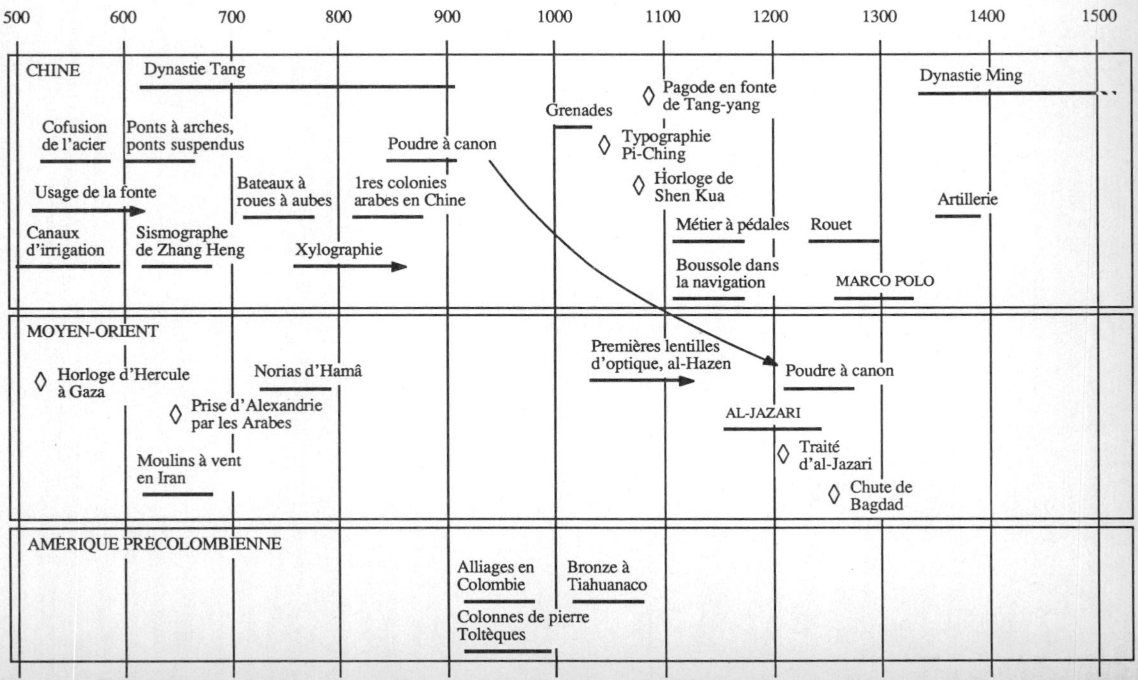

Chronologie des innovations techniques (500–1500)

CHINE

- Cofusion de l'acier
- Usage de la fonte
- Canaux d'irrigation
- Dynastie Tang
- Ponts à arches, ponts suspendus
- Sismographe de Zhang Heng
- Bateaux à roues à aubes
- Xylographie
- Poudre à canon
- 1res colonies arabes en Chine
- Grenades
- ◇ Typographie Pi-Ching
- ◇ Pagode en fonte de Tang-yang
- ◇ Horloge de Shen Kua
- Métier à pédales
- Boussole dans la navigation
- Rouet
- MARCO POLO
- Dynastie Ming
- Artillerie

MOYEN-ORIENT

- ◇ Horloge d'Hercule à Gaza
- Norias d'Hamâ
- ◇ Prise d'Alexandrie par les Arabes
- Moulins à vent en Iran
- Premières lentilles d'optique, al-Hazen
- Poudre à canon
- AL-JAZARI
- ◇ Traité d'al-Jazari
- Chute de Bagdad

AMÉRIQUE PRÉCOLOMBIENNE

- Alliages en Colombie
- Colonnes de pierre Toltèques
- Bronze à Tiahuanaco

2. Un objet : la noria

Comme le deviendra beaucoup plus tard le moulin à eau, la noria représente la machine industrielle type du monde extra-européen. Répandue sur un territoire extrêmement vaste qui va du Portugal à la Chine, elle offre bien sûr des particularités locales, dans les matériaux notamment, mais les quelques types structurels que nous allons distinguer se retrouvent avec de menues différences sur la totalité de cette ceinture qui couvre la partie sud de l'Asie, la partie nord de l'Afrique et quelques régions de la péninsule Ibérique et de l'Italie. Cette expansion géographique n'est évidemment pas l'effet du hasard et, à y regarder de près, l'histoire de la noria nous illustre assez fidèlement celle des techniques et de leur diffusion pendant cette période qui sépare l'Antiquité du Moyen Age. Pendant ces quelques siècles où l'Europe occidentale subit nombre de crises et ne peut trouver les ferments de son renouveau, l'Orient poursuit tranquillement son évolution technique dans un climat somme toute assez stable.

« La noria est une machine dont l'effet est d'élever les eaux du fond d'un puits. Elle est simple, peu dispendieuse, soit pour la construction, soit pour l'entretien. On conçoit qu'elle doit durer longtemps, et rendre un grand produit. Elle subsiste en Espagne de temps immémorial. On présume qu'il en faut attribuer l'invention aux Maures. » C'est sous ces termes que Diderot présentait la noria dans l'Encyclopédie il y a deux cents ans, et nous pourrions reprendre les mêmes termes aujourd'hui.

Nous ne reviendrons pas sur la profonde méconnaissance qui nous empêche encore aujourd'hui de brosser un portrait précis des acquisitions techniques du Moyen-Orient. Heureusement, des travaux sont actuellement en cours pour restituer une tranche de l'histoire des techniques encore dans l'ombre [1]. Nous tenons seulement à rappeler ce fait pour préciser que certains résultats repris ici risquent à l'avenir d'être remis en question par des recherches plus approfondies. En tout état de cause, la noria représente l'une des rares machines complexes parfaitement mises au point dans les premiers siècles de notre ère et qui nous offre encore un témoignage vivant de son extraordinaire efficacité, dans nombre de pays où elle a vu le jour il y a plus de deux mille ans. Cette particularité sera pour nous l'occasion d'aborder le problème des « techniques appropriées » et de l'assimilation de techniques d'aujourd'hui par des pays en voie de développement.

La famille des norias

Le mot de noria à peine prononcé surgissent les premiers problèmes de terminologie. D'origine arabe (*nâ'oûra*), le nom désigne une machine élévatoire utilisée pour l'irrigation. Mais, selon les pays, il recouvre un ensemble de machines plus ou moins étendu. Quatre types principaux de machines complexes sont mis en œuvre dès la fin de l'Antiquité pour élever l'eau, primitivement pour des besoins agricoles :
— la *vis d'Archimède*, imaginée par Archytas de Tarente, plutôt que par Archimède, autour du IVe siècle av. J.-C. ;
— la *pompe aspirante et foulante*, attribuée à Ctésibios au cours du siècle suivant ;
— la *roue élévatoire*, d'usage courant en Égypte à la même époque ;
— la *roue à chaîne*, la plus récente mais aussi la plus complexe de ces machines.

Ces deux derniers types sont ceux que recouvre généralement le terme de noria. Elles fonctionnent selon un principe similaire qui consiste à élever de l'eau grâce à des godets ou des seaux par l'intermédiaire d'un mécanisme de recyclage. Pour

---

[1]. L'ouvrage d'Ahmad Y. Al-Hassan et Donald R. Hill, *Islamic Technology, an illustrated history* (Cambridge, Paris, 1986), vient heureusement combler en partie cette lacune.

Un objet : la noria

adopter une terminologie claire, nous les appellerons roue à compartiments ou roues à chaîne selon qu'ils sont disposés sur une roue ou en chaîne. Ce principe est fondamentalement différent des deux premiers types qui fonctionnent en continu pour la vis d'Archimède ou par pompage alternatif pour la pompe de Ctésibios.

Bien sûr, des machines plus simples étaient utilisées longtemps avant les norias, comme le *chadouf*, à la zone d'utilisation elle aussi extrêmement étendue, et le *čerd*, largement répandu en Inde. Le *chadouf* est lui-même l'adaptation d'un levier et d'un contrepoids à un seau muni d'une corde ou d'une perche pour remonter l'eau sans effort excessif. Le *čerd* utilise pour sa part le principe de la poulie pour tracter grâce à un animal — un chameau ou un dromadaire généralement — une poche en peau de chèvre jusqu'à une rigole d'irrigation.

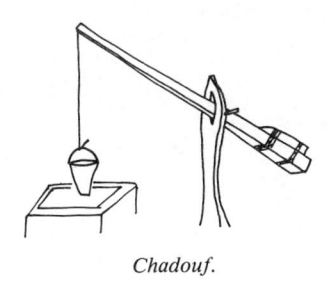

Chadouf.

La noria consiste primitivement à mécaniser l'action de remonter l'eau par un seau grâce à un dispositif de recyclage dont la roue représente le moyen le plus parfait. Le premier type apparu est donc la roue à compartiments, constituée d'une grande roue de bois de 4 à 5 m de diamètre, certaines pouvant atteindre plus de 7 m, munie de pots en terre d'une capacité de 5 à 10 litres chacun. Il y en a généralement 24 mais leur nombre peut être beaucoup plus important dans le cas de roues de très grand diamètre, comme celles qui subsistent encore aujourd'hui à Hamâ, en Syrie, et possèdent 120 compartiments pour une roue de 20 m de diamètre.

Les roues à compartiments originelles sont mues par

l'homme, une ou deux personnes marchant sur la périphérie de la roue, appuyées à une barre fixe. Dans un pays aux cours d'eau calmes, nécessitant une irrigation continue pour mettre en valeur un sol riche, la noria offre un intérêt majeur pour l'agriculture. Vitruve nous a laissé, au dernier siècle avant notre ère, des descriptions fort précises des différents types de norias, dont un système apparenté à la roue à compartiments, le tympan, dans lequel l'eau est élevée dans des compartiments radiaux et s'écoule près de l'axe.

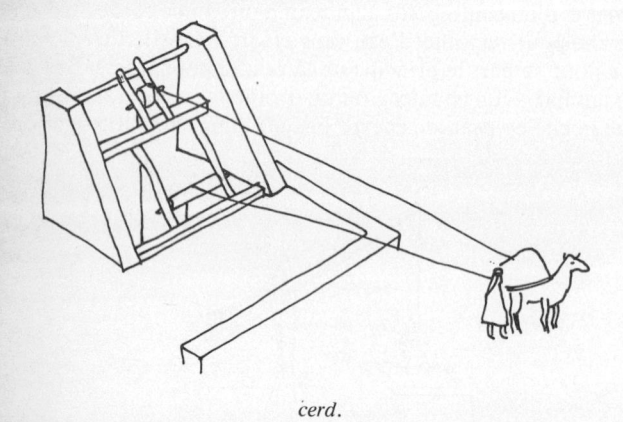

cerd.

Lorsque le débit du cours d'eau est suffisamment fort, la roue peut être mue directement par le courant au moyen de pales disposées sur sa périphérie. Ce type, appelé communément *noria* au sens étroit du terme, est extrêmement répandu jusqu'en Inde et en Chine. Constituant probablement la première machine autonome, c'est elle qui aurait pu donner naissance au moulin à roue verticale dont nous verrons plus loin le grand développement au cours du Moyen Age.

Les éléments constructifs des roues à compartiments sont généralement le bois pour la charpente et, pour les pots, le bois ou la terre cuite. Le système particulier de la Chine a permis la mise en œuvre, dès les premiers siècles de notre ère, de roues utilisant largement le bambou pour les godets et le rotin pour les pales dans le cas de norias hydrauliques. Le tympan antique a donné naissance à son tour à une roue particulière où les compartiments sont délimités par des spirales. Un exemple nous est donné dans l'Islam, sans qu'on sache l'extension qu'a connue cette machine. Elle a bénéficié toutefois d'un regain d'intérêt au cours du XIXe siècle en Occident, où l'utilisation de la tôle rivée et des nouvelles ressources énergétiques ont permis la résurgence de presque tous les types de norias en usage au début de l'ère chrétienne.

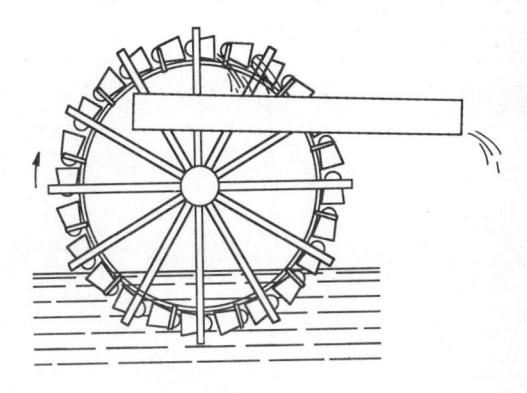

Noria actionnée par le courant.

Noria à jantes creuses, Islam.

Noria en bambou « *thung chhê* » de 1628.

Un objet : la noria

Le second grand type structural est constitué des roues à chaîne. Dérivées directement du seau qu'on remonte d'un puits profond, ce deuxième type reprend les mêmes constituants que les roues à compartiments : roues en bois, pots en terre, auxquels s'ajoute une corde ou une chaîne qui relie les pots entre eux. Ce système est adapté au pompage de l'eau d'un puits profond alors que la roue à compartiments convient avant tout à l'eau située au niveau du sol. La machine de ce type la plus répandue est la *sakièh* ou *saqiya* en arabe, appelée encore *chaqui* en Inde, comportant un engrenage à renvoi d'angle et un manège mû selon les régions par des chevaux, des ânes, des bœufs ou des dromadaires.

A ce second grand type de machines, se rattachent aussi les norias à palettes utilisées notamment en Chine pour l'irrigation des rizières. Des palettes de bois conduisent l'eau dans un coursier incliné, lui-même en bois, jusqu'au niveau supérieur. Dans les régions occidentales, c'est au contraire les systèmes à tuyaux, connus sous le nom de « chapelets », qui seront les plus développés.

De ce catalogue très complexe de norias, on constate jusqu'à quel point un même principe de base a pu donner lieu à des systèmes fort variés en fonction de la hauteur de l'eau au départ et à l'arrivée, des matériaux et de la force motrice utilisés. Pour y voir plus clair dans cette typologie et le développement des norias dans le temps et dans l'espace, nous décomposerons les différents éléments entrant en jeu en deux catégories selon qu'ils se réfèrent à la structure ou à l'énergie mise en œuvre. Nous aboutissons aux deux tableaux suivants qui permettent de cerner tous les types de norias qui se sont succédé au cours du temps.

Nous avons déjà distingué les types à roue et à chaîne. La structure générale des norias se différencie aussi par le type de prise d'eau, soit par des récipients ouverts comme les augets ou les seaux, soit par des palettes enserrant une quantité d'eau dans un conduit. Des quatre machines créées par ces subdivisions, c'est la roue à augets qui a vu le jour en premier, probablement par mécanisation du seau remonté par une corde. Ce type primitif a ensuite donné naissance à la noria à chaîne, plus complexe. Les formes à palettes sont apparues plus tard, à un moment où existait aussi la vis d'Archimède, qui a peut-être influé sur cette innovation.

L'énergie nous donne un second couple d'éléments de classement de ces nombreuses norias. Les types les plus simples

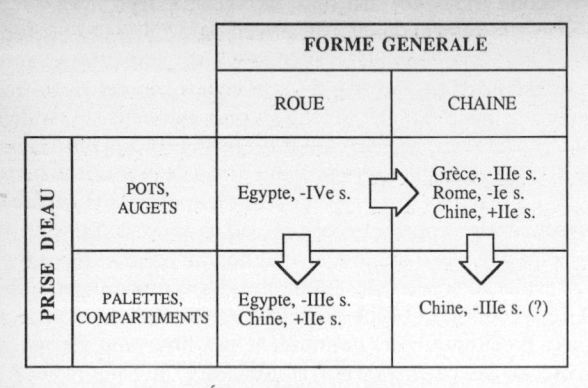

		FORME GENERALE	
		ROUE	CHAINE
PRISE D'EAU	POTS, AUGETS	Egypte, -IVe s.	Grèce, -IIIe s. Rome, -Ie s. Chine, +IIe s.
	PALETTES, COMPARTIMENTS	Egypte, -IIIe s. Chine, +IIe s.	Chine, -IIIe s. (?)

Éléments structuraux

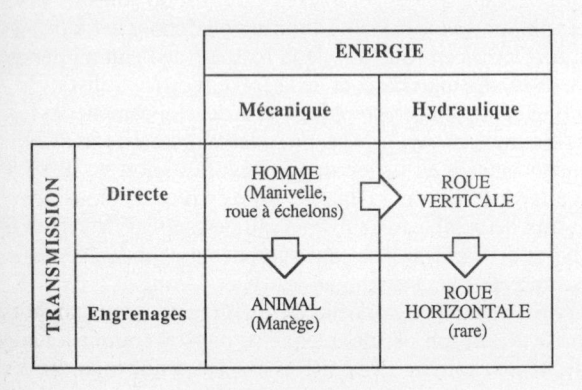

		ENERGIE	
		Mécanique	Hydraulique
TRANSMISSION	Directe	HOMME (Manivelle, roue à échelons)	ROUE VERTICALE
	Engrenages	ANIMAL (Manège)	ROUE HORIZONTALE (rare)

Éléments énergétiques

et les plus anciens sont actionnés par l'homme qui met en mouvement la noria en marchant sur le pourtour de la roue, pour la structure roue à compartiments, ou sur des pédales situées sur l'axe pour la structure roue à chaîne. La première, attes-

Un objet : la noria

tée par plusieurs témoignages au IIIe siècle, voit le jour en Égypte probablement au cours du IVe siècle av. J.-C. La seconde, largement répandue en Chine, semble apparaître beaucoup plus tardivement, mais a été utilisée jusqu'à notre siècle dans la riziculture, associée aux norias à palettes. Participant de cette première catégorie, à énergie mécanique et transmission directe, une pompe à palettes chinoise mue par un système bielle-manivelle semble, elle aussi, beaucoup plus tardive.

C'est en Égypte que semble être apparue très vite la roue à compartiments mue par l'eau, noria au sens strict, conçue par adjonction de pales à la roue à godets simple. Son apparition en Chine date, selon Needham, de la fin du IIe siècle de notre ère.

La machine la plus élaborée, du point de vue énergétique, est mise en action par un manège à animal dont la force est transmise à la roue par un engrenage à angle droit. La puissance mise en jeu avec ce système est bien plus importante qu'avec la seule force humaine et ce type de machine se répandra partout où une irrigation de grande envergure sera nécessaire. Cette catégorie sera associée généralement à la roue à chaîne qui, puisant l'eau profondément, appelle une puissance notablement supérieure à la roue à compartiments.

Cette machine complexe, connue en Égypte sous le nom de *sakièh*, a une origine encore bien obscure. Tous les éléments existaient dans le contexte égyptien à l'époque hellénistique : la roue à compartiments elle-même, l'engrenage, connu des mécaniciens alexandrins et repris dans les écrits de Vitruve, et le manège utilisé pour moudre le grain. Qu'elle ait vu le jour en Égypte ou en Syrie, elle s'est rapidement développée sur les côtes sud et est de la Méditerranée au début de notre ère, puis vers le Pakistan et l'Inde où nombre d'entre elles, comme nous le rapporte Jean Gimpel, sont encore en usage aujourd'hui.

Compte tenu de sa complexité, la *sakièh* n'était réservée à ses débuts qu'à des usages limités : alimentation en eau des lieux sacrés, de riches propriétés. Sa véritable extension viendra avec l'utilisation d'un cliquet anti-retour, fort important pour éviter les accidents aggravés par la puissance mise en jeu, et d'un harnais efficace ne blessant pas les animaux.

La quatrième et dernière catégorie de cette partie énergétique est beaucoup plus rare puisqu'elle suppose l'utilisation

Noria à palettes « tha chhê », de 1637.

d'une roue hydraulique horizontale pour actionner la noria verticale. Le seul exemple connu provient toujours de l'encyclopédie technique chinoise du XVIIIe siècle et, si son usage paraît logique dans le contexte technique chinois qui utilisait largement la roue horizontale pour actionner les soufflets de forge, il ne semble pas que cette machine,

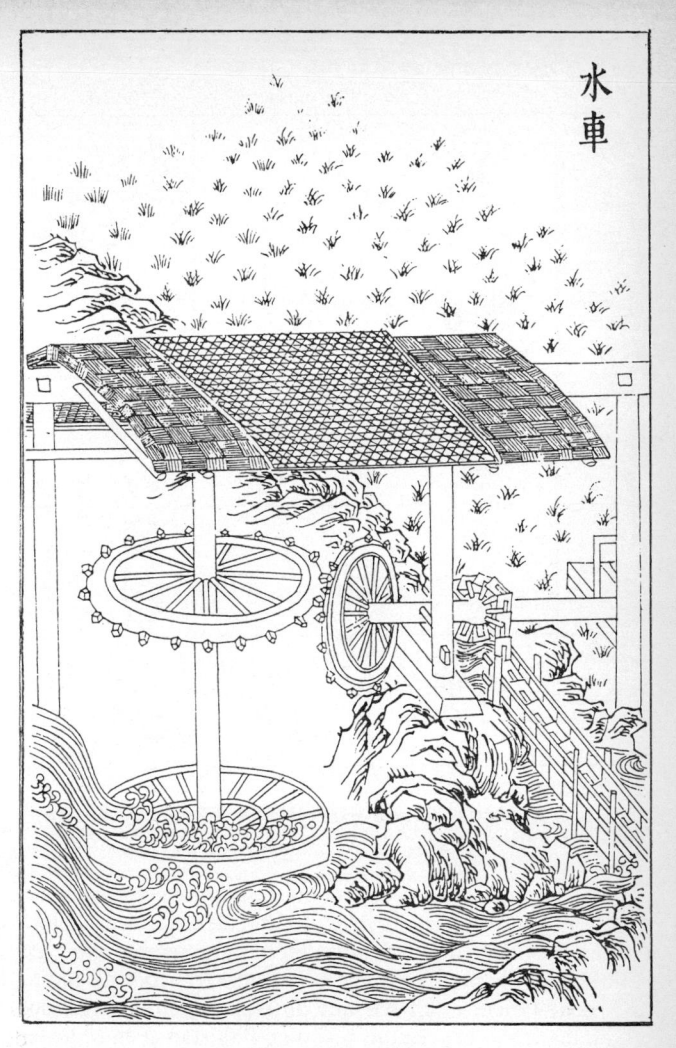

« *Shui chhê* », de 1637.

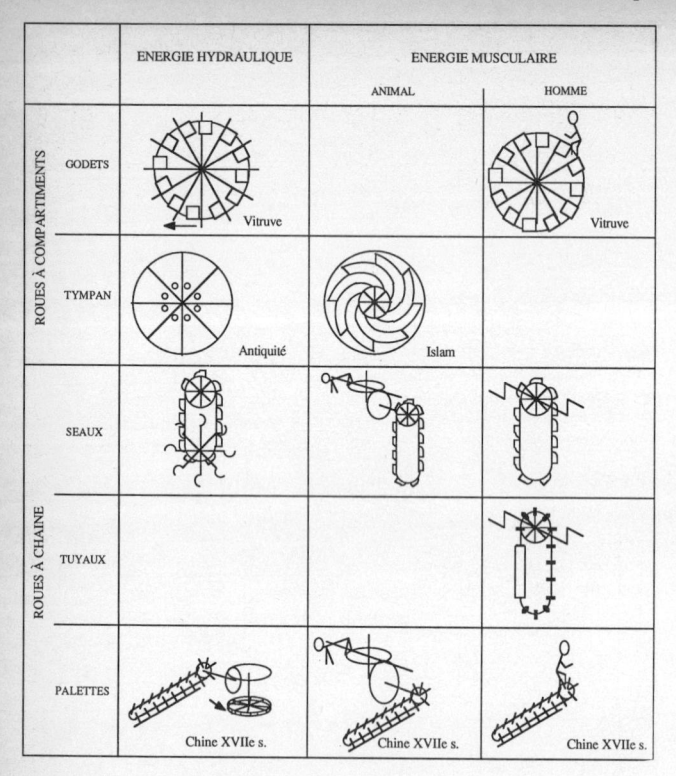

| | | ENERGIE HYDRAULIQUE | ENERGIE MUSCULAIRE ||
			ANIMAL	HOMME
ROUES À COMPARTIMENTS	GODETS	Vitruve		Vitruve
	TYMPAN	Antiquité	Islam	
ROUES À CHAINE	SEAUX			
	TUYAUX			
	PALETTES	Chine XVIIe s.	Chine XVIIe s.	Chine XVIIe s.

Tableau des différents types de norias.

exigeant un important débit, ait eu un grand développement.

En tout état de cause, la quasi-totalité des solutions techniques au problème de l'irrigation mécanique semble avoir été explorée dès les premiers siècles de notre ère, tout au moins au Proche-Orient et en Afrique du Nord. Nous retiendrons aussi que, depuis ces régions jusqu'au Pakistan et en Inde, les machines sont de construction très semblables, tant dans la structure que dans les matériaux. L'Extrême-Orient s'est distingué par l'usage beaucoup plus étendu des systèmes à palettes et des éléments en bambou, notamment pour les augets.

Le bois est partout l'élément constructif principal même si Vitruve évoque l'usage de chaînes en bronze et de seaux en fer. S'il est difficile d'assurer qu'un transfert des techniques syriennes et égyptiennes ait eu lieu en direction de l'Extrême-Orient, il est certain que l'extension des norias vers l'Ouest, en direction de l'Afrique du Nord puis de l'Espagne et de l'Italie, s'est faite au cours des campagnes arabes des VIIe et VIIIe siècles.

Les usages de la noria

La fonction principale de la noria est incontestablement l'irrigation. Mais nous ne devons pas négliger d'autres usages urbains ou industriels. Certaines norias ont été installées dans des villes pour assurer l'alimentation en eau de la population lors des sièges ou pour des bains publics. Parfois, des norias installées à l'extérieur des villes, tant en Syrie qu'en Chine, étaient reliées aux sites d'utilisation soit par des aqueducs, comme pour les célèbres norias d'Hamâ, construites au VIIIe siècle, soit par des canalisations en bambou, dont les Chinois faisaient grand usage, tant pour le transfert de l'eau que pour celui du gaz naturel ou celui de la saumure dans les mines de sel.

D'un strict point de vue technique, le complexe égyptien de la période hellénistique nous offre l'image d'un pays utilisant couramment la roue pour des usages agricoles et la délaissant totalement pour les transports terrestres. Ce constat nous ramène aux remarques que nous faisions au chapitre sur l'Antiquité à propos d'un système technique essentiellement fondé sur l'eau et le minéral, où les voies de communication les plus usitées étaient les voies d'eau. Au contraire, la Chine, à l'autre extrémité du continent, développait au même moment un système technique beaucoup plus proche de celui de l'Occident médiéval, faisant largement appel aux véhicules terrestres. La noria constitue un extraordinaire point de rencontre des deux civilisations, si éloignées par ailleurs.

En Occident, nous avons déjà cité l'utilisation de roues élévatoires pour épuiser l'eau dans les mines romaines de Tharsis, fonctionnant probablement grâce à l'énergie musculaire, et qui ont dû être introduites dans la péninsule Ibérique par les Arabes. Cet usage minier a été largement repris dans l'Occident médiéval, comme en témoigne, entre autres, le *De re metallica* d'Agricola.

Les « technologies appropriées »

La noria nous offre aussi l'exemple type d'une technique ayant atteint sa maturité il y a près de deux mille ans et s'étant perpétuée de génération en génération dans de nombreux villages de notre ceinture eurasiatique. Cette étonnante maturité a été récemment, et parfois douloureusement, mise en évidence dans les tentatives menées tant par les pays industrialisés que par les pays en voie de développement eux-mêmes, pour « moderniser » des techniques traditionnelles jugées archaïques. Selon l'initiateur de la démarche, les résultats ont été fort différents, mais en général tout aussi décevants.

De généreuses tentatives d'aide technique à des pays d'Afrique ou d'Asie manquant cruellement d'eau ont conduit les Occidentaux à introduire en certaines régions, comme le Sahel, des pompes solaires ou d'autres machines effectivement efficaces et présentant nombre de qualités pour subvenir aux besoins alimentaires des populations. Les ennuis qui ont surgi de ces « transplantations techniques » témoignent de notre grande « inculture technique » qui conduit à greffer les éléments d'un système sur un autre, les deux étant fondés sur des bases très éloignées. Ce qui fait qu'en certains cas, à la première panne de ces machines, le moindre boulon déficient nécessite son remplacement par une pièce n'existant pas dans les environs et ne pouvant être fabriqué par le forgeron local par manque de matériaux, d'outils ou de savoir-faire.

Ce saut d'un système technique à un autre pose d'ailleurs tout autant de problèmes lorsqu'il s'agit pour nous, Occidentaux, de restaurer une machine médiévale, antique, ou bien provenant du Népal ou du Groenland ! L'intégration d'une culture ne peut se faire en un jour, et le problème s'est posé tout aussi crûment lorsque des industriels indiens ont tenté de moderniser des chaquis ruraux en introduisant des bidons de fer-blanc à la place des pots de terre ou des roues dentées en métal à la place des roues de bois.

L'expérience que Jean Gimpel a rapportée, dans ses différents travaux sur les « technologies appropriées », nous a montré combien d'erreurs pouvaient être commises au nom de la modernisation [1] : « Ce que je vis à Nagaon, village construit sous les arbres, fut saisissant [...]. Pour un historien des techniques, c'est une occasion extraordinaire de pouvoir observer une technique vieille d'un millénaire ou plus, dans un parfait état de marche [...]. Les chaquis de Nagaon que je découvrais dans chaque ferme étaient différents de ceux que j'avais vus, reproduits dans les livres. Le tambour sur lequel s'enroulaient les pots était entièrement extérieur au puits et d'un diamètre exceptionnel. Toute la mécanique était en bois, soigneusement entretenue et fonctionnait comme une horloge de précision. J'étais venu avec l'idée de suggérer des perfectionnements mais il n'y avait rien à perfectionner, je me trouvais en face d'une technique traditionnelle qui ne s'était jamais détériorée [2]. »

Si la noria, arrivée à un tel stade de perfection, ne pouvait bénéficier de progrès extérieurs, certains moulins horizontaux ont pu voir leur rendement augmenter par l'adoption de pales en cuiller et d'ajutages appropriés. De même, les harnais des bœufs et chevaux utilisés en Inde étaient encore, en 1978, semblables aux harnais en usage en Europe occidentale avant le Moyen Age. L'idée d'introduire le harnais moderne dans les villages népalais, émise par Jean Gimpel, a beaucoup intéressé les instituts techniques et organisations gouvernementales qui avaient de gros problèmes à résoudre, suite à une industrialisation en partie ratée.

---

1. Voir notamment l'ouvrage collectif de Régine Pernoud, Raymond Delatouche et Jean Gimpel, *Le Moyen Age pour quoi faire ?*, Paris, Stock, 1986.
2. Jean Gimpel, « La technologie appropriée », *La Recherche*, n° 103, septembre 1979, p. 916.

3. Un homme : al-Jazari

Plusieurs points communs rapprochent Héron d'Alexandrie et al-Jazari. Si l'on connaît précisément la date du traité d'al-Jazari, 1206, on ne connaît que peu de chose de sa vie et de ses fonctions. Comme Héron, il se situe lui aussi à la fin d'une grande période de développements dont ses écrits marquent l'aboutissement. De même, les centres d'intérêt des deux hommes se cristallisent sur les automates, point de rencontre de préoccupations scientifiques et mécaniques dont les civilisations successives du Proche-Orient se sont fait une remarquable spécialité.

On a coutume de dire que les Arabes sont les continuateurs de l'esprit des mécaniciens grecs. Cela se vérifie effectivement dans beaucoup de leurs préoccupations. Mais, plutôt que de voir dans cette continuité le transfert d'un foyer de création scientifique et technique à un autre, il convient de s'attacher de plus près au contexte géographique de cette partie orientale du bassin méditerranéen. N'oublions pas que, d'une part, les Grecs ont eux-mêmes été les héritiers des cultures égyptienne et mésopotamienne et que, d'autre part, les plus grands savants et ingénieurs grecs étaient originaires d'Alexandrie, Byzance, Rhodes, Milet, etc., tous centres fort actifs situé sur les rives orientales de la Méditerranée. Certes, ces hommes parlaient et écrivaient le grec, la langue qui a alors permis l'unification et les échanges entre les peuples très divers qui constituaient la Grèce antique, mais la culture dont ils étaient issus a continué à se transmettre, après la chute même de la civilisation hellénistique, à de nouvelles générations.

Al-Jazari, comme les autres ingénieurs arabes de son temps, ne peut être compris que dans ce contexte d'une tradition culturelle plus que millénaire qui, après les nombreuses innovations de l'époque alexandrine, s'est poursuivie dans le domaine des sciences — astronomie et mathématiques notamment —, comme dans celui des techniques — machines hydrauliques, horloges, automates, etc.

L'homme et son œuvre

Né au milieu du XIIe siècle au nord de la Mésopotamie, entre Tigre et Euphrate, Ibn al-Razzaz al-Jazari a passé vingt-cinq ans de sa vie au service des souverains Artuqqides, perpétuant une ancienne tradition de liens étroits entre les califes et le milieu des scientifiques et ingénieurs. Cette forme de soutien à la recherche, qui s'exerçait aussi à travers les académies, bibliothèques, hôpitaux ou observatoires, était tout à fait intégrée à l'esprit de l'Islam qui tendait à mettre en relief la connaissance, sous ses diverses formes. Trois siècles avant al-Jazari, les frères Banu Mussa ont déjà laissé une trace importante dans l'histoire des techniques islamiques. Leur *Livre des mécanismes ingénieux* reprend largement l'héritage des mécaniciens alexandrins, avec nombre d'automates, de fontaines et d'horloges à eau. Essentiellement œuvre de compilation, le traité des trois frères Banu Mussa nous livre plus un état des connaissances techniques islamiques du IXe siècle qu'un ensemble d'innovations remarquables. Son titre original, *Kitab al-hiyal*, a d'ailleurs souvent été traduit par *Traité d'automates* alors que le mot *hiyal* englobe un sens beaucoup plus large de construction d'appareils mécaniques, depuis les jouets jusqu'aux machines de guerre. Nous noterons au passage le même double sens qu'on retrouve dans l'« engin » du français médiéval, à la fois machine et ruse, sur lequel nous reviendrons à propos de l'ingénieur de la Renaissance

Le traité que nous a laissé al-Jazari, intitulé *Al-jami' bayn al'ilm wa l-'amal al-nafi' fi sina'at al-hiyal*, et qu'on peut traduire par *Traité de la théorie et de la pratique des arts mécaniques*, a été commencé par ordre du prince Nur al-Din Mohammad Qara Arslan en 1181, et a été achevé en 1206 sous le règne de son fils. L'ouvrage va beaucoup plus loin que les écrits précédents. D'abord, ses sources sont davantage arabes que celles des Banu Mussa, par exemple ; ensuite, les machines qu'il a développées dans son livre sont beaucoup plus le résultat d'un travail personnel sur la base du fonds technique islamique qu'une simple description des travaux antérieurs. Enfin, ce qui fait de son traité «le plus grand monument négligé» des techniques arabes, comme l'appelle Donald R. Hill, son principal biographe, c'est l'esprit dans lequel il l'a rédigé. Il s'agit vraiment d'un traité technique à l'usage des ingénieurs et des artisans, qui décrit par le menu des machines qui peuvent être réellement construites à partir des textes et des dessins fournis.

On ignore hélas l'impact effectif de ces différents écrits sur les générations qui ont suivi. On peut seulement constater que certaines réalisations notables, comme la grande noria hydraulique à chaîne de Damas, rappellent par de nombreux aspects des machines décrites par al-Jazari.

L'étendue des préoccupations d'al-Jazari dépasse largement les automates. Comme les mécaniciens d'Alexandrie, il est fortement attiré par les fontaines et les horloges à eau, mais il accorde une large part aux applications pratiques de la mécanique, et notamment aux systèmes de transmission de puissance. Celle qu'il réserve aux norias est de tout premier ordre, mais on y trouve aussi des applications fort ingénieuses de systèmes de régulation par rétroaction ainsi que des exemples de serrures.

Variations sur la noria

Al-Jazari s'est beaucoup intéressé aux machines destinées au captage de l'eau. Il s'intègre parfaitement, par là, dans la culture technique du Proche-Orient qui a fait de ces machines le principal champ d'application et d'expérimentation de la mécanique.

Le but poursuivi par notre ingénieur était avant tout d'améliorer le rendement des machines de captage par l'exploration des différentes voies d'innovation possibles. La première machine décrite par al-Jazari consiste en une mécanisation assez élémentaire du *chadouf*, utilisant l'énergie animale. Il utilise

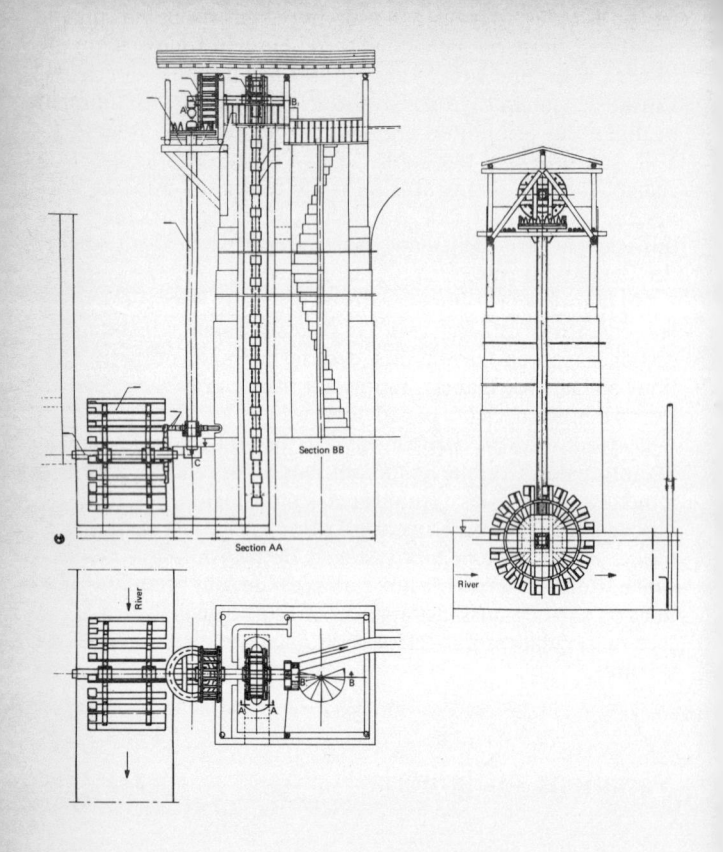

Saqiya construite à Damas sur la rivière Yazid au XIIIe siècle.

pour cela un engrenage à secteur qui permet au balancier élevant l'eau jusqu'au canal d'irrigation de retomber une fois vidé de son contenu. Ce type d'engrenage ne semble pas apparaître en Occident avant l'horloge de Dondi, au XIVe siècle. La transmission du mouvement du manège à âne vers l'arbre secon-

Un homme : al-Jazari

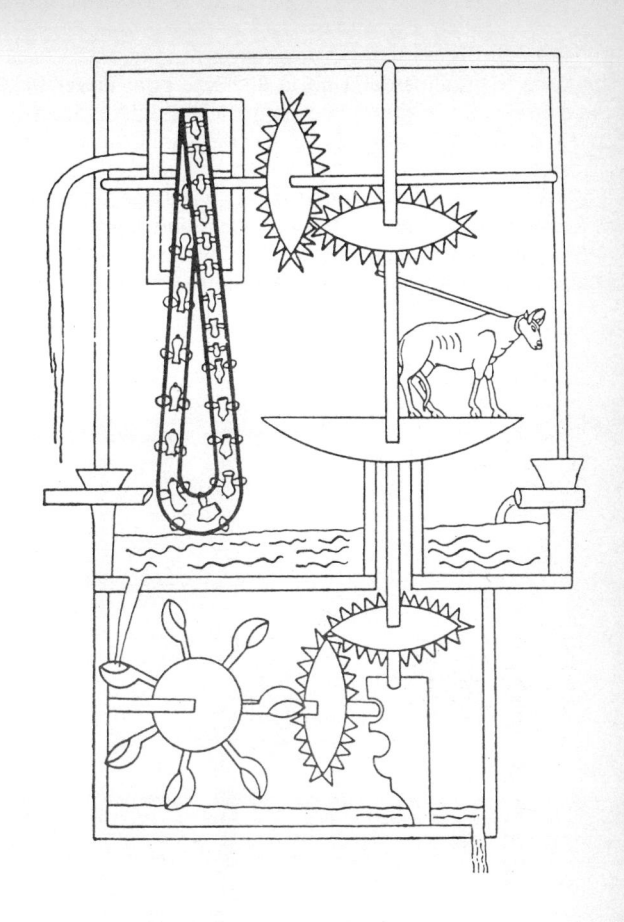

Saqiya d'al-Jazari.

daire est effectué par le procédé traditionnel de l'engrenage à pignon et lanterne que les *sakièh* et moulins à roue verticale utilisent largement.

Al-Jazari nous en décrit une version beaucoup plus complexe qui s'apparente, par son esprit, aux machines de Héron d'Alexandrie ou de Philon de Byzance. Il s'agit plus, en fait, d'un automate décoratif que d'une machine utilitaire. Al-Jazari y applique le principe de la noria à chaîne pour élever l'eau jusqu'à un canal et créer une cascade artificielle. La force motrice provient d'une roue verticale à cuillers recevant l'eau du « lac » artificiel. Par un double renvoi d'angle à engrenages, cette roue fait mouvoir le chapelet de godets mais, au passage, l'arbre vertical actionne un manège fictif comportant une fausse vache en bois qui tourne sans toucher le sol et joue le même rôle de divertissement que les automates de l'Antiquité grecque.

La troisième machine apporte un élément technique tout à

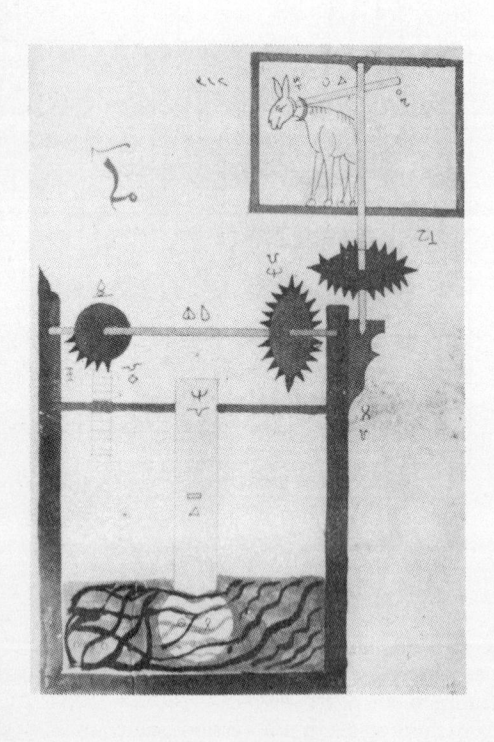

1re machine d'al-Jazari.

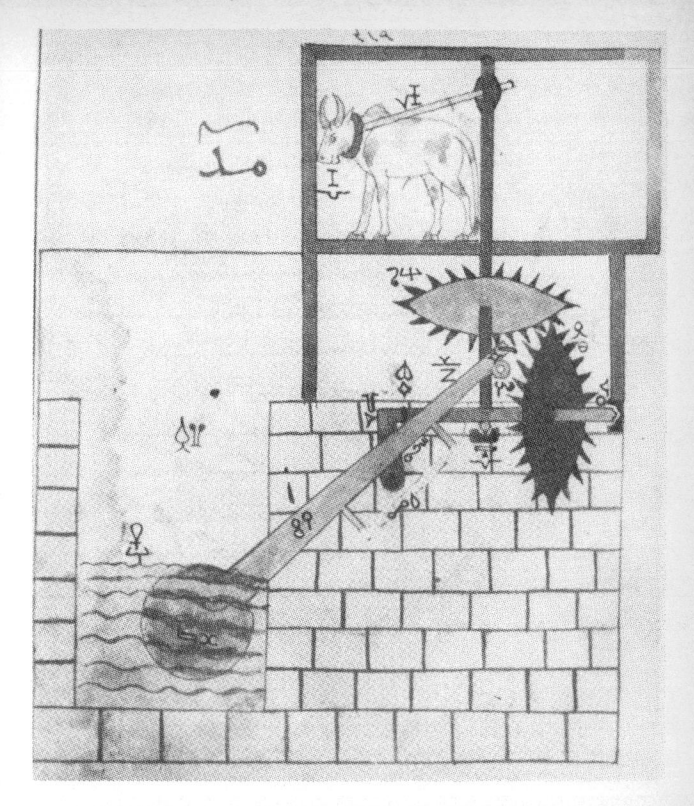

Un homme : al-Jazari 137

4ᵉ machine d'al-Jazari.

fait nouveau dans cette partie du monde : le système bielle-manivelle, qui ne sera appliqué en Europe que trois siècles plus tard. Cette utilisation, encore très primitive, est toutefois notable car elle révèle une première tentative de transformer un mouvement continu en mouvement alternatif par glissement d'une manivelle dans un trou oblong, comme le feront plus tard Francesco di Giorgio Martini et ses successeurs.

Al-Jazari applique ici le système dans un second exemple de

mécanisation du *chadouf*, mais il l'utilisera aussi dans sa cinquième machine, une pompe aspirante et foulante dans laquelle la manivelle décrit une trajectoire conique. C'est une solution surprenante pour un homme du XXe siècle, mais tout à fait imaginable au stade de la recherche préliminaire d'un procédé nouveau. Cette pompe, contrairement aux recherches antiques de Ctésibios, a une motivation très concrète ; elle est destinée à offrir une solution de remplacement plus rentable, à la noria, préoccupation économique importante dans un pays où le problème de l'irrigation est crucial.

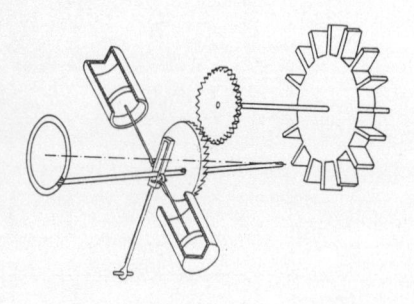

Schéma de la pompe d'al-Jazari.

Il est tout à fait intéressant de noter le parallélisme des travaux exploratoires menés, en des époques et des lieux différents, pour résoudre un même problème. La confrontation des recherches islamiques du IXe au XIIe siècle avec celles de l'Europe occidentale du XIIe au XVe révèle plusieurs points de rencontre qui montrent la permanence du cheminement de l'esprit inventif dans un système technique donné. On vient de le voir pour la manivelle, on le retrouve aussi pour l'arrivée d'eau dans les moulins : al-Jazari imagine un ajutage pour la mise en rotation d'une roue horizontale tout à fait comparable à ceux que dessinera Francesco di Giorgio deux siècles et demi plus tard [1]. Et ce parallèle pourrait être mis en évidence pour les techniques chinoises de

1. Voir illustration p. 200 (« turbine » de Francesco di Giorgio).

quelques siècles antérieures. Pourtant, rien de précis ne permet actuellement d'affirmer un quelconque transfert de solutions techniques d'une zone à une autre. S'il est avéré que les horloges monumentales à eau ont été importées en Europe occidentale par l'intermédiaire de l'Espagne, alors à la frontière des civilisations chrétienne et arabe, la question reste ouverte de savoir si les travaux des ingénieurs islamiques dans le domaine de la mécanique ont été connus de leurs successeurs occidentaux de la Renaissance. Pourquoi Francesco di Giorgio Martini n'aurait-il pas eu connaissance des manuscrits d'al-Jazari, disponibles dans plusieurs bibliothèques arabes, à cette époque où les déplacements étaient fréquents dans tout le monde occidental ?

Les clepsydres

Le domaine des horloges à eau a constitué un champ de recherches permanent des ingénieurs arabes, dès avant l'époque islamique, et toujours dans la lignée des travaux alexandrins. Mais l'apport d'al-Jazari dans ce secteur est de toute première importance. Il a apporté aux clepsydres nombre de perfectionnements techniques dont nous ne citerons que quelques exemples : calibrage des orifices, utilisation de modèles en papier pour les dessins compliqués et de gabarits en bois, équilibrage statique des roues, utilisation de contre-plaqué pour réduire le gauchissement du bois, etc.

Son innovation principale réside toutefois dans la mise au point d'un système de régulation par rétroaction très avancé, dérivé en partie de la soupape conique de Ctésibios.

Ces mécanismes à soupape flottante, qu'utilisaient déjà Ctésibios et les ingénieurs grecs, ont été perdus en Occident au cours du Moyen Age et de la Renaissance, et ce n'est qu'au XVIIIe siècle que sera redécouvert le principe, en Angleterre, pour la régulation du niveau d'eau dans les citernes domestiques.

Avec la chute de Bagdad en 1258, c'est toute une culture tech-

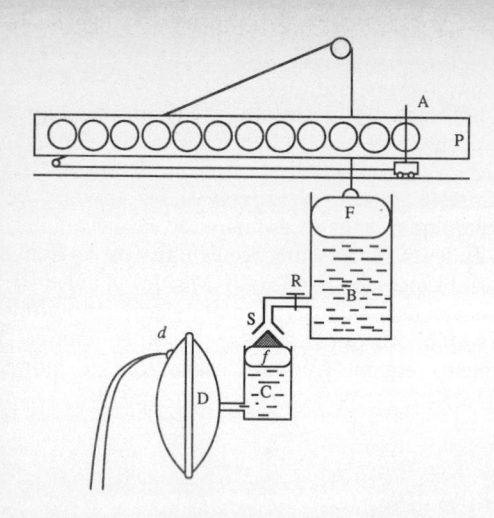

Schéma de la clepsydre d'al-Jazari : l'heure est indiquée au moyen d'une aiguille A se déplaçant devant les douze trous de la planche P. Le mouvement de l'aiguille est donné par la descente du flotteur F dans le récipient B. C'est le second flotteur f qui régule le débit du récipient B au moyen de la soupape conique S. En plus de ce système de régulation, al-Jazari a introduit un mécanisme de réglage de la durée des heures qui, à cette époque, étaient également distribuées entre lever et coucher du soleil, et donc variables en fonction des saisons. Le récipient D, circulaire, pouvait tourner autour de son axe, divisé selon les signes du Zodiaque, et la vitesse de descente du flotteur principal F pouvait varier en fonction de l'orientation du déversoir d. On remontait l'horloge en remplissant le réservoir B et la mise en marche, se faisait généralement pour la nuit, se faisait en ouvrant le robinet R.

nique qui sera mise en sommeil. Le haut niveau des connaissances arabes sera oublié et les hommes de la Renaissance occidentale porteront leur intérêt principalement sur l'Antiquité sans se rendre compte de ce que leur culture doit aux ingénieurs, horlogers et mécaniciens du Moyen-Orient.

quatrième partie

Le Moyen Age et la Renaissance

1. Panorama

Contrairement à une classification courante de l'histoire, nous avons choisi ici de ne pas séparer le Moyen Age de la Renaissance. Dès le Xe siècle se développent, dans le domaine des techniques, une importante activité et un esprit nouveau qui se poursuivront pendant plus de cinq siècles. C'est pendant cette période fondamentale de l'histoire des techniques que se mettent en place les bases de notre civilisation moderne. Cette montée en puissance, après un relâchement au cours du XVIIe siècle, nous amènera à la formidable mutation de la fin du XVIIIe que nous appelons révolution industrielle. Si la Renaissance, dans les domaines artistiques, représente effectivement un changement d'esprit radical, on ne peut pas en dire autant du domaine technique. Elle n'est, de ce point de vue, que l'approfondissement d'un état de fait, d'un esprit nouveau qui prend ses sources dans les chantiers des cathédrales ou des châteaux. Nous verrons comment l'ingénieur de la Renaissance, à la recherche des limites de l'homme et du monde, allie avec originalité l'innovation à une double tradition, médiévale et antique.

Après une synthèse qui tentera de donner une image d'ensemble de cette grande dynamique, nous éclairerons ces deux volets séparément. D'une part, à partir d'un ensemble technique, qui a joué un rôle capital dans le développement médiéval, le moulin à eau; d'autre part, à travers un ingénieur de la Renaissance injustement méconnu : Francesco di Giorgio Martini.

De nombreux historiens se sont penchés sur l'extraordinaire dynamisme qui a caractérisé le Xe siècle occidental et qui, à travers un rééquilibrage de l'Europe vers le Nord, a eu pour conséquence à long terme la naissance de l'unité européenne telle que nous la connaissons aujourd'hui. Cette gestation du monde moderne commence dès le IXe siècle, après la longue

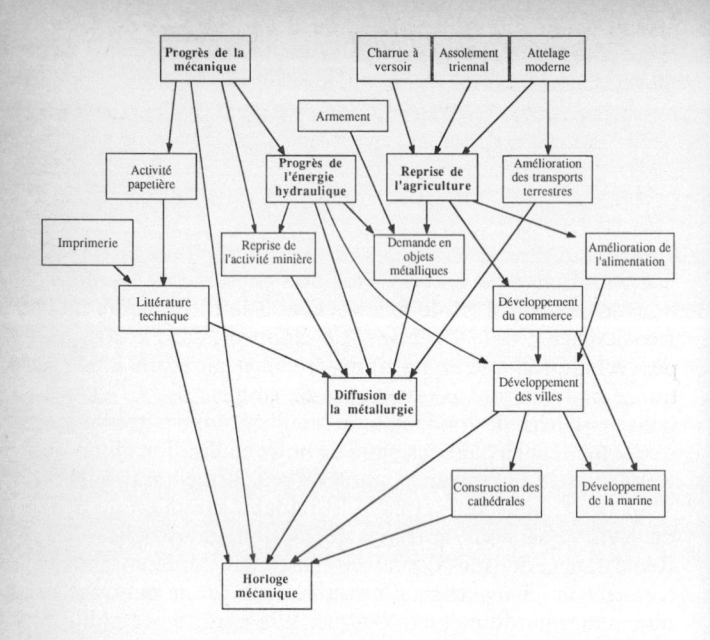

Tableau des techniques médiévales.

période de stagnation qui a suivi la désintégration de l'Empire romain. La prédominance de l'Europe méditerranéenne est brisée, dès le VIIe siècle, par l'essor de l'Islam qui laissera à son tour la place, au siècle suivant, à un royaume franc replié sur lui-même. C'est dans ces contrées occidentales, délaissées par les anciens centres d'activités méridionaux et orientaux, que se constituera, indépendamment des pouvoirs politiques, le noyau d'une nouvelle civilisation et que s'effectuera, à terme, le déplacement du centre de gravité de l'Europe vers les pays plus tempérés, situés au nord de la Loire, des Alpes et du Danube. Après plusieurs siècles de calme relatif, puis la grande peste de 742-743 et les nombreuses invasions des IXe et Xe siècles, cette partie de l'Europe se retrouve, peu peuplée, face à de grandes étendues de terres inexploitées. Le notable radoucissement climatique dont elle jouit alors sera peut-être le facteur déterminant d'une nouvelle vitalité qui se traduira, d'abord, par une remarquable montée démographique, puis par des progrès sans précédents de l'agriculture. Quantité et qualité de la nourriture joueront un rôle prépondérant dans l'extraordinaire esprit d'innovation qui soufflera alors pendant près de cinq siècles sur l'Europe occidentale. Comme le note Lynn White, « ce n'est pas seulement la quantité nouvelle de nourriture, produite par des méthodes d'exploitation plus perfectionnées, mais aussi la qualité nouvelle de cette nourriture qui permet d'expliquer, pour l'Europe du Nord, du moins, l'étonnante poussée démographique, la croissance et la multiplication des villes, le développement de la production industrielle, l'extension du commerce, et le dynamisme de cette époque [1] ».

L'agriculture, terrain d'innovations

Depuis l'occupation romaine, la Gaule vivait sur les traditions antiques, tant dans l'agriculture que dans les mines ou la mécanique. Le brassage provoqué par l'expansion arabe, puis par les dernières grandes invasions venues principalement d'Europe centrale, a favorisé l'introduction de races d'animaux plus robustes et d'habitudes agraires nouvelles, ainsi que des techniques métallurgiques barbares en avance sur celles des Romains. De ces apports extérieurs, l'agriculture du Xe siècle saura tirer le meilleur parti et créer un nouveau mode d'exploitation agricole capital dans l'expansion de l'Europe médiévale. Ce nouveau système repose sur trois innovations majeures :
— la substitution de la charrue à l'araire ;
— l'utilisation du cheval avec l'attelage moderne ;
— la mise en place de l'assolement triennal.

L'histoire de la charrue est complexe et intimement liée aux climats des différentes régions. Nous nous bornerons donc ici à donner des indications générales en précisant qu'elle ne se

---

1. Lynn White Jr., *op. cit.*, p. 82.

développe pas parallèlement au nord et au sud de l'Europe, et que les perfectionnements dont elle est l'objet, en gros du IXe au XIIIe siècle, se produisent avec des décalages importants selon les pays. Le travail du sol est essentiellement effectué par l'araire, adaptation du bâton à fouir originel à la traction animale, l'attelage de bœufs principalement.

Le labour effectué par l'araire est superficiel et symétrique. Il nécessite en général un labour entrecroisé et convient surtout aux terres sèches du Midi. Il restera d'ailleurs en usage dans certaines régions de la France du sud de la Loire jusqu'à une époque récente. Mal adapté aux terres lourdes et humides des régions septentrionales, il y sera remplacé progressivement, au Moyen Age, par un nouveau type de charrue bénéficiant de trois perfectionnements essentiels : le coutre, long couteau plat coupant la terre verticalement, le soc plat, qui coupe horizontalement la terre et les racines en profondeur, et le versoir qui retourne la terre sur le côté. Déjà attesté en Bohême et en certaines contrées de l'Europe du Nord dès le VIIIe siècle, son expansion en Europe occidentale se produit surtout au XIIe. Ses avantages en climat humide sont avant tout une moindre fatigue du paysan et une fertilisation des sols permettant une augmentation substantielle de la production agricole.

En revanche, le poids et la puissance de cette charrue moderne nécessitent le recours à des attelages pouvant atteindre huit bœufs, et donc la mise en commun du travail par plusieurs paysans. Marc Bloch a vu, dans ce changement technique, la cause essentielle de la constitution de communautés paysannes dans l'Europe du Nord. De l'avènement de la charrue à versoir découlerait, par conséquent, l'opposition entre les régions situées au sud de la Loire et des Alpes, aux structures sociales plus individualistes à cause de l'utilisation de l'araire, et celles du nord, où la charrue à versoir était en usage. Cette hypothèse viendrait expliquer en partie la séparation entre les moulins communautaires à roue verticale du Nord et les rouets familiaux du Sud, distinction sur laquelle nous reviendrons plus loin à propos des moulins hydrauliques.

Le second facteur déterminant de l'évolution agricole du Moyen Age — nous évitons volontairement le terme trop souvent utilisé de révolution — réside dans l'utilisation du cheval comme « moteur ». Ici encore, la conjonction de trois éléments est à la base de l'attelage moderne qui se répandra largement au XIIe siècle.

Tout d'abord, les barbares — provenant des régions danubiennes de l'actuelle Roumanie — ont introduit en Occident dès le VIIIe siècle les races de chevaux plus résistantes qu'ils avaient sélectionnées pour leur usage militaire et dont ils connaissaient les méthodes d'élevage. La force d'un cheval est comparable à celle d'un bœuf, mais sa rapidité est supérieure d'environ 50 %. Bien que son coût d'élevage soit lui aussi plus élevé, les avantages de vitesse l'ont emporté largement et ont eu aussi pour conséquence une remise en question des notions de distances tant dans les travaux agricoles que dans les transports terrestres en général.

Le second élément est la ferrure des chevaux, indispensable dans des régions humides où les sabots étaient rendus plus fragiles par la souplesse de la corne. Enfin, le troisième élément, sans doute le plus important, est la mise au point de l'attelage moderne, caractérisé par le collier d'épaule, la bricole et la disposition en file des animaux. Les origines du fer à cheval et du harnais moderne ne sont pas encore clairement élucidées. Le collier d'épaule aurait pu être introduit d'Asie centrale ou emprunté aux Germains par les Slaves vers les VIIe-IXe siècles, à moins qu'il n'ait bénéficié, depuis l'époque romaine, de perfectionnements progressifs parallèles à ceux qui se sont produits en Europe centrale ou en Extrême-Orient.

Enfin, l'assolement triennal est parfois considéré comme la plus grande innovation agricole du Moyen Age en Europe de l'Ouest. Sans entrer dans les détails de cette technique assez connue [1], rappelons succinctement qu'il s'agit de remplacer l'assolement biennal traditionnel, c'est-à-dire la mise en jachère de la moitié des terres pendant que l'autre est semée en céréales d'hiver, par l'assolement triennal qui consiste à faire une rotation annuelle des terres par tiers entre jachère, semis d'automne en céréales d'hiver et semis de printemps en avoine, orge, pois chiches, etc. Outre les gains de productivité d'environ 50 % et l'augmentation d'un tiers de la surface cultivée, cette technique agraire permet, d'une part, de fournir l'avoine

---

1. Voir notamment Lynn White Jr., *op. cit.*, p. 76 s.

nécessaire à l'élevage des chevaux utilisés comme force motrice et, d'autre part, d'améliorer notablement la qualité de l'alimentation humaine, notamment en légumes de printemps.

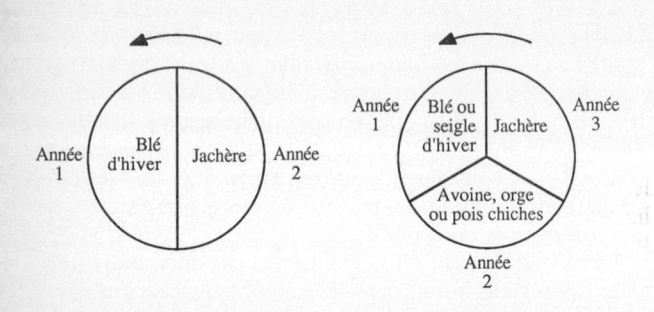

Assolement biennal   Assolement triennal

Cette technique, si importante pour le développement des régions du Nord-Ouest, pourrait elle aussi avoir été importée d'Europe centrale où elle était connue au IXe siècle, de même que la charrue à versoir. Si cette origine reste une hypothèse à vérifier, il est acquis que la métallurgie, pour sa part, a bien suivi ce chemin est-ouest, faisant bénéficier les plus occidentaux des techniques élaborées mises au point par les barbares pour leurs armes. Ces progrès de la métallurgie, sur lesquels nous reviendrons, ont aussi profité à l'agriculture par l'amélioration de la qualité des socs et autres parties utilitaires en fer.

Jusqu'à la révolution industrielle, l'agriculture a constitué la préoccupation essentielle des populations. C'est bien sûr pour cette raison que nous nous sommes un peu étendu sur la question, mais aussi parce que ces considérables progrès agricoles du haut Moyen Age ont joué un rôle moteur sur l'évolution de toutes les autres techniques, directement par les besoins en fer, mécanismes ou moyens de transport, et indirectement par le dynamisme des techniciens accru par de meilleures conditions de vie.

L'essor de la vie urbaine

Le regroupement des populations rurales en villages et l'élévation du niveau de vie provoqué par les nouvelles ressources de la terre ont induit des comportements communautaires qui ont largement profité au commerce, et donc aux villes. Le formidable développement urbain du Xe au XIIe siècle naît de l'industrie, et donc du commerce et de l'artisanat. Le textile est certainement l'activité industrielle la plus importante des villes médiévales. Les Flandres et la Lombardie en constituent les pôles essentiels. A Florence, en 1338, un tiers des 90 000 habitants travaillent dans l'industrie textile [1]. La rupture avec la ville antique est très nette et, parmi l'ensemble des causes qui a conduit à cet essor urbain, le développement des techniques, tant agricoles qu'énergétiques, joue un rôle capital. Centre de foires, de marchés, d'échanges de toutes sortes, la ville attire de nombreux paysans qui s'y font marchands, ou artisans. Le nombre de moulins urbains qui se créent alors reflète ce dynamisme technique et économique, ainsi que nous le verrons plus loin.

Les cathédrales, premiers grands chantiers modernes

C'est dans ce nouveau contexte citadin très actif que naîtra, au XIIe siècle, l'enthousiasme pour l'édification de grandes cathédrales. Après la période romane où se répand, surtout dans les contrées du Sud de l'Europe, un grand courant de construction d'édifices religieux, les méthodes constructives, en sommeil depuis la chute de l'Antiquité, reprennent vie. Toutes les techniques et tous les métiers qui lui sont liés se réorganisent : exploitation des carrières, taille des pierres, fabrication des briques en Allemagne et dans les Flandres notamment, mécanismes de levage, fabrication du verre, etc. C'est au

---

1. Voir Jean Gimpel, *La Révolution industrielle du Moyen Age*, Paris, Éd. du Seuil, coll. «Points Histoire», 1975, p. 99 s.

XIIe siècle que verront le jour, dans la partie nord de la France, les premières cathédrales. Cette poussée vers le nord, si vive au milieu de ce siècle, n'est pas seulement technique ou économique ; elle touche aussi les domaines artistiques : « Le XIIe siècle est le siècle du style roman, de la chanson de geste, des troubadours ; le XIIIe siècle celui du pur gothique, des romans courtois et des trouvères, de la polyphonie triomphante de l'école de Notre-Dame [1]. » D'un point de vue strictement technique, les cathédrales ne constituent pas une avancée aussi importante que le développement des moulins hydrauliques ou de l'agriculture. Mais elles représentent la synthèse de tout un système technique et économique alors à son apogée. Elles reflètent, par leurs prouesses architecturales, une volonté de dépassement, un défi aux dimensions traditionnelles, signe du dynamisme des hommes et des villes de ce temps. La part de la construction des grandes cathédrales dans l'histoire des techniques à partir du XIIIe siècle ne se limite pas à cette démonstration de savoir-faire technique et de puissance financière.

Ce grand courant né dans la France septentrionale suscitera aussi l'émergence de nouveaux modes d'organisation du travail et de nouvelles catégories professionnelles qui se répandront à travers l'Europe entière entre le XIIe et le XVe siècle. Architectes, ingénieurs, mais aussi tailleurs de pierres, maçons vont de ville en ville, de chantier en chantier, emportant avec eux leur savoir-faire, leurs secrets de fabrication acquis par cette itinérance. Si un véritable mouvement pousse les populations à participer, par leur travail ou leur argent, à la construction de ces édifices gigantesques et luxueux, les investissements, parfois démesurés avec les possibilités des villes, ne font pas l'unanimité. R.S. Lopez pose même la question de savoir « jusqu'à quel point le drainage organisé de capitaux et de main-d'œuvre à des fins économiquement improductives a contribué à ralentir le progrès de la France médiévale et jusqu'à quel point la petitesse des églises a rendu plus facile l'agrandissement des villes italiennes [2]. »

Les ingénieurs de la Renaissance sont les descendants directs

---

1. Jacques Chailley, *Histoire musicale du Moyen Age*, Paris, PUF, 1969, p. 131.
2. Robert Sabatino Lopez, « Économie et architecture médiévales », *Annales, économies, sociétés, civilisations*, 4, 1952, p. 437.

Char à 4 roues à avant-train mobile. Sur ce dessin satirique du début du XVe siècle, on distingue avec précision l'essieu avant tournant.

de ces constructeurs de cathédrales, et ils n'auraient pu atteindre un tel degré de savoir technique si, auparavant, l'attelage du cheval, les chariots à avant-train mobile, le développement des voies de communication et tous les autres progrès médiévaux n'avaient permis des échanges intenses à travers toute l'Europe, des Flandres à l'Espagne, de l'Italie à l'Angleterre ou à l'Allemagne. Cette soif de mouvement, de connaissances nouvelles, d'échanges techniques, culturels, artistiques ou économiques est l'un des ferments les plus forts de la naissance de l'Europe moderne.

La circulation des techniques, des gens, des idées

Les voies romaines, qui formaient un réseau étendu et bien entretenu, sont depuis longtemps laissées à l'abandon lorsque, aux IXe et Xe siècles, le cheval et l'attelage par collier d'épaule modifient la notion même de distance. Les transports terrestres restent, encore pendant trois siècles environ, réservés aux personnes ainsi qu'aux marchandises de poids moyen. Les matériaux de construction sont plutôt acheminés par les nombreuses voies navigables qui sillonnent l'Europe du Nord, réservant les lourds charrois aux transports de proximité. Fréquemment, les pierres étaient ainsi taillées directement sur les lieux d'extraction pour restreindre les poids et donc les coûts des transports. Avant que ne soit mis au point l'avant-train mobile vers la fin du XIVe siècle, les chars sont surtout des chars à deux roues, tels qu'ils se sont conservés jusqu'à notre siècle. Les chariots à quatre roues étaient réservés aux lourdes charges mais, ne disposant pas d'une mobilité suffisante, ils ne pouvaient être utilisés sur de longues distances.

Les transports par voie d'eau sont alors beaucoup plus efficaces pour les marchandises comme le bois et les autres matériaux de construction. Depuis l'Antiquité, nombre de rivières étaient accessibles à des barques sur des portions de cours qui ne sont plus considérées aujourd'hui comme navigables. Les Hollandais construisent, à partir de 1253, le premier canal de navigation comportant une écluse simple, à Sparendam. Vers 1480 verront le jour, en Allemagne, les premières écluses à sas en bois, sur le canal à bief de partage de Stecknitz. Les ingénieurs italiens des XIVe et XVe siècles importeront ces innovations dans leur pays pour l'exploitation de la plaine du Pô ou l'acheminement, depuis le lac de Garde, du marbre blanc nécessaire à la construction de la cathédrale de Milan, commencée en 1386. Léonard de Vinci proposera d'ailleurs d'intéressantes améliorations dans les systèmes d'ouverture et de fermeture des vannes.

L'ère des grands travaux hydrauliques succédera rapidement à ce début d'exploitation de l'eau sous ses diverses formes : irrigation, navigation, énergie... Dès le XIe siècle, les Hollandais ont commencé à dresser des digues pour contenir la mer

Panorama 153

et se prémunir des inondations. Leur technique, progressivement affinée, leur a permis ensuite d'exploiter les terres riches situées en dessous du niveau de la mer à l'aide d'un réseau de digues et de canaux complété, dès le début du XVe siècle, par les moulins à vent associés à des roues hydrauliques servant à pomper les eaux des niveaux inférieurs vers les niveaux supérieurs. Les paysans lombards et les moines des abbayes italiennes se firent eux aussi experts dans l'exploitation des marais par des aménagements hydrauliques importants. Par ces grands travaux, mais aussi et surtout par le commerce et la navigation maritime, les Pays-Bas et l'Italie constituent au XIIIe siècle les principaux pôles économiques de l'Europe et laissent la France à l'écart des grands courants de commerce maritime.

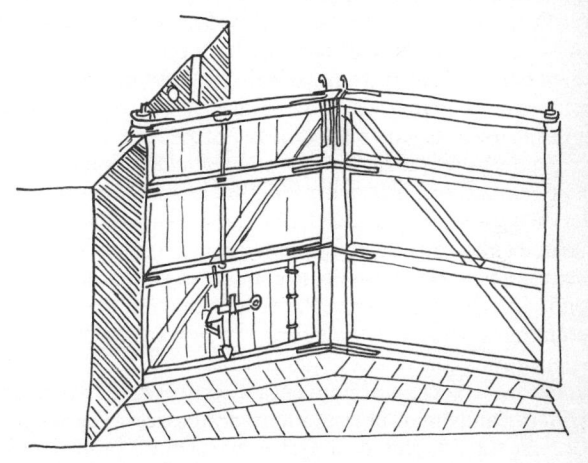

Écluses de Léonard de Vinci.

La guerre de Cent Ans, entre 1337 et 1453, achève de mettre un terme à l'élan dynamique qui s'est concrétisé par les grands chantiers de cathédrales. Ces derniers, déjà ralentis depuis la fin du XIIIe siècle, s'arrêtent alors et c'est avec difficulté que les cathédrales en cours de construction, comme celles d'Amiens ou de Beauvais, seront achevées dans les siècles suivants.

Les transports maritimes

La mer joue alors, à partir du XIIIe siècle surtout, un rôle essentiel dans la circulation des richesses. Les grands ports d'Italie, de la péninsule Ibérique, des Pays-Bas et d'Allemagne sont reliés par des communications intenses *via* le détroit de Gibraltar. Malgré ces contacts suivis, les deux types de flottes qui circulent sur ces routes maritimes très fréquentées procèdent de techniques de construction bien différenciées.

Les marines méditerranéenne et nordique se distinguent tant par leur forme que par les techniques d'assemblage des coques et les moyens de propulsion. La tradition des marines de mer du Nord et de l'Atlantique découle directement de celle des navires scandinaves qui parcouraient les mers de l'Europe du Nord et de l'Ouest et se caractérise par l'unique voile, généralement carrée, le gouvernail latéral et un assemblage à clin des planches de la coque. Après avoir largement influencé la flotte anglaise, les techniques nordiques ont pénétré la Méditerranée au cours du XIVe siècle et provoqué l'adaptation de la flotte méditerranéenne, restée en partie fidèle aux techniques antiques ou byzantines. La voile latine classique fait place à la voile carrée, les châteaux de poupe et de proue prennent de l'importance et, innovation notable, le gouvernail quitte les côtés pour prendre place dans l'axe, à l'arrière du navire. Ce gouvernail d'étambot, apparu sur les navires nordiques au début du XIIIe siècle, commandé à présent par une barre située sur le gaillard d'arrière, s'associe aux nouvelles dispositions de voiles pour faciliter grandement la manœuvre des navires. Ceux-ci, progressivement adaptés à la flotte marchande plutôt qu'à la guerre, puis à la navigation en pleine mer et plus seulement le long des côtes, parviendront à leur état de maturité à la fin du XVe siècle avec la caravelle, navire très élaboré muni d'une coque fine et de plusieurs mâts combinant des voiles latines et carrées. Le galion, étape ultime de cette longue suite de perfectionnements, prendra le relais, au XVIe siècle, pour assurer des liaisons régulières entre l'Ancien et le Nouveau Monde.

Les progrès des techniques de construction navale, partie la plus visible de l'évolution des transports maritimes, ne doivent pas nous tromper. Les techniques de navigation ont accompli aussi, du X‍e au XVI‍e siècle, des progrès non moins importants. La boussole est introduite en Occident, par une voie qui reste encore obscure, au cours du XII‍e siècle, bien qu'elle ait déjà été connue des Chinois et des Arabes dès le XI‍e. Associée à la cartographie, à l'amélioration des calculs et des mesures et à une meilleure connaissance des vents, elle conduira les marins jusqu'aux côtes les plus lointaines à la fin du XV‍e siècle. C'est alors essentiellement l'Angleterre, l'Allemagne et les pays méditerranéens qui sauront le mieux tirer parti des grandes découvertes et de leurs importantes retombées commerciales. N'oublions pas toutefois un élément nouveau qui aura, au cours des XVII‍e et XVIII‍e siècles, un impact essentiel sur l'évolution de la navigation maritime : la mesure du temps. Mais ce n'est pas à la Renaissance, et encore moins au Moyen Age, que la précision des horloges sera suffisante pour venir en aide aux navigateurs. Il faudra attendre les progrès scientifiques du XVII‍e siècle, débouchant sur les grandes innovations horlogères des XVII‍e et XVIII‍e siècles.

Le goût du machinisme

Le dynamisme médiéval a trouvé, dans les machines, un autre champ d'expression. Ce goût de la mécanique, qui se développe surtout à partir du milieu du XII‍e siècle, se fonde largement sur des procédés déjà connus du monde antique comme les machineries de guerre, les engrenages, les pompes ou les machines hydrauliques. Mais les techniciens médiévaux en étendront l'application aux sources d'énergie nouvellement remises en exploitation — l'eau bien sûr mais aussi, dans une moindre mesure, l'énergie animale et le vent — pour finalement créer au XIV‍e siècle deux ensembles techniques totalement inédits : l'horloge mécanique et le système bielle-manivelle.

Mais avant d'aboutir à ces systèmes très élaborés, les techniciens du Moyen Age ont dû imaginer de nouvelles utilisations des techniques connues depuis l'Antiquité, bien que ces dernières soient en général restées sous-employées. Nous avons noté les apports des Grecs et des Romains dans le domaine de la mécanique. Les Grecs ont porté la petite mécanique et les mécanismes complexes de transmission de mouvement à un stade pratique et théorique très avancé. Les Romains ont, pour leur part, perfectionné les machines de construction — leviers, treuils, cabestans, roues à cage d'écureuil... — et les machines de guerre — catapultes, balistes, etc. Après plusieurs siècles de sommeil, ces techniques sont à nouveau remises en vigueur au moment où les conditions sont plus favorables. La reprise en force du moulin hydraulique — surtout le moulin à roue verticale — engendre un nouvel intérêt pour les techniques de transmission de puissance. Les engrenages, certes, n'évoluent guère dans leur principe de base, mais les mécanismes se font de plus en plus complexes, les moulins actionnent des soufflets ou des foulons par l'intermédiaire de cames, et une quantité de techniciens se spécialisent dans la construction de ces « usines ».

Les techniques militaires et la construction des châteaux forts demanderont, elles aussi, des personnes qualifiées pour réaliser des machines de guerre plus puissantes, plus solides. Ce milieu de techniciens et d'ingénieurs formés sur le tas sera le bienvenu sur les chantiers des villes lorsque se développeront les établissements industriels urbains, ébauches de manufactures textiles et constructions civiles. Ils seront à pied d'œuvre quand se lanceront les premiers grands chantiers de cathédrales. L'architecture romane, essentiellement rurale, faisait surtout appel aux artisans et entrepreneurs locaux pour bâtir des édifices somme toute, pour beaucoup d'entre eux, guère plus importants que des maisons ou des granges. En revanche, les cathédrales réclament le recours à des techniques d'échafaudage, de levage et de transport hors de proportion avec les savoir-faire des artisans villageois. Les techniques romaines, depuis si longtemps en sommeil, sont ravivées. Les matériaux lourds sont montés par des cabestans ou de grandes roues à cage d'écureuil dans lesquelles un homme suffit pour élever de lourdes charges grâce à des démultiplications simples.

La naissance de l'horloge mécanique

Les liens unissant au fil du temps la « grosse » mécanique, celle des moulins et des machines, et la « petite » mécanique — évitons, pour le Moyen Age, de parler déjà de mécanique de précision —, celle des automates et des horloges, resteront longtemps dans l'ombre. Est-ce l'horloger ou le constructeur de moulins qui crée le tour, qui inventera la machine à vapeur ? Deux mondes semblent évoluer parallèlement, l'horloger restant un artisan, membre d'une corporation strictement réglementée, symbole du secret, d'une certaine fermeture de la technique, et le constructeur de moulins préfigurant l'ingénieur civil du XIXe siècle, symbole de la technique moderne ouverte aux innovations, aux transferts de technologie, dirions-nous aujourd'hui. Ce schéma reste bien brutal, et ne résout en rien la question, mais l'origine de l'horloge mécanique, en ce XIIIe siècle, est pour sa part beaucoup plus liée à un contexte politique nouveau, à un pouvoir urbain fraîchement détaché du pouvoir spirituel, qu'à un système technique précis.

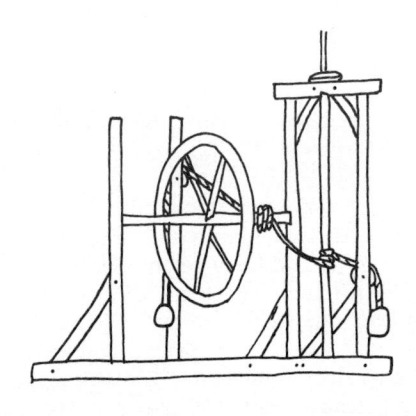

Mécanisme actionnant l'« ange mécanique » de Villard de Honnecourt : « Par ce moyen, on fait un ange qui tient son doigt dirigé vers le soleil. »

L'horloge existe depuis l'Antiquité, puisque le même mot recouvre tous les systèmes d'indication du temps, que ce soit les clepsydres, les sabliers ou les horloges mécaniques. Cette ambiguïté dans le terme employé ne facilite pas la tâche de l'historien, les textes médiévaux ne précisant pas en général le type de technique utilisé dans les horloges mentionnées. La détermination précise du passage de l'horloge hydraulique à l'horloge mécanique n'en est que plus délicate. De nombreux ingénieurs nourrissaient une véritable passion pour la mécanique sous ses différentes formes et tentaient de doter les cathédrales — là était le pouvoir, et donc les finances... — d'automates, comme l'ange et l'aigle mécaniques de Villard de Honnecourt.

L'« aigle mécanique » de Villard de Honnecourt : « Par ce moyen, on fait tourner la tête de l'aigle vers le diacre quand il lit l'Évangile. »

Il ne s'agit sûrement là que de simples amusements de techniciens, mais ils témoignent d'un milieu technique ouvert aux innovations, pour autant que la volonté de réaliser de tels objets techniques soit suffisamment forte. Si c'est dans le cadre du pouvoir spirituel que naît la première demande en horloges mécaniques, pour l'appel des fidèles à la prière, c'est le pouvoir temporel qui leur donnera leur véritable élan. Un élan qui ne cessera de s'étendre jusqu'à aujourd'hui, affinant peu à peu cette mesure du temps vers des portions de plus en plus infimes.

Dans la société rurale traditionnelle, les rythmes de la vie sont fondés sur les phénomènes naturels : le cycle du jour, celui des saisons [1]. L'ordre monastique, et notamment la règle de saint Benoît, fixent, sous l'empire carolingien, les rythmes de vie des populations occidentales et scandent les événements du jour et de l'année par les sonneries de cloches. Les églises romanes ont des clochers, mais pas encore de dispositif d'affichage de l'heure. L'expansion urbaine d'après l'an mille va profondément modifier cet état de choses. Le pouvoir de la ville va peu à peu se substituer au pouvoir de l'Église. Dans leurs premiers travaux de construction, les villes d'Europe du Nord se dotent de murs d'enceinte et de beffrois, tours qui, comme le clocher, ont pour fonction de montrer un pouvoir autant par leur taille que par leurs cloches qui imposent un rythme aux populations. Jusqu'à la fin du XIIIe siècle, ces cloches sont actionnées manuellement, le temps étant réglé sur des cadrans solaires ou des clepsydres. Les automates mécaniques des églises ont pour correspondants les jacquemarts des beffrois. C'est probablement de cette proximité entre dispositifs mécaniques et hydrauliques que naîtra l'idée de réaliser des machines capables de sonner les cloches, d'indiquer périodiquement l'heure « à l'oreille », avant de l'afficher en continu à l'aide d'un cadran. L'horloge mécanique, c'est finalement la fusion du cadran de la clepsydre et du mécanisme de l'automate. Au moment où le moulin à eau devient le principal générateur de force motrice, on peut s'étonner de voir la technique hydraulique de la mesure du temps, maîtrisée depuis des siècles, remplacée par une mécanique imprécise et d'entretien difficile. On peut voir une raison simple à ce changement technique. Nous sommes au XIIIe siècle et le foyer d'innovation et de développement urbain se trouve dans l'Europe du Nord, pour les nombreuses raisons que nous avons vues. Or, les clepsydres ont l'inconvénient, dans ces régions, de geler l'hiver, contrairement aux pays méditerranéens ; cet inconvénient sera fatal aux horloges à eau qui verront alors leur usage restreint aux curiosités historiques.

---

1. Voir à ce sujet Jacques Attali, *Histoires du temps*, Paris, Fayard, « Le Livre de poche », 1982, 320 p.

Petite taille et précision

Dans les dernières années du XIIIe siècle, plusieurs cathédrales d'Angleterre — Exeter, Canterbury — sont dotées d'horloges mécaniques, suivies vers 1300 de celle de Beauvais. Au cours du XIVe siècle, elles se répandent avec rapidité sur les clochers, les tours, les portes des villes, rythmant le travail, les échanges, en un mot le nouvel ordre urbain. Ces monumentales horloges originelles comportent les trois éléments qui leur donnent le mouvement et une certaine régularité : le poids, l'échappement et le foliot. Le premier, pierre ou masse métallique, se substitue à l'eau pour exploiter la gravité comme force motrice. Le second transmet le mouvement au dispositif

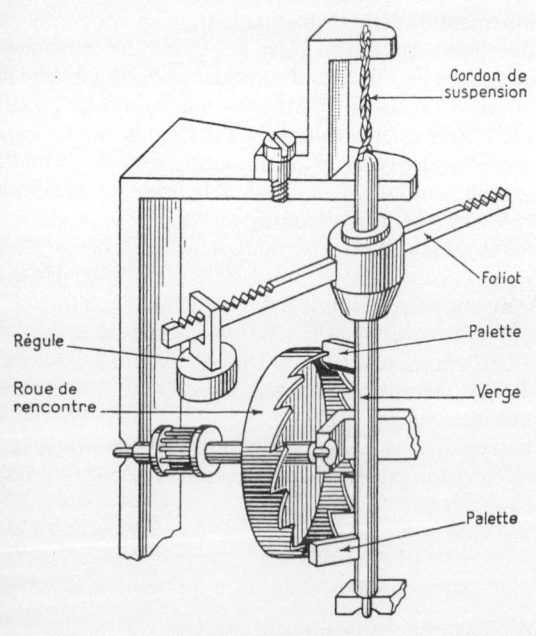

Foliot et échappement.

d'information : cloches, puis cadran tournant, puis aiguilles. Le troisième enfin, régule ce mouvement avec une précision qui, dans les débuts, est fort précaire. Des variations d'une à deux heures par jour ne sont pas rares.

Les pôles de développement économique sont bien entendu les premiers à se doter du nouvel instrument et, entre 1344 et 1362, les villes italiennes de Padoue, Gênes, Bologne et Ferrare accueillent leur horloge publique. Les mécanismes s'améliorent, gagnent en précision mais aussi en complexité. De l'ange mécanique de Villard de Honnecourt qui indiquait la direction du soleil à l'extraordinaire horloge astronomique de Padoue, que Giovanni di Dondi mît seize ans à construire, entre 1348 et 1364, les pas accomplis en un siècle sont considérables. Entre-temps, beaucoup de cathédrales se sont dotées de ces horloges astronomiques reproduisant les cycles de la lune, des planètes, agrémentées périodiquement par le passage de personnages animés. A la vue de ces horloges monumentales, se développe chez les puissants personnages la volonté de posséder de telles machines pour leur usage privé. Ainsi naît l'horloge gothique, modèle réduit des précédentes, encore dotées d'un mécanisme à poids. Au cours du XVe siècle apparaîtront les deux perfectionnements majeurs qui ouvriront la voie au formidable essor de l'horlogerie : le ressort comme élément accumulateur de l'énergie et la fusée comme complément indispensable pour la restituer au mouvement avec une même régularité tout au long de la détente du ressort. Ces différentes composantes mises en place, plus rien ne freine l'évolution de l'horloge monumentale et imprécise vers la montre, déjà en usage au XVIIe siècle, et le chronomètre de marine, capital dans le développement de la marine classique.

Autant la mise au point de l'horloge mécanique peut sembler précoce, autant celle du système bielle-manivelle nous apparaît étonnamment en retard. Comment des hommes capables d'édifier des cathédrales et des digues, de construire machines, horloges, etc., peuvent-ils ignorer la manivelle, qui nous semble aujourd'hui tellement plus simple que nombre de mécanismes de moulins ? Comme le rappelle L. White, « historiquement et psychologiquement, la manivelle reste une énigme [1] ».

---

1. Lynn White Jr., *op. cit.*, p. 119.

La transformation du mouvement circulaire continu en mouvement linéaire alternatif, et l'inverse, n'existe pas dans le monde antique occidental. Ce n'est d'abord qu'avec les moulins à bras qu'apparaît une manivelle rudimentaire, simple poignée qui permet de moudre le grain par des mouvements d'aller et retour.

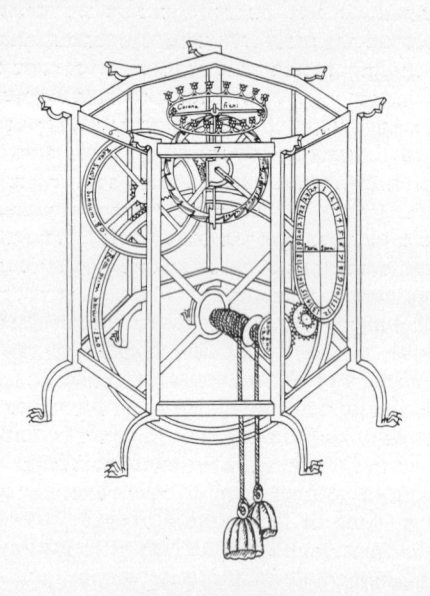

Horloge de Dondi.

C'est seulement aux XIe et XIIe siècles que sont recensées les premières représentations de manivelles. De même qu'elle met en mouvement le moulin à bras, elle permet au joueur de vielle d'actionner sa roue. Cette première vielle est d'ailleurs l'*organistrum*, gros instrument joué par deux personnes, l'une au clavier, l'autre à la manivelle.

L'adoption d'une bielle demandera encore plus de deux siècles puisque c'est dans le *Bellifortis* de Conrad Kyeser qu'est représenté le premier exemple occidental d'association bielle-manivelle, à la fin du XIVe siècle. L'assimilation de cet ensemble par la pensée technique demandera beaucoup de temps. Rien ne semble moins naturel en effet que cette transformation de mouvement, d'autant que les deux points morts paraissent longtemps des obstacles infranchissables, et que les frottements occasionnés par ce mécanisme complexe ne sont pas maîtrisés. Ce n'est vraiment qu'au XVe siècle que le système sera adopté plus largement et qu'on le retrouvera notamment dans la plupart des ouvrages techniques de Francesco di Giorgio, Taccola, Fontana, etc. Ce n'est toutefois qu'avec l'adjonction d'un volant régulateur que le système bielle-manivelle trouvera sa véritable expansion. Le rouet en est à cet égard l'application type associant la pédale, la bielle, la manivelle et le volant et sa très large diffusion parviendra à populariser un type de transmission de mouvement fondamental pour l'histoire moderne des techniques.

Organistrum. D'après un bas-relief du XIe siècle.

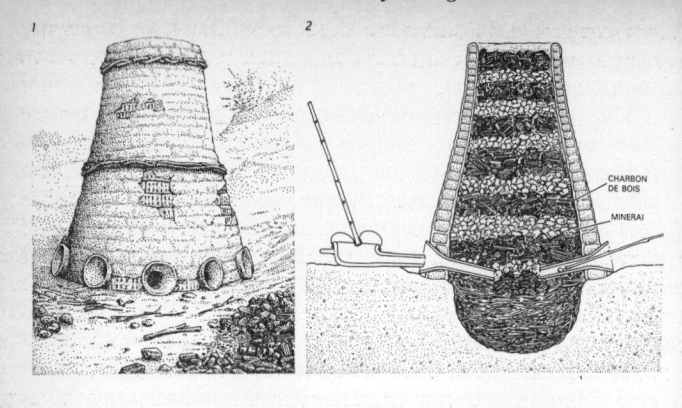

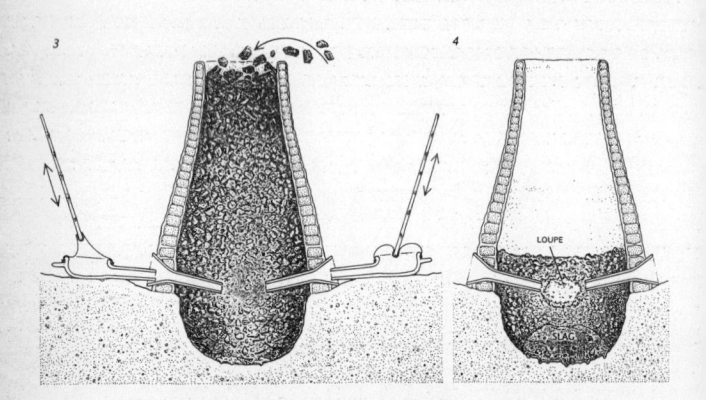

Techniques métallurgiques en Afrique centrale.

Les mines et la métallurgie

Depuis l'Antiquité jusqu'à la fin du Xe siècle, la métallurgie occidentale n'a guère subi de modifications. Les techniques d'obtention du bronze restent toujours largement utilisées mais le véritable bond en avant du Moyen Age sera la diffusion du fer à partir du XVe siècle, base de départ de la sidérurgie moderne. De fait, le fer est toujours obtenu par ce qu'on appelle la méthode directe, c'est-à-dire par réduction du minerai de fer dans un foyer généralement creusé dans le sol, méthode tout à fait semblable aux techniques traditionnelles utilisées encore récemment, comme dans la région interlacustre d'Afrique centrale. Le métal issu de cette opération doit être ensuite martelé à chaud pour le débarrasser des impuretés : scories, cendres...

Le passage à la méthode dite indirecte fait l'objet d'études nombreuses à travers l'Europe depuis quelques années, et notamment en Europe centrale où l'intérêt pour la métallurgie médiévale est très vif. Mais la question n'est pas encore totalement élucidée. Cette méthode indirecte, toujours en usage de nos jours dans la métallurgie lourde, consiste à procéder en deux temps : tout d'abord produire de la fonte dans un haut fourneau, ensuite transformer cette fonte en fer ou en acier par décarburation. Cette importante innovation est encore une conséquence de la reprise économique générale de l'Occident au cours du XIIe siècle qui a induit un accroissement de la demande en fer. Le domaine des armes est traditionnel et poursuit sa lancée mais c'est surtout l'agriculture et la construction qui vont appeler une plus forte production. La première en outils, en pièces de charrues — socs, coutres... —, en fers à cheval, etc., la seconde en nombreux outils pour les différents métiers liés au bâtiment ou à la fabrication d'objets domestiques : tailleurs de pierre, dinandiers, etc. Sans oublier les éléments entrant dans la construction elle-même, comme les splendides grilles romanes du XIIe siècle qu'on peut encore voir à l'abbaye de Conques ou dans le cloître de la cathédrale du Puy.

Cet accroissement de production aurait amené les métallurgistes à augmenter la hauteur des foyers et à découvrir empiriquement la fonte et ses deux propriétés les plus intéressantes : d'une part, elle sort liquide du fourneau et peut donc être coulée pour réaliser des objets comme on le faisait traditionnellement avec le bronze, d'autre part, elle peut être obtenue vers 1 200° alors que le fer fond à plus de 1 500°. Comme cela s'est produit plus de dix siècles auparavant en Chine, la méthode indirecte n'a pu voir le jour qu'avec l'expansion du moulin hydraulique, par un mouvement d'influence réciproque. Utilisée dans un premier temps pour concasser le minerai — le bocard —, puis au XIIIe siècle pour actionner le martinet — l'unité de production s'appelle alors moulin à fer par extension du terme de moulin —, l'énergie hydraulique est enfin utilisée pour mettre en mouvement les soufflets, préalablement manuels. Cette dernière mécanisation, donnant à l'arrivée d'air puissance et régularité, représente un progrès capital et, avec

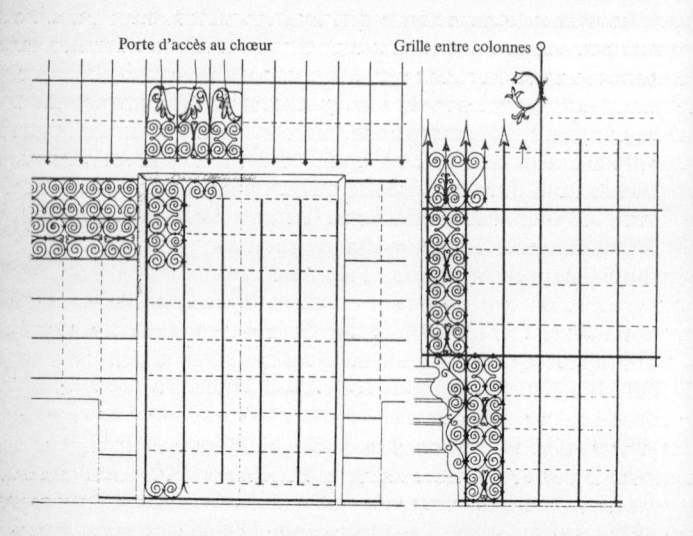

Grilles romanes de l'abbaye de Conques, XIIe siècle.

l'augmentation des dimensions des fourneaux, on arrivera, au cours des XIVe et XVe siècles, à une production importante. La diffusion occidentale du moulin à fer doit aussi beaucoup, comme pour la technique hydraulique en général, aux moines cisterciens du XIIe siècle qui ont répandu une technique métallurgique en même temps qu'une organisation de la production dans toute l'Europe. L'abbaye de Fontenay, en Bourgogne, nous offre, en plus de sa grande richesse architecturale, un exemple encore lisible de cette sidérurgie médiévale. La découverte occidentale de la fonte se serait faite dans la région de Liège, et la Lorraine l'aurait rapidement appliquée avant qu'elle ne se répande dans la France de l'Est, en Angleterre, puis en Allemagne et dans le Sud-Est européen.

Le passage de la métallurgie artisanale primitive à l'industrie du fer, qui se fait autour du XVe siècle, s'accompagne d'un déplacement des unités de production aux abords des mines, mais aussi des forêts et des cours d'eau. Les sites métallurgiques se trouvent ainsi rassemblés dans des régions particulièrement propices, où l'on trouve la matière première, l'énergie motrice, le combustible et le moyen de transport.

La mine, pour sa part, n'a pas encore subi de modifications importantes, si ce n'est la mécanisation de certaines opérations comme l'aérage, l'exhaure et la remontée du minerai qui permettent là aussi un accroissement de la productivité. La littérature technique et les représentations artistiques nous ont fourni, pour les mines comme pour la métallurgie, une source iconographique de tout premier ordre, avec des ouvrages comme ceux de Taccola, d'Agricola ou de Biringuccio pour les traités techniques, et les œuvres d'Heinrich Gross (première moitié du XVIe siècle) et les Maîtres Valentin et Mathis qui ont peint les graduels de Kutna-Hora, en Bohême, à la fin du XVe siècle. Si ces images très riches et détaillées nous permettent d'avancer considérablement dans la connaissance des mines et de la métallurgie médiévales, les travaux des archéologues sur le terrain ont permis de compléter les données historiques par l'analyse des traces matérielles trouvées sur les anciens lieux d'exploitation et de production connus.

Loin d'apparaître comme une période sombre de notre histoire, on se rend compte, à la vue des nombreuses innovations qui l'ont jalonné, que le Moyen Age revêt, pour le domaine des techniques, une importance de tout premier plan. La période qui court du XIIe au XVIe siècle, loin de marquer le pas, comporte en germe les principaux éléments sur lesquels se bâtira la grande révolution industrielle de la fin du XVIIIe siècle. Une nouvelle culture technique est née, qui n'est pas très éloignée de notre culture technique contemporaine. De nombreux signes peuvent même laisser croire que nous tendons, aujourd'hui, à rechercher dans cette époque les fondements d'un renouveau culturel dans les domaines scientifique et technique.

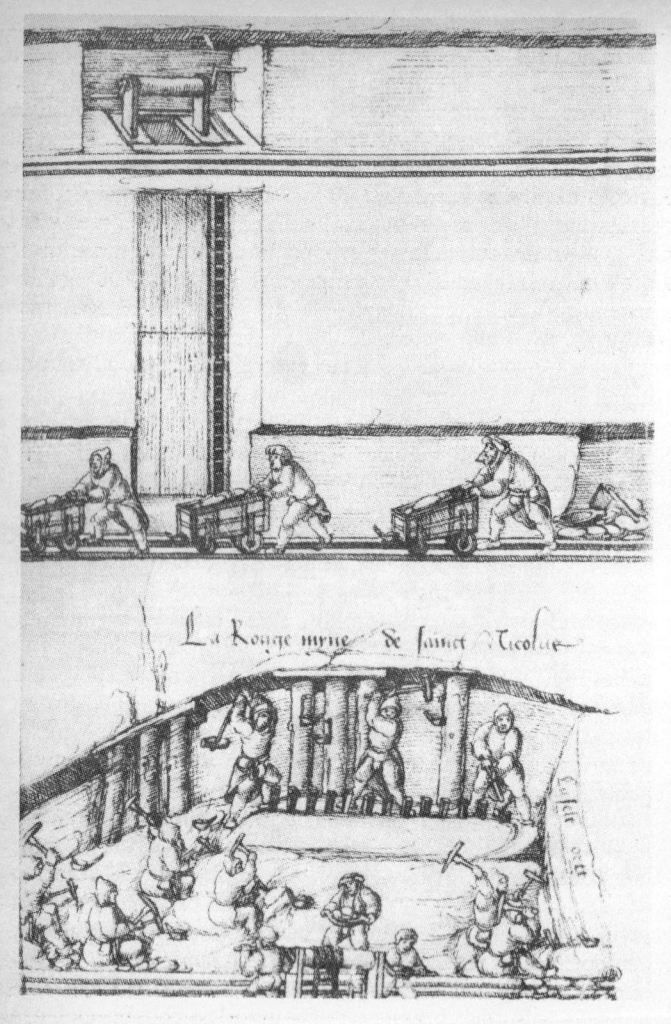

L'intérieur de la « Rouge myne de Sainct Nicolas » par Heinrich Gross, 1re moitié du XVIe siècle.

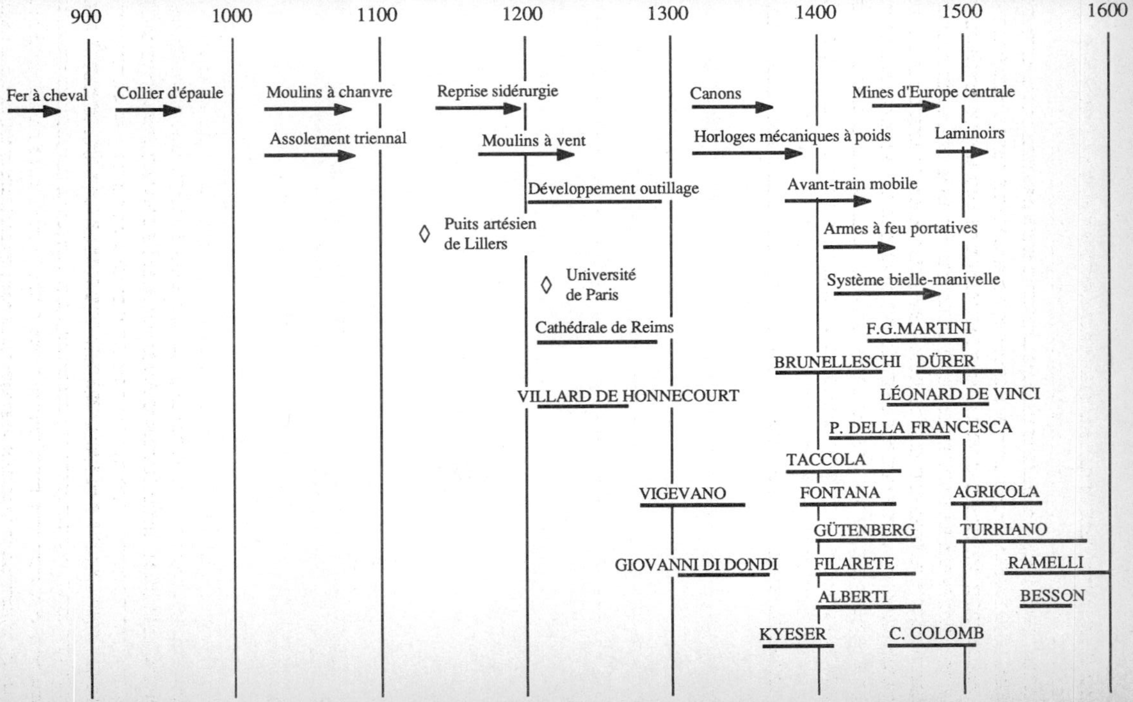

Chronologie (900–1600)

900
- Fer à cheval

900–1000
- Collier d'épaule

1100
- Moulins à chanvre
- Assolement triennal

1200
- Reprise sidérurgie
- Moulins à vent
- Développement outillage
- Puits artésien de Lillers
- Université de Paris
- Cathédrale de Reims
- VILLARD DE HONNECOURT

1300
- Canons
- Horloges mécaniques à poids
- VIGEVANO
- GIOVANNI DI DONDI

1400
- Mines d'Europe centrale
- Laminoirs
- Avant-train mobile
- Armes à feu portatives
- Système bielle-manivelle
- F.G. MARTINI
- BRUNELLESCHI
- DÜRER
- LÉONARD DE VINCI
- P. DELLA FRANCESCA
- TACCOLA
- FONTANA
- GUTENBERG
- FILARETE
- ALBERTI
- KYESER

1500
- AGRICOLA
- TURRIANO
- RAMELLI
- BESSON
- C. COLOMB

1600

2. Un objet : le moulin à eau

Les deux machines qui ont eu la plus grande importance dans l'histoire mondiale des techniques depuis ses origines sont certainement le moulin à eau et l'horloge. Situées sur des plans évidemment fort différents, toutes deux ont eu, sur l'évolution des autres techniques et sur la vie des gens, des conséquences incomparables.

Le développement technique de notre civilisation occidentale prend sa source en plein Moyen Age et le moulin à eau, qui connaît alors un essor sans précédent, tiendra pendant près de dix siècles une grande place dans l'extension du machinisme. N'oublions pas que nombre de moulins hydrauliques ont fonctionné encore au cours de notre siècle dans le monde rural. Incontestablement, la généralisation de cette machine revêt, pour le monde moderne, la même importance que l'avènement de la roue pour les origines de la civilisation.

Le moulin, usine du Moyen Age

Le terme courant donné au moulin à eau dans les textes du Moyen Age est celui d'« usine ». Déjà, derrière ce terme, se profile bien autre chose qu'un simple objet mécanique. Aujourd'hui, l'usine est tout à la fois un bâtiment, un ensemble d'hommes et de machines et une structure économique, d'où sortent des produits. Le moulin à eau du Moyen Age contient déjà, en germe, ces différentes significations. Dans la métallurgie, les « moulins à fer » seront aussi appelés « usines à fer ». Bien que l'approche que nous favoriserons ici soit bien entendu technique, il est indispensable de resituer préalablement le moulin dans son contexte économique, social et technique.

Le développement dont est l'objet le moulin hydraulique à partir du XIe siècle n'est pas le fait d'innovations techniques comme ce sera le cas au XVIIIe siècle pour le textile ou la machine à vapeur. Il est intimement lié au système économique d'une Europe occidentale qui voit s'ouvrir alors une ère de prospérité qui durera deux à trois siècles. Sur un plan technique, en effet, rien ne différencie les moulins médiévaux de ceux qu'utilisaient les Romains ou les Grecs quelques siècles plus tôt. Par certains côtés, même, des installations comme les moulins de Barbegal, datant pourtant du IVe siècle, sont beaucoup plus modernes, par leur concentration et leur volume de production, que la plupart des moulins du XIe. Au début de cette forte expansion médiévale, leur usage se borne essentiellement au plan familial — c'est le cas des moulins à « rouet » méridionaux — ou au plan de la communauté villageoise — moulin banal, seigneurial. Les nombreuses études consacrées ces toutes dernières années à l'eau et aux moulins, nous ont apporté sur ce point des éléments nouveaux qui bouleversent de nombreuses idées communément admises. Le cas des moulins urbains est sur ce point exemplaire. En même temps que se développent les moulins ruraux, se construisent dans les bourgs ou dans leur proximité immédiate de très nombreuses « usines ». Après la formidable expansion du Xe au XIIIe siècle, leur nombre ne variera pratiquement plus jusqu'au début du XIXe : « En ce sens, le Moyen Age fixe, pour six siècles, la puissance énergétique des villes [1]. »

Comme les moulins des villages, les moulins urbains servent essentiellement à moudre du grain, pour l'alimentation des populations, puis, en moindre proportion, à fouler du drap, tanner des peaux ou actionner des soufflets de forge.

Sous un autre angle, le moulin est inscrit dans l'ensemble technique plus vaste des systèmes énergétiques. L'énergie animale y joue toujours un grand rôle d'autant que, au cours de la « révolution industrielle du Moyen Age », comme l'appelle Jean Gimpel [2], le cheval prendra le relais du bœuf pour nombre de travaux agricoles. Par ailleurs, manèges à animaux,

---

1. André Guillerme, *Les Temps de l'eau, la cité, l'eau et les techniques*, Seyssel, Champ Vallon, coll. « Milieux », 1983, p. 95.
2. Jean Gimpel, *op. cit.*

Un objet : le moulin à eau 173

roues à échelons, cabestans et treuils sont utilisés parallèlement aux moulins hydrauliques, puis plus tard aux moulins à vent, pour produire l'énergie nécessaire lorsque la force d'un seul homme se révèle insuffisante. Des trois types de moulins coexistant — moulins à vent, moulins à roue verticale, moulins à roue horizontale —, l'imagination populaire a fait une grande place aux premiers, les seconds jouissant d'une moins grande notoriété et les moulins à roue horizontale, enfin, étant largement méconnus et considérés comme archaïques. Certes, ils le sont par leur technique datant d'avant l'ère chrétienne, mais il convient de leur redonner la place qui leur revient. Sur ce point, l'archéologie industrielle, par ses recherches récentes, nous apporte des éléments comparatifs appréciables. Le recensement des moulins à farine mené de 1809 à 1811 sur le territoire français d'alors donne une part à peu près égale aux deux types de moulins hydrauliques : 42,4 % de moulins à roue horizontale sur 83 165 moteurs hydrauliques utilisés pour la mouture des céréales [1]. Tout laisse entendre que cette répartition fut sensiblement la même depuis le Moyen Age.

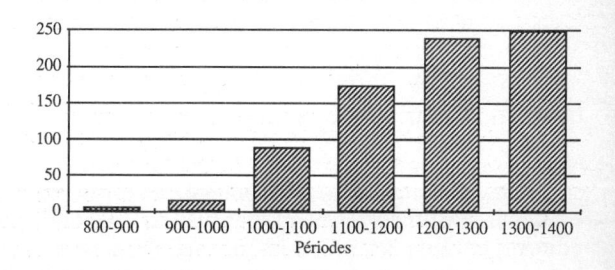

Le développement de la meunerie du Xe au XIIIe siècle : nombre de moulin à blé urbains ou péri-urbains [2].

---

1. Voir à ce sujet l'étude de Gérard Emptoz et Philippe Peyre, « Aperçu sur l'usage et la technologie de la roue horizontale dans la France du XIXe et du XXe siècle », *L'Archéologie industrielle en France*, n°11, juin 1985, p. 34-58.
2. Schéma d'après André Guillerme, *op. cit.*, p. 94.

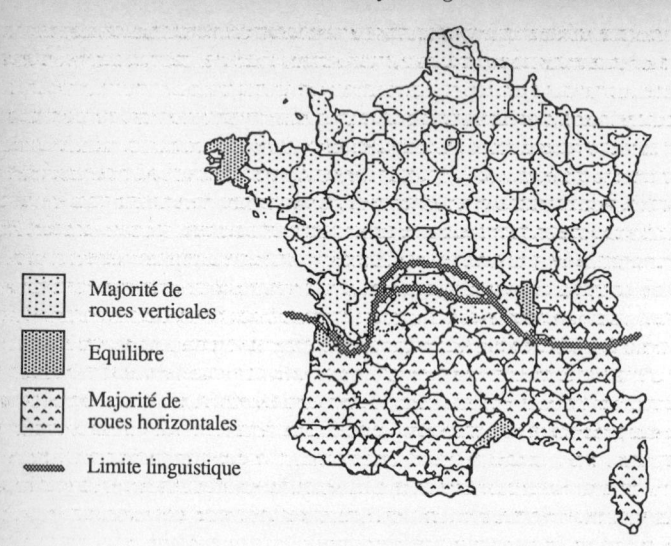

- Majorité de roues verticales
- Equilibre
- Majorité de roues horizontales
- Limite linguistique

Carte de répartition des moulins horizontaux et verticaux.

Le moulin à eau, un ensemble technique

Au niveau de l'usine même, le moulin à eau est un ensemble technique constitué d'éléments bien distincts. Il comprend un bâtiment, une ou plusieurs roues, des mécanismes de transmission de puissance, des machines ou des outils, et des équipements hydrauliques. Selon le type de roue utilisé, le bâtiment jouxte ou enjambe la rivière, et les équipements hydrauliques sont plus ou moins importants : réduits au minimum pour les roues « au fil de l'eau » ou les moulins-bateaux, beaucoup plus élaborés pour les roues verticales « en dessus » ou les roues horizontales. Généralement, le système hydraulique comprend une retenue, une vanne motrice permettant de commander ou de doser l'arrivée d'eau et un canal d'amenée se terminant par un coursier en bois englobant plus ou moins la roue elle-même.

Un objet : le moulin à eau

Les disparités géographiques jouent un rôle capital dans la structure et la disposition du moulin, de par la diversité des rivières : débit, hauteur de chute, variations saisonnières, etc. Mais un facteur plus difficile à cerner, d'ordre plus largement culturel, intervient aussi. L'enquête de 1809 déjà citée, qui nous donne un état assez fidèle de l'implantation des moulins hydrauliques sous l'Ancien Régime, révèle une séparation très nette entre le Nord et le Sud de la France. A quelques exceptions près, les moulins des pays de langue d'oc sont pourvus en majorité de roues horizontales, alors que les autres ont des roues verticales. Bien qu'il faille être prudent sur les conclusions à tirer de cette opposition très marquée, on peut supposer que les aires linguistiques, reflétant des cultures bien distinctes, jouent un rôle prédominant, au-delà d'une répartition géographique plaine-montagne.

Les mécanismes de transmission de puissance sont, pour leur part, liés autant au type de roue employé qu'aux outils mis en action. Pour une meule mise en rotation par une roue horizontale, ou « rouet », cette transmission est réduite à un arbre commun aux deux éléments. Il s'agit là de la structure la plus simple qu'on trouve dès les origines. En revanche, dans le cas d'une forge ou d'un moulin à papier, l'arbre de la roue verticale est muni de cames actionnant des soufflets ou des pilons. Le classique moulin à farine à roue verticale comporte, lui, un engrenage à roue et lanterne renvoyant le mouvement et le démultipliant. D'autres dispositifs annexes peuvent permettre de réguler la vitesse de la roue ou de régler la finesse de la mouture.

Enfin, les outils ou machines mis en action peuvent être très divers, bien que les moulins à farine prédominent largement. Dans les villes, les moulins liés à la transformation de matières premières comme la laine et les peaux sont bien représentés, le drap et le cuir étant les produits finis les plus importants pour la richesse de la ville. On y trouve donc des moulins à foulon ou à tan. Dans les campagnes se trouvent, généralement rassemblés par types de production, les moulins à papier, comme on peut encore en voir en action au moulin Richard-de-Bas près d'Ambert par exemple, les moulins à scier le bois et les forges hydrauliques, qui se répandent alors dans les régions riches en minerais et en forêts. Dans ces forges, l'eau permet de remplacer le soufflet à main par un soufflet hydraulique plus puissant, d'actionner les martinets à forger, de broyer les minerais, etc. On ne saurait aussi passer sous silence l'utilisation de l'énergie hydraulique pour élever l'eau ; en Europe, cet usage est surtout fréquent pour l'exhaure des mines ou l'assèchement de marais mais, dans les pays secs, les norias, les roues reliées à des chaînes à godets ou à des vis d'Archimède se retrouvent régulièrement dans les régions où passe un cours d'eau.

Aux origines de la roue hydraulique

Ainsi que l'a rapporté Vitruve, dans son traité *De Architectura* du premier siècle avant notre ère, le moulin à eau existait déjà dans les civilisations antiques grecque et romaine. Mais cette origine très ancienne ne doit pas pour autant nous tromper. La naissance du moulin à eau dans le bassin méditerranéen, d'ailleurs pratiquement simultanée à son apparition en Chine, n'aura, dans les siècles qui suivront, qu'un écho tout à fait limité. Rappelons-nous que les civilisations occidentale et extrême-orientale en sont, dans ces siècles précédant l'ère chrétienne, à des stades de développement technique pratiquement analogues. Quelques moulins sont aussi mentionnés en Italie, au Portugal, dans les pays Scandinaves ou en Gaule, mais leur nombre ne dépasse probablement pas quelques dizaines d'unités avant le IXe siècle.

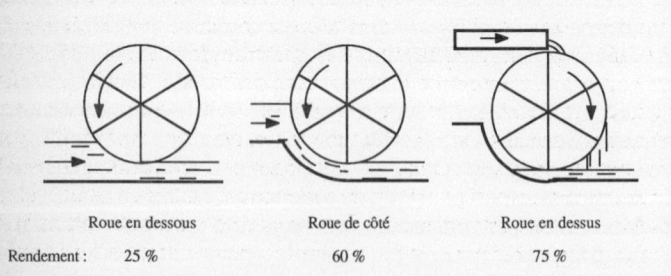

	Roue en dessous	Roue de côté	Roue en dessus
Rendement :	25 %	60 %	75 %

Les différents types de roues hydrauliques.

Un objet : le moulin à eau

Des deux grands types de roues hydrauliques qui coexistent au cours du temps — axe horizontal et axe vertical —, il est bien difficile de dire aujourd'hui lequel est apparu en premier. Sur un plan «génétique», tout laisse supposer que les premiers moulins, destinés à actionner une meule à axe vertical, étaient dotés d'une roue horizontale dont l'arbre était commun à celui de la meule. Cette solution technique semble la plus simple, du fait qu'elle évite le recours à un engrenage. L'évolution comparée de plusieurs autres objets techniques — cabestan, piston des premières machines à vapeur, machine à forer les canons, etc. — peut accréditer cette thèse, la symétrie axiale du système rotatif tendant à orienter naturellement l'ensemble dans l'axe de la force de pesanteur. Toutefois, par analogie avec la roue véhiculaire ou, plus certainement, avec la roue à échelons, utilisée pour actionner des engins de levage aux mêmes périodes et dans les mêmes zones géographiques que la roue à aubes, on peut imaginer que cette dernière ait été utilisée en lieu et place de la roue à échelons là où l'énergie hydraulique était disponible en quantité suffisante. Cette analogie rejoint l'hypothèse selon laquelle la roue hydraulique trouve son origine dans la roue élévatoire à palettes, dont l'axe est horizontal et qui ne possède, elle non plus, aucun dispositif de transmission [1].

L'incertitude qui plane encore sur l'origine du moulin à eau illustre l'un des problèmes majeurs de l'histoire des techniques, celui des sources documentaires. Plus on remonte dans le temps, moins les traces matérielles subsistent et plus les textes et représentations graphiques sont rares. Dans le cas présent nous disposons par exemple, à partir des Xe et XIe siècles, de documents économiques ou iconographiques fiables — comme le *Domesday Book* qui recense en Angleterre, à la fin du XIe siècle, 5 624 moulins à eau — et de nombreuses miniatures, dessins, croquis ou sculptures qui renseignent assez précisément sur la structure de maints ensembles techniques. Par ailleurs, si les mécaniques, réalisées en bois, ont totalement disparu, subsistent encore parfois des restes de bâtiments de pierre du Moyen Age ou, ponctuellement, de l'Antiquité romaine. Une

---

1. Maurice Daumas (dir.), *Histoire générale des techniques*, Paris, PUF, 1962-1979, t. I, p. 109.

source souvent beaucoup plus intéressante des points de vue de la construction de ces ensembles hydrauliques et de leur utilisation reste l'étude de machines encore en usage — ou récemment utilisées — dans des pays dont le système technique est proche de celui de l'Occident médiéval. L'apport des ethnologues et des archéologues a ainsi permis de retrouver en Chine, en Afrique, en Inde ou dans certaines régions d'Europe, tant centrale qu'occidentale, des traces encore vivantes d'ensembles techniques ruraux. Là où les sources écrites font défaut peut alors intervenir la mémoire des anciens, la tradition orale étant généralement très vive dans ces sociétés.

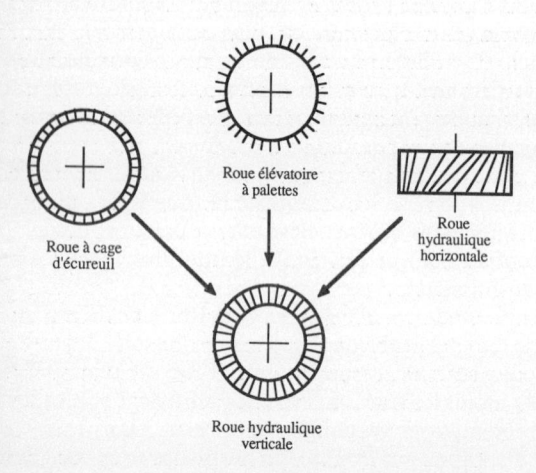

Schéma des origines de la roue hydraulique verticale.

Pour les origines romaines, grecques, arabes ou extrême-orientales, quelques textes et de rares bas-reliefs nous sont parvenus mais, dans l'état actuel de la recherche historique, rien encore ne permet d'affirmer l'antériorité d'une solution sur une autre, dans le cas typique des roues hydrauliques que nous évoquons. L'une des conclusions que tire l'historien des techniques de ces constatations est l'importance à accorder à l'état d'avancement technique d'une civilisation lors d'une innovation. Si le moulin hydraulique est apparu simultanément dans le bassin méditerranéen, en Extrême-Orient et en Europe du Nord au Ier siècle avant notre ère, c'est que les différents milieux disposaient d'un niveau de maturité suffisamment avancé pour accepter une même innovation au même moment. Cette simultanéité des inventions ou des découvertes est une constante de l'histoire de l'humanité, et les exemples ne manquent pas, même beaucoup plus près de nous, comme pour la photographie, le pneumatique ou la triode.

Une révolution technique médiévale

Nous l'avons vu, l'expansion du moulin à eau dès le Xe siècle n'est pas due à une innovation technique majeure. Ses causes ont donné lieu à de nombreux travaux et nous n'approfondirons pas ici les diverses hypothèses avancées [1]. Il s'agit en fait de la conjonction de facteurs aussi divers que :

— les changements dans l'agriculture : importation et culture de nouvelles catégories de blés nécessitant la substitution de la meule au pilon ;

— l'exploitation des forêts et donc la demande en scieries mécanisées ;

— les progrès de la métallurgie et de la demande en fer, et donc en forges hydrauliques ;

— le rôle des cisterciens qui ont mené une véritable politique de mécanisation dans les centaines de monastères qu'ils créèrent à travers toute l'Europe ;

— l'évolution du système féodal : pénurie de main-d'œuvre due à la disparition des équipes d'esclaves dans les grandes villas, hypothèse à prendre avec prudence... ;

1. Voir notamment, outre les sources habituelles, Charles Parain, « Rapports de production et développement des forces productives, l'exemple du moulin à eau », *La Pensée*, 119, février 1965, repris dans *Outils, Ethnies et Développement historique*, Paris, Éd. sociales, 1979, p. 305-327, et Marc Bloch, « Avènement et conquêtes du moulin à eau », *Annales d'histoire économique et sociale*, VII, 1935, p. 538-563.

— la première urbanisation du XIe siècle et l'exploitation de l'eau à tous les niveaux : énergie, hygiène, transport... ;
— les raisons financières : la construction d'un moulin demandait un investissement important, mais son exploitation pouvait être d'un excellent rapport ;
— le réchauffement climatique de la fin du XIIe siècle qui augmente notablement les rendements céréaliers.

Toutes ces raisons se sont conjuguées pour aboutir à un immense engouement pour la construction de moulins. Mais cette rapide expansion soulève évidemment d'épineux problèmes concernant le partage de l'eau sur les rivières, qui accueillent parfois deux ou trois moulins par kilomètre, la gêne occasionnée à la batellerie ou au flottage du bois, ou encore l'exploitation d'un bien commun à plusieurs investisseurs. Ce dernier cas est celui des moulins du Bazacle, à Toulouse, où l'exploitation est assurée par une société anonyme dont les actionnaires perçoivent en nature leurs dividendes. Des règlements précis sont rendus nécessaires pour résoudre les nombreux conflits qui opposent les propriétaires de moulins qui s'accusent mutuellement de prendre l'eau des autres. Tantôt des tranches horaires sont réservées aux différents exploitants, tantôt des distances sont imposées entre les moulins, tantôt sont rendus obligatoires des bassins à la sortie des moulins pour régulariser le cours et garantir au moulin suivant une hauteur de chute suffisante.

Gardons-nous bien de voir ce développement comme un mouvement homogène dans toute l'Europe. Les disparités régionales sont très importantes ; ainsi, la séparation entre moulins à roues verticales et horizontales semble trouver ses sources dans les différences de féodalisation entre le Nord et le Sud de la France dès la chute de l'Empire romain. Au nord, les défrichements, les travaux de canalisation des rivières et toute une politique d'exploitation de l'espace ont favorisé l'implantation de moulins collectifs d'une puissance plus importante que les rouets méridionaux, adaptés par leur technique à une production plus familiale.

La mécanique du moulin

Malgré son origine ancienne et son utilisation étendue, le moulin ne fera l'objet de travaux scientifiques qu'au début du XIXe siècle, après toutefois les ébauches théoriques d'ingénieurs comme Bélidor au cours du XVIIIe. Auparavant, les principales innovations seront dues à l'expérience, aux apports successifs des nombreux constructeurs de moulins, souvent simples charpentiers de villages assurant le remplacement des parties usées : roues, coursiers, vannes, etc. La question du mode d'action de l'eau sur la roue excite toutefois la curiosité de quelques techniciens. Depuis le rouet primitif, simple arbre vertical muni à une extrémité de quatre pales et à l'autre d'une meule tournante, jusqu'à la turbine moderne, on assiste à des perfectionnements successifs témoins d'une réflexion, même non formulée en termes théoriques, sur la manière dont agit l'eau sur les pales et les moyens d'améliorer les performances des systèmes.

Ainsi voit-on apparaître, au début du Moyen Age, les pales inclinées puis, vers le XIIIe siècle, des conduits d'amenée en forme de tuyères. Francesco di Giorgio nous a laissé de nombreux dessins de roues de moulins [1], témoignage de ses recherches pour optimiser l'action de l'eau sur les aubes ; certains d'entre eux évoquent de façon frappante la turbine. A sa suite, Léonard de Vinci est intéressé par cette question et, de son côté, travaille essentiellement sur les mouvements de l'eau et les tourbillons, dont il nous laisse des dessins d'une extraordinaire qualité.

La question de la turbine a longtemps attiré l'attention des historiens qui voyaient, dans les dessins des ingénieurs de la Renaissance, l'origine de la turbine moderne. Il est indéniable que ces derniers ont approché de très près le concept mais, d'une part, la turbine représente moins une machine totalement nouvelle que la suite d'une lignée continue de solutions techniques de plus en plus performantes et, d'autre part, l'absence de théorie scientifique et de matériaux adéquats ne permettait pas

---

1. Voir illustration p. 200.

l'émergence de cette turbine avant la révolution industrielle. Les moulins de Bazacle tels qu'ils sont décrits par Bélidor[1] et l'*Encyclopédie* au XVIIIe siècle représentent une phase intermédiaire majeure du développement de la roue horizontale essentielle, celle-ci étant noyée et non plus alimentée en eau par un ajutage en bois agissant sur une seule aube à la fois.

Alors que la roue horizontale, mise en mouvement par la puissance du jet d'eau, tourne rapidement, la roue verticale, mue avant tout par le poids de l'eau, tourne beaucoup plus lentement. La première, par sa simplicité et sa puissance limitée, est bien adaptée à une production familiale ou artisanale. En revanche, la roue verticale nécessite un engrenage de renvoi d'angle et de démultiplication plus onéreux en investissement et en entretien ; elle est donc destinée, compte tenu aussi de sa puissance supérieure, à une utilisation collective, sous forme de propriété seigneuriale ou de société d'exploitation.

	Puissance	Vitesse
Manivelle + homme	0,1 CV	25 à 50 t/mn
Manège + cheval	1 CV	3 à 4 t/mn
Roue horizontale	3 à 5 CV	50 à 100 t/mn
Roue verticale	5 à 10 CV	10 à 15 t /mn

Puissances et vitesses comparées de différents systèmes moteurs.

La simplicité mécanique du rouet, appelé encore fréquemment moulin « nordique » ou « norois », se double cependant d'une plus grande complexité de l'installation architecturale et hydraulique du moulin. La roue étant sous la meule, le bâtiment enjambe en général le cours d'eau ou une dérivation, et nécessite des conduits d'amenée plus complexes que les moulins à roue verticale, cette dernière étant située contre un mur extérieur du moulin, lui-même construit comme un bâtiment ordinaire.

1. B. Forest de Bélidor, *L'Architecture hydraulique*, Paris, 1737-1739.

Un objet : le moulin à eau

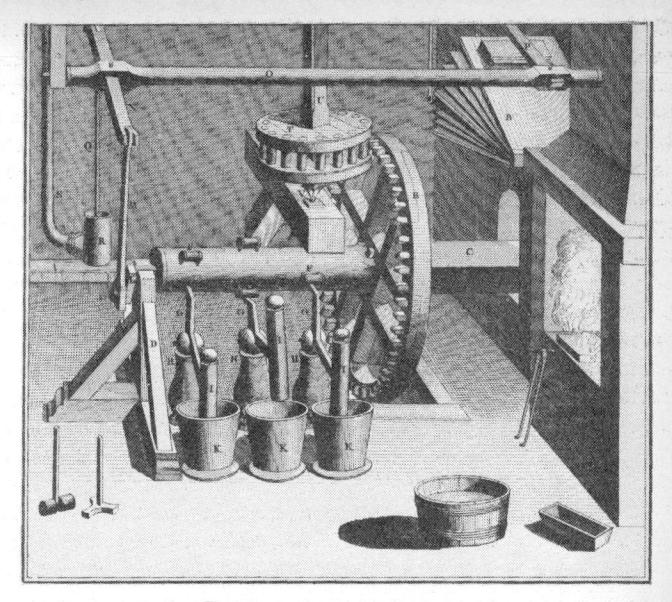

Engrenage à roue et lanterne.

Le principe de base du mode d'action de l'eau sur les pales ou les aubes, pressenti dès le Moyen Age, est que l'eau y pénètre avec une certaine vitesse et qu'elle doit en ressortir à une vitesse quasi nulle, ayant transmis au passage toute son énergie à la roue. Ainsi, au cours des siècles classiques apparaîtront peu à peu les roues verticales à aubes courbes et les roues horizontales à cuves ou à cuillers.

L'engrenage à roue et lanterne qui équipe tous les moulins à eau puis à vent jusqu'à l'arrivée des roues dentées en fonte au début du XIXe siècle date, comme le moulin lui-même, de l'époque romaine. Son principe, très simple, consiste à doter deux roues, d'axes perpendiculaires, de dents en bois dur, de forme cylindrique, de manière qu'elles engrènent l'une sur l'autre. Le moulin que nous décrit Vitruve est déjà doté de ce type d'engrenage, mais le Moyen Age apportera la lanterne, c'est-à-dire l'adjonction d'un deuxième flasque à la petite roue dentée, augmentant par là sa résistance.

Dans ce domaine aussi, le système persistera jusqu'à l'aube de la révolution industrielle. Sur les machines à vapeur de la fin du XVIIIe siècle et nombre de machines au cours du XIXe, surtout en milieu rural, on trouvera une technique intermédiaire : des roues dentées de fonte seront dotées d'encoches à l'intérieur desquelles s'emmanchent à force des dents en bois, certes mieux profilées que les simples tiges antérieures, mais avec la même facilité de remplacement en cas d'usure. Le rendement de ces engrenages est bien sûr limité par rapport à ce que nous connaissons aujourd'hui, mais les études théoriques sur la question n'interviendront qu'au cours du XIXe siècle et poseront de grandes difficultés. La solution traditionnelle donne toutefois satisfaction par sa simplicité, sa facilité d'entretien et, par surcroît, une meilleure lubrification du contact mécanique.

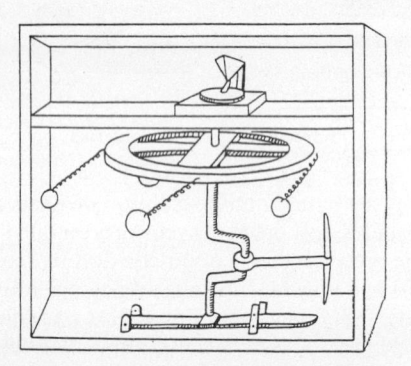

Régulateur à boules de Francesco di Giorgio.

L'autre apport essentiel du moulin à la mécanique est l'idée de régulation, déjà présente dans le baille-blé — système qui règle le débit d'arrivée du grain en fonction de la vitesse de rotation de la roue — et le régulateur à boule, dont Francesco di Giorgio nous laisse un dessin, et qui fut employé sur un certain nombre d'installations à partir du XVe siècle environ. Mais nous devons rester prudents sur la notion de rétroaction. Le régulateur à boules, tel que le mettra définitivement au point

Watt vers 1782, utilise bien le principe de la rétroaction : quand la vitesse du mécanisme augmente, les boules s'écartent et, grâce à une tringlerie, actionnent la fermeture de l'arrivée de vapeur, créant de ce fait une boucle entre la sortie et l'entrée de la machine. Dans le régulateur médiéval, seule intervient la notion d'énergie cinétique qui tend à freiner le mouvement par un effet de volant d'inertie. L'idée est en germe, un pas important est franchi, mais attribuer à la Renaissance l'idée de rétroaction serait abusif.

La culture des moulins

De l'exemple du moulin, l'historien des techniques retiendra deux leçons essentielles. La première est la prudence avec laquelle il faut prendre en compte les éléments les plus visibles par rapport aux réalités objectives des faits historiques. L'imagination populaire et une vision superficielle des machines ont, pendant longtemps, donné une grande importance au moulin à vent. De toutes les machines préindustrielles, il est, avec les bateaux, l'un des plus imposants témoignages de notre passé technique. Mais les travaux des précurseurs de l'histoire moderne des techniques, comme Bloch, Febvre ou Parain, surtout à partir de textes et d'études d'histoire économique, ont permis de montrer son importance toute relative par rapport aux autres « moteurs » utilisés pendant les mêmes époques. Ainsi a été mise en évidence la place des moulins hydrauliques qui ont représenté un mode de production d'énergie beaucoup plus répandu, hormis dans certaines régions comme le Moyen-Orient, la Grèce ou les Flandres. Aujourd'hui, c'est l'archéologie industrielle qui, à son tour, nous permet de rétablir l'importance des moulins à roue horizontale par rapport aux moulins à roue verticale. Ici aussi, la taille de ces derniers et leur aspect spectaculaire dans le paysage ont conduit pendant longtemps à une surévaluation de leur impact historique.

L'autre leçon à retenir est d'un ordre beaucoup plus général, touchant directement la culture technique de toute époque. Chaque grande phase de l'histoire des techniques est

MACHINE À VAPEUR À SIMPLE EFFET — MOULIN

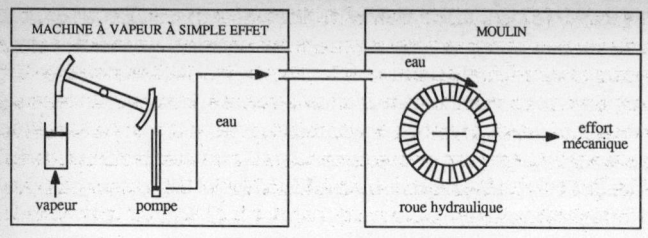

vapeur — pompe — eau — eau — roue hydraulique — effort mécanique

Au cours du XVIIIe siècle, système technique ancien

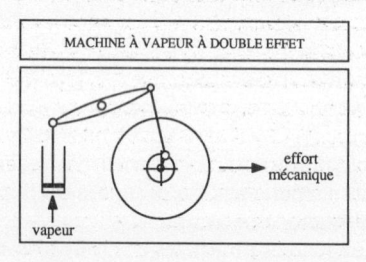

MACHINE À VAPEUR À DOUBLE EFFET

vapeur — effort mécanique

A la fin du XVIIIe siècle, nouveau système technique

Schéma : raccourcissement de la chaîne vapeur → eau, rotatif → rectiligne.

marquée de modes de pensée propres engendrés par des machines. Il en résulte parfois des analogies servant de base à des théories scientifiques, comme les théories mécanistes du XVIIe siècle. La roue, depuis la plus lointaine Antiquité, puis le moulin, depuis le Moyen Age, ont joué, dans le progrès technique, un rôle qui ne peut être traduit en chiffres par des volumes, des puissances ou un nombre de machines. En fait, la culture technique moderne s'est bâtie progressivement tout au long des dix siècles qui ont précédé la révolution industrielle, une culture largement fondée sur la roue, le mouvement rotatif, le volant. Toute la mécanique du XIXe siècle va y puiser ses sources et l'on pressent le bouleversement qui aura dû s'accomplir dans l'esprit des ingénieurs du XVIIIe siècle pour imaginer une machine à vapeur fondée sur le mouvement alternatif. Avec elle s'ouvre la voie qui conduira au moteur à combustion interne, aujourd'hui reproduit à des millions d'exemplaires dans la plupart des transports du XXe siècle.

Un objet : le moulin à eau

Pendant cette phase transitoire du XVIIIe siècle, on s'efforcera de recréer un palliatif au moulin : d'abord on pompera de l'eau, qui actionnera une roue en tombant, puis l'on créera un grand volant tournant à la vitesse d'un moulin.

Les premières machines rotatives de Watt mettront ainsi en mouvement un volant tournant à une quinzaine de tours par minute, et capable de restituer une énergie accumulée au préalable. La plupart des machines créées au cours de la première moitié du XIXe siècle seront prévues pour être couplées à un arbre moteur ayant les mêmes caractéristiques que l'arbre moteur du moulin. C'est à un changement profond de mentalité technique que nous assistons quand l'énergie lente, rotative, continue et centralisée cédera la place à l'énergie linéaire, alternative et rapide de la vapeur, puis à celle, de nouveau rotative, mais infiniment plus souple, de l'électricité.

Encore aujourd'hui, le moulin reste très présent dans notre culture alors que ses traces matérielles sont devenues extrêmement sporadiques. En anglais, une usine se dit toujours « mill » et, en français, nous parlerons encore longtemps, à côté de notre moulin à café, du « moulin » qui tourne sous les capots de nos automobiles, comme les adolescents appellent « meule » leur cyclomoteur...

3. Un homme : Francesco di Giorgio Martini

Une tradition encore vivace tend à perpétuer le mythe d'une Renaissance, période de création et de progrès, succédant à un Moyen Age obscur, enfermé dans la tradition, le servage et les guerres. Cette vision simpliste a été largement battue en brèche par les travaux historiques de ces dernières décennies, et si l'on peut encore, dans le domaine des arts, opérer une distinction entre ces deux époques profondément différentes dans l'esprit comme dans les réalisations, celle-ci n'a plus raison d'être pour ce qui est des techniques. On peut encore parler d'une révolution technique médiévale, de par ses importantes avancées dans l'énergie hydraulique et la mécanique, mais la période d'innovations qui s'ouvre avec les XIIe et XIIIe siècles continuera sur sa lancée jusque vers la fin du XVIe sans rupture profonde. On ne peut comprendre la Renaissance technicienne sans apprécier l'ampleur du mouvement qui s'amorce dans les derniers siècles du Moyen Age. De même, les ingénieurs de la Renaissance, auxquels B. Gille a si bien su rendre la place qu'ils méritaient [1], sont pour beaucoup des hommes de la tradition, une forte tradition forgée autant sur les grands chantiers des cathédrales que dans les forteresses ou sur les champs de bataille.

Le grand ingénieur de la Renaissance

Depuis les architectes des cathédrales, comme Villard de Honnecourt, jusqu'aux auteurs des théâtres de machines du

---

1. Bertrand Gille, *Les Ingénieurs de la Renaissance*, Paris, Éd. du Seuil, coll. « Points Sciences », 1978, 288 p.

XVIIe siècle, plusieurs générations de grands techniciens se succèdent avec des centres d'intérêts proches, chacune sachant prendre le relais de la précédente en lui apportant de nouveaux éclairages. Mais s'il faut lire, dans cette constante progression dans la connaissance technique, des étapes majeures, on se doit de mentionner un tournant important vers le milieu du XVe siècle, autour d'un homme passionnant que nous avons choisi de mettre en avant : Francesco di Giorgio Martini.

Il est bien difficile de parler des ingénieurs de cette période sans évoquer le personnage de Léonard de Vinci, tant il frappe encore aujourd'hui les esprits par son génie universel. Mais on se doit, dans une histoire des techniques, de le replacer dans la lignée de grands techniciens dont il est un digne successeur, avec, en plus, une curiosité scientifique étonnamment moderne. En effet, c'est davantage ce dernier trait de caractère qui amène à voir en Léonard un personnage majeur de son temps, bien plus qu'une osmose entre l'artiste et le technicien. Cette double préoccupation pour les « arts mécaniques » et les « arts libéraux », pour citer les termes que reprendra trois siècles plus tard un certain Diderot, est en fait un caractère commun à toutes ces générations d'ingénieurs-artistes de la fin du Moyen Age et de la Renaissance. Pour Léonard, comme pour Alberti, Dürer ou Francesco di Giorgio, il n'est pas possible de dissocier les deux approches, artistique et technique. L'itinéraire de Francesco di Giorgio Martini est, à ce titre, exemplaire.

Né en 1439 de famille modeste, il reçoit une formation en peinture et sculpture à Orvieto. En une période où la sculpture de bronze est en expansion, il se tourne vers cette technique métallurgique et devient fondeur. Comme, de surcroît, l'artillerie de bronze — coulée en un seul bloc — se substitue alors à l'artillerie en fer — obtenue par forgeage —, il s'oriente naturellement vers la fabrication de canons. Sa double qualité d'ingénieur militaire et d'artiste, et donc sa grande pratique du dessin, lui permettent de réaliser des projets d'architecture, civile et militaire, qui deviendront son œuvre majeure, ou tout au moins celle qui le rendra le plus célèbre.

Siennois d'origine, il accomplira pourtant la plus grande partie de ses travaux à Urbino, sous l'impulsion de Federico da Montefeltro. C'est comme architecte que ce duc d'Urbino, riche prince dans la mouvance culturelle des Sforza à Milan ou des Médicis à Florence, appelle à ses côtés Francesco di Giorgio, alors âgé de 38 ans, pour y réaliser des travaux d'adduction d'eau, y construire des palais. Sa réputation d'architecte et d'ingénieur, il l'avait acquise en sa ville de Sienne où il était chargé, depuis 1469, du service des eaux, des fontaines et des aqueducs. Dans ce véritable centre de recherche que représentait la cour des Montefeltro, où les sciences et les techniques occupaient un grand rôle, il parfait ses connaissances dans l'art militaire en suivant le duc dans ses campagnes guerrières. Parmi ses nombreuses réalisations subsistent encore les palais d'Urbino, avec leur étonnant système hydraulique, et les forteresses de Sassocorvaro (1470-1478), Rocca San Leo (1479), Cagli (1481) ou Mondavio (1501).

Les princes italiens jouent, dans l'Italie de la fin du XVe siècle, un rôle fondamental dans le changement qui s'opère alors dans les mentalités. Hommes d'art et de culture autant qu'hommes de guerre, ils savent s'entourer des artistes, architectes et techniciens les plus compétents et leur donner les moyens de mettre en œuvre leurs grandes ambitions. La circulation des idées, comme celle des savoirs techniques, est une donnée essentielle de la Renaissance, quels que soient les domaines. Les cathédrales ont joué un rôle capital dans les siècles précédents pour la formation des ingénieurs de la Renaissance. La construction de la dernière grande cathédrale de cette période, le Duomo de Milan, a fait de l'Œuvre — l'*Opera del Duomo* — un véritable centre de rencontres entre architectes et techniciens des différents pays de l'Europe. C'est d'ailleurs sur ce chantier, au moment de son achèvement, que Francesco di Giorgio fait la connaissance de Léonard de Vinci, lors d'une réunion d'architectes. Francesco a alors 51 ans, Léonard 38, et il ne fait pas de doute que cette rencontre aura des conséquences notables sur les travaux de ce dernier. Francesco di Giorgio jouit alors d'une grande réputation d'expert, tant en architecture civile et militaire que dans la construction de machines. Partis ensemble à Pavie en cette année 1490 pour un projet de construction de cathédrale, Martini donne à Léonard un exemplaire de son fameux *Traité d'architecture* dont celui-ci s'inspirera largement pour ses travaux d'architecture militaire et de construction de machines.

Le traité de Francesco di Giorgio est en fait composé de

deux volumes, les *Trattati di architettura, ingegneria e arte militare*, écrits autour de 1470, et dont, pendant longtemps, seule la partie architecturale a été diffusée et donc reconnue. La partie mécanique, plus récemment étudiée, est certainement, avec la fortification, celle où l'apport de son auteur est le plus novateur. En effet, ses projets architecturaux, mis à part ses plans de ville idéale, se rapprochent des traités antérieurs et l'influence des auteurs anciens, comme Vitruve ou Vegèce, s'y fait nettement sentir. On peut supposer qu'il a rédigé cette partie en premier, avant ses grands travaux à Urbino. Son expérience dans le domaine militaire l'a conduit à présenter des projets de fortifications beaucoup plus intéressants. Si l'on retrouve, dans ses dessins, nombre de forteresses dans l'esprit du Moyen Age, avec hautes murailles, tours et créneaux, on voit apparaître aussi des projets de fortifications plus basses, avec l'ébauche du plan polygonal qui se développera dans les années suivantes.

La naissance du bastion

A l'époque où Francesco di Giorgio rédige son traité, se produit une évolution majeure dans l'armement. Comme on en retrouve d'ailleurs de nombreuses traces dans ce traité, l'art militaire, au milieu du XVe siècle, est encore largement dominé par les techniques de jet du Moyen Age, elles-mêmes héritées des machines de guerre romaines. Cette artillerie traditionnelle à contrepoids, comme le trébuchet, ou à ressort, comme les arcs et arbalètes, se caractérise par un tir courbe entraînant un système de défense à hautes murailles crénelées. A ce moment, les progrès de la métallurgie et ceux de la poudre permettent de construire les premiers canons de fer. D'abord faits de pièces forgées assemblées, ils vont, au cours des XVe et XVIe siècles, connaître des progrès importants, tant dans les matériaux que dans les principes de construction. Cette artillerie nouvelle occupe une place non négligeable dans les traités techniques du XVe siècle, et se pose rapidement les problème de la défense des places fortes. Dès les années 1440, le château fort médiéval s'avère bien fragile et les maçonneries, même renforcées, vulnérables à ces nouvelles armes pratiquant un tir

Un homme : Francesco di Giorgio Martini

beaucoup plus tendu que le tir plongeant des engins précédents. Francesco di Giorgio Martini pressent la mutation inévitable des systèmes de fortification, comme d'ailleurs celle des techniques de siège. Son traité comporte les premiers essais d'adaptation des places fortes médiévales à ces nouvelles techniques militaires. Il garde encore les tours à mâchicoulis, mais imagine le tracé en lignes brisées des courtines, le plan polygonal et la réduction de la hauteur des murs. Si l'allure de ses forteresses n'est déjà plus celle des châteaux du Moyen Age, elle n'est pas encore celle des fortifications bastionnées ; mais le chemin est tracé pour leur avènement, qui interviendra à la fin du XVIe siècle à travers le traité de Jean Erard.

C'est tout un ensemble de facteurs qui ont permis la mise au point du bastion dans l'Italie du XVe siècle. Facteurs d'ordre technique d'abord, comme nous l'avons vu plus haut : de la métallurgie et de la chimie des poudres pour l'émergence d'une artillerie nouvelle. Facteurs politiques ensuite : l'Italie dispose de nombreuses forteresses médiévales, inadaptées à l'usage du canon à tir tendu ; à la faveur d'une campagne militaire française, les places fortes tombent les unes après les autres, et les Italiens sont contraints de trouver d'urgence des solutions à ce problème crucial de défense des populations. Facteurs scientifiques enfin, ou plutôt préscientifiques, si l'on admet que les véritables théories scientifiques n'interviendront qu'un siècle ou deux plus tard. A ce niveau, il est même un peu inopportun de cataloguer ainsi les différents facteurs, tant l'approche est vécue globalement en cette période de Renaissance. En effet, ce dernier élément tient essentiellement à une démarche autant culturelle que scientifique. La géométrie fait alors de grands pas ; les travaux d'Alberti et de Dürer sur la perspective créent une nouvelle vision des choses. L'art du dessin est parfaitement maîtrisé par ces ingénieurs ayant reçu une formation de peintres et de sculpteurs. Ils disposent, de fait, des outils d'analyse et de représentation pour aborder le problème du tir croisé, à la base de l'édification du principe de la forteresse bastionnée. Ce contexte culturel largement ouvert aux sciences et aux techniques engendre, en ce cœur du XVe siècle, un milieu particulièrement propice à l'innovation. De ce même esprit participe l'influence de l'imprimerie sur la diffusion des connaissances, qu'elles soient d'ordre théologique ou littéraire, on le sait bien, mais aussi d'ordre technique.

Dessin artistique, dessin technique

Le dessin tient, dans ce climat d'innovation, une place fondamentale. Le Moyen Age disposait de moyens de représentation graphique particuliers, qu'on a longtemps considérés comme naïfs, de par le non-respect des proportions naturelles des choses : représentation de personnages ou de villes dans les miniatures, sculptures grotesques et, pour le domaine tech-

Char de combat propulsé par un bœuf et armé de faux.

nique, mélange de vues différentes sur un même dessin. En réalité, ce graphisme répond à des règles souvent précises, même si elles ne sont pas consignées dans un code écrit, et les proportions reflètent plus un ordre de préséance sociale ou reli-

Un homme : Francesco di Giorgio Martini

gieuse qu'un ordre d'organisation dans l'espace. En ce qui concerne le dessin technique — et l'on peut déjà employer ce terme pour les architectes de cathédrales, les carnets d'ingénieurs ou les premiers traités techniques — une règle consiste à représenter chaque élément d'un ensemble technique sous l'angle le plus explicite, indépendamment d'un quelconque réalisme. Ainsi, dans les dessins de Vigevano par exemple, un char de combat propulsé par un bœuf et armé de faux est représenté en vue de dessus, mais avec les roues et le bœuf de profil. Cette tradition de graphisme va profondément évoluer au cours de

Projet de port, extrait du *Traité d'architecture* de Francesco di Giorgio Martini. La digue est fortifiée par des tours pour ne réserver l'accès au port qu'aux navires amis.

la Renaissance. Le trait s'affine et se précise, la perspective, d'abord cavalière, va se formaliser elle aussi sous l'impulsion des Dürer, Luca Pacioli, Filarete ou Alberti.

Ici encore, Francesco di Giorgio Martini est à la charnière

de deux mondes. Ses dessins sont souvent extrêmement fouillés, notamment dans ses représentations de bâtiments ou de machines ; ils utilisent encore certains des principes de représentation médiévaux, comme la vue globale, mais il a recours à la perspective, aux vues de détail et à une nouvelle qualité de trait que Léonard de Vinci, à sa suite, portera encore à un plus haut degré.

Malgré ce que cela peut avoir de déroutant pour un homme du XXe siècle, des compétences aussi complètes dans le domaine artistique que dans le domaine technique ne sont pas alors réservées à des personnalités comme Vinci ou Martini. L'artiste, comme au cours du Moyen Age, est encore un ouvrier spécialisé qui exécute, parfois avec grand talent, des peintures, des sculptures, des éléments décoratifs... pour des princes ou pour de hauts dignitaires de l'Église. Quand l'un de ces « ingénieurs » de la Renaissance réalise une statue de bronze, un palais, un tableau ou une machine de fête, son travail change de type, mais son statut reste le même : il répond à une commande qu'il doit assurer dans certains délais, moyennant rétribution. Cette situation ne persistera cependant pas au-delà de la Renaissance. Déjà chez Léonard apparaît un nouvel esprit de création artistique et l'autonomie qu'il a tendance à prendre vis-à-vis de ses commanditaires lui attirera pas mal d'ennuis. Tout au long du XVIe siècle, l'artiste va acquérir un statut plus « noble ». Ce nouveau statut de l'artiste est un élément à ne pas négliger dans une histoire des techniques. En effet, la rupture qui s'opère alors entre deux champs de la connaissance humaine jusque-là intimement mêlés aura deux conséquences opposées : d'une part, une explosion de la création artistique, d'autre part le début d'une désaffection pour les techniques qui aboutira inéluctablement à la phase de stagnation du XVIIe siècle.

La séparation de l'artiste et du technicien précède de quelques décennies celle de l'architecte et de l'ingénieur. Déjà chez Filarete ou Alberti naît une ébauche de spécialisation dans l'architecture et ce que l'on nomme urbanisme aujourd'hui. Peu à peu au cours du XVIe siècle s'affirmera cette distinction entre des ingénieurs mécaniciens, comme Turriano en Espagne, Agricola en Allemagne ou les auteurs de théâtres de machines, et des architectes comme Palladio, Serlio ou Philibert de l'Orme. C'est en fait toute une vision des choses et du monde

Un homme : Francesco di Giorgio Martini

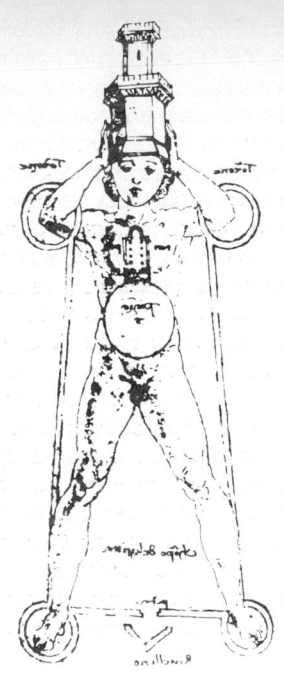

La Cité idéale de Francesco di Giorgio Martini est fondée sur les proportions de la personne humaine. La place principale est située au centre, tel le nombril de l'homme.

qui change au cours de ces années. La recherche d'une globalité, d'un homme universel s'exprime autant dans les recherches astronomiques — encore largement astrologiques — ou les grandes expéditions à la découverte des Indes, que dans les plans de basiliques ou de cités idéales. Mais, et c'est là tout le paradoxe de cette Renaissance : cette globalité voulue, glorifiée, annonce déjà les segmentations des domaines du savoir qui prendront leur véritable dimension avec la révolution industrielle de la fin du XVIIIe siècle.

Les recherches anatomiques de Léonard procèdent du même esprit de curiosité que ses travaux sur l'écoulement des eaux ou les mécanismes élémentaires. Avec sûrement moins de spéculations intellectuelles que ce dernier mais avec une pratique professionnelle beaucoup plus active, Francesco di Giorgio Martini déploie des travaux de grand intérêt dans ses machines : engins de guerre ou de fêtes, moulins, transmissions de mouvement... Le même esprit mécanique et curieux qui orientait Valturio, Vigevano ou Taccola vers d'imposantes machines de guerres destinées à partir à l'assaut des murailles médiévales tout en effrayant l'ennemi, se retrouve dans les machines de fêtes dont la Renaissance fera grand usage. Les machines « automobiles » de Valturio, Fontana, Francesco di Giorgio ou Léonard de Vinci sont en fait composées, comme nos véhicules actuels, d'un châssis, de trois ou quatre roues, d'une source d'énergie et d'une transmission de puissance. Les essais de chars mus par le vent par le biais de moulins sont plutôt des projets imaginaires alors que les chars actionnés par la force humaine servent effectivement, une fois habillés, à des défilés ou des fêtes fastueuses, avec parfois des effets spéciaux très spectaculaires.

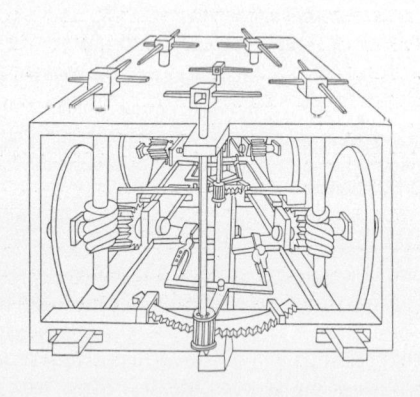

L'« automobile » de Francesco di Giorgio Martini.

Destinés à supporter de lourdes charges, et déjà dotés d'un poids propre important dû à leur ossature de bois, les chars de Francesco di Giorgio Martini, par exemple, sont mus

L'Espingale de Valturio.

par des cabestans reliés aux quatre roues motrices par des démultiplications par engrenages à roue et vis sans fin. Pour pouvoir circuler dans les rues des villes, comme lors des défilés de Sienne, deux roues, ou les quatre sur certains dessins, sont directrices et mises en rotation par d'autres cabestans. Francesco di Giorgio fait largement appel aux engrenages et aux systèmes bielle-manivelle dans ses mécanismes, qu'ils soient « embarqués » sur les chars ou fixes sur les moulins. Mais sa recherche sans doute la plus novatrice réside dans ses travaux d'amélioration de l'ensemble eau-roue à aubes des moulins hydrauliques. Certains dessins de roues horizontales, munies d'aubes en cuillers avec un écoulement forcé par tuyère, préfigurent les recherches de la fin du XVIIIe siècle qui aboutiront à la turbine hydraulique.

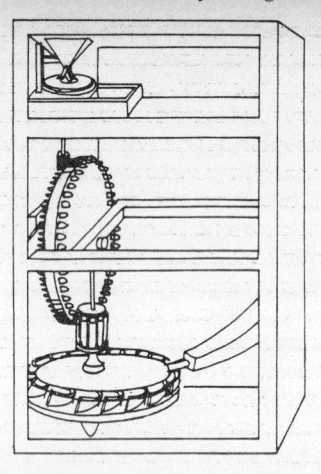

« Turbine hydraulique » de Francesco di Giorgio Martini.

Les trois engins de l'ingénieur

A travers Francesco di Giorgio Martini, nous avons vu se profiler un type d'homme bien difficile à cerner à l'aide de notre approche contemporaine. En l'ingénieur de la Renaissance, tout se fond et se défait à la fois, plonge dans la tradition et fonce vers le progrès. Il n'est pas un scientifique — mais les ingénieurs le seront-ils jamais ? —, bien qu'il cherche à comprendre comment fonctionnent les choses et le monde. Il a l'esprit et la curiosité du chercheur mais sa pratique quotidienne en fait avant tout un homme du concret et de l'expérience. Il acquiert son savoir sur le tas, par le contact de ses maîtres et, l'imprimerie commençant seulement à diffuser les livres, il fréquente les bibliothèques de la cour princière, les manuscrits des anciens, les carnets de ses prédécesseurs médiévaux et les personnalités qui gravitent dans ce milieu particulièrement fécond. Ses préoccupations cependant ne couvrent pas tout le champ de la technique. Ce qui l'intéresse par-dessus tout, c'est l'art militaire, l'architecture et les machines ; partant, il sera amené à concevoir des systèmes d'irrigation, d'adduction d'eau, des machines de fête, des mécanismes de moulins, des forteresses, des ponts...

Mais il ne touchera pas aux métiers, si ce n'est, comme Brunelleschi le fit sur le chantier de la coupole de Florence, pour casser des systèmes « corporatistes » et imposer une nouvelle organisation rationnelle du chantier. Ainsi, le textile, la construction navale ou l'horlogerie sont encore hors de ses centres d'intérêt. Ingénieur militaire, il l'est par tradition. L'origine du mot « ingénieur » nous éclaire sur ce qu'il est, peut-être même sur ce qu'il deviendra [1]... L'*engignour* ou *ingeniator* du Moyen Age est avant tout le constructeur des machines de siège et autres « engins » de guerre. Dès le XIIe siècle, il a déjà la double fonction de conception et de réalisation. A travers les trois sens du latin *ingenium*, notre ingénieur de la Renaissance prend corps. Pour construire des « engins » (machines), il doit mettre en œuvre son « engin », c'est-à-dire son esprit d'invention (il est ingénieux), ce qui lui est aisé puisqu'il est lui-même doué d'« engin », au sens d'esprit, d'intelligence rusée (il a du « gingin »). Est-il pour autant si éloigné de l'ingénieur d'aujourd'hui? Machines, esprit d'invention, astuce, n'a-t-on pas là le portrait toujours valable d'un homme qui conçoit, imagine des solutions nouvelles, dirige des travaux? Mais attention, dans le dernier sens de notre « engin » subsiste encore au XVe siècle une idée de ruse, de trahison. L'ingénieur dispose d'un savoir et, s'il ne connaît pas encore les lois qui font qu'un mur s'effondre, une digue cède ou une machine ne fonctionne pas, il sait user de ses connaissances pour faire face aux problèmes qui lui sont soumis. Il peut alors susciter la méfiance, la crainte, comme envers un « Malin Génie ». D'ailleurs, cette idée de ruse est aussi attachée traditionnellement à la technique — souvenons-nous d'Athéna et d'Héphaïstos, les dieux techniciens — et à la machine — songeons à la machination...

De cette origine militaire, l'ingénieur ne se départira jamais complètement. La technique est depuis si longtemps liée aux choses de la guerre que la recherche y bénéficie toujours des crédits les plus substantiels, que l'urbanisme lui-même découle

---

1. Voir à ce sujet l'étude très documentée d'Hélène Vérin, « Le mot ingénieur », *Culture technique*, n° 12, mars 1984, p. 19-27.

en droite ligne, dès la Renaissance justement, des plans de forteresses, que les progrès de la mécanique, alors, ou la naissance de la standardisation deux ou trois siècles plus tard, en seront aussi des conséquences directes. Il en est ainsi depuis la plus haute Antiquité, et les réalités d'aujourd'hui appellent les mêmes constats.

Finalement, ces Francesco di Giorgio, Piero della Francesca, Sangallo et autres représentent, au regard de l'histoire des techniques et des hommes qui l'ont marquée, les témoins d'une période exceptionnelle. La pratique du dessin et des arts plastiques, où ont excellé les ingénieurs de la Renaissance, se restreindra plus tard à celle du graphisme technique, seul l'architecte apprenant encore aujourd'hui la pratique des «beaux-arts». Leur génie universel se transformera, au cours des siècles suivants, en une spécialisation extrême dans des secteurs de la technique de plus en plus étroits. Ce que l'ingénieur a gagné en esprit scientifique, il l'a perdu en ouverture d'esprit ; n'est-il pas temps, en cette fin de XXe siècle, s'il veut encore jouer un rôle dans le progrès technique, que l'ingénieur retrouve, auprès de ses illustres prédécesseurs, une préoccupation et une curiosité universelles, face aux mutations qui touchent aujourd'hui tous les pans de la connaissance humaine ?

cinquième partie

De l'âge classique à l'Encyclopédie

1. Panorama

Après ce qui fut la « révolution technique du Moyen Age » et ces années de Renaissance où une intense activité culturelle s'est doublée d'une grande curiosité pour les techniques, le XVIIe siècle marque le pas. Cette stagnation des techniques pendant les cent cinquante ans qui suivent la Renaissance, doublée par ailleurs d'une certaine désaffection pour la chose matérielle, va permettre, d'une part, d'approfondir les techniques existantes et de les diffuser largement et, d'autre part, de préparer le terrain de ce qui deviendra la révolution industrielle, cette profonde mutation dont les contemporains ne pressentiront pratiquement pas le retentissement.

La technique cède le pas, mais non la science. Au contraire, on assiste au cours du XVIIe siècle, à la naissance d'une pensée scientifique. Du coup, les rapports entre la science et la technique vont changer eux aussi pendant ces deux siècles « classiques ».

Nous avons laissé le chapitre précédent s'achever vers la fin du XVIe siècle, après l'explosion de la littérature technique, la naissance de la métallurgie moderne et les bases d'un nouveau système énergétique. N'interrompons pas ce fil historique, et poursuivons l'examen de cette évolution des techniques au long des deux siècles qui nous mènent à l'aube d'un grand bouleversement. Nous choisirons pour nouvelle charnière la date de 1776 et nous nous arrêterons précisément pendant cet été de 1776 où James Watt, après onze années d'efforts, parvient à faire fonctionner, avec un succès total, deux machines à vapeur qui vont marquer le début d'une ère nouvelle.

Les deux siècles qui nous intéressent ici constituent la lente gestation de cet âge industriel. Pour schématiser, le XVIIe verra les savants — mathématiciens, physiciens et astronomes... — prendre le relais des ingénieurs de la Renaissance sur le devant de la scène. Techniciens, ingénieurs et architectes tiennent momentanément un second rôle, avant de retrouver un nouveau souffle dans l'esprit des philosophes des Lumières et de prendre en compte les acquis scientifiques pour repartir à la conquête du monde.

Pendant ces deux cents ans, sans innovations majeures, la machine tient tout de même un rôle capital. Que ce soit dans la petite mécanique et l'horlogerie, ou dans la mécanique « lourde » des moulins, on assiste à de nombreux perfectionnements qui, bien que mineurs, vont lui permettre d'atteindre une véritable maturité. Cette mécanique mûre, adulte, nous l'illustrerons par le métier à bas, et plus spécialement la description qu'en a faite Diderot dans l'*Encyclopédie*. Plus que le point de départ de l'âge industriel, ce travail herculéen qu'a représenté l'*Encyclopédie* est une mémoire, une prodigieuse table des matières des techniques classiques, où l'on peut tout revoir en une vision générale avant de refermer le livre. En cela, bien que située à la fin de ce que nous avons choisi comme période « classique », l'*Encyclopédie* est tout à fait représentative de cette maturité des techniques anciennes.

L'homme qui nous guidera à la fin de cette partie nous conduira, lui, directement à la période suivante de cet ouvrage. Homme des Lumières, Jacques Vaucanson, pétri de la culture technique préindustrielle, illustrera pour nous ces hommes nouveaux qui ont ouvert la voie à la révolution industrielle, tant par leur esprit éclairé que par leur soif d'invention.

Des techniques en maturation

Après les profonds changements qui se produisirent au XVe siècle dans le domaine des techniques militaires, on n'assiste donc pas à de grandes améliorations au cours des deux siècles qui suivent. Les premiers canons apparus au XIVe siècle ont connu une phase de progrès importants qui apportèrent des modifications substantielles dans les techniques de défense, l'artillerie, les armures et surtout les fortifications. Pour ces dernières, le principe du bastion, mis au point à la fin du XVIe siècle et codifié par Erard de Bar-le-Duc en 1594, ne subit

Panorama

que des modifications mineures. Le grand mérite de Vauban, commissaire général des fortifications auprès de Louvois en 1668, sera de définir avec précision des règles de construction et de stratégie qui feront école pendant tout le XVIIIe siècle, en France comme en Orient.

L'artillerie portative fera elle aussi l'objet de quelques améliorations concernant les fusils à pierre et les pistolets, mais, malgré les nombreuses guerres qui jalonnent le XVIIe siècle, il faudra attendre le début du XIXe siècle pour voir évoluer les armes à feu avec les progrès de la métallurgie. Les innovations notables dans l'art militaire pendant cette période se situent, en fait, en dehors du champ technique. D'une part, Galilée

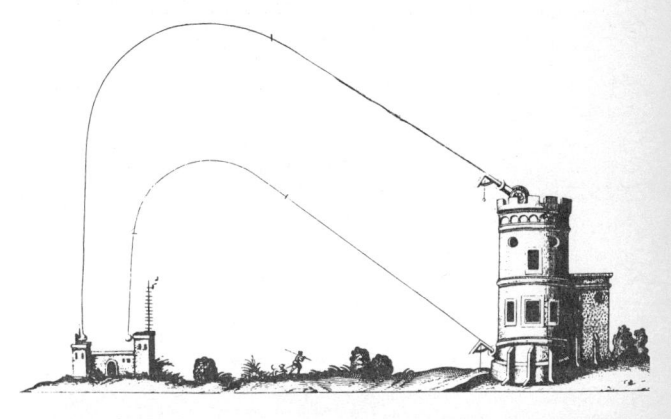

Trajectoires comparées des projectiles. Comme l'illustre ce dessin d'un traité militaire de 1613, on a longtemps cru que la trajectoire d'un boulet de canon était constituée de deux lignes droites reliées par une courbe.

met le premier en évidence les lois de la balistique et de la trajectoire parabolique des projectiles. On en était resté, de par les travaux de Tartaglia au début du XVIe siècle, à une trajectoire composée de droites et d'arcs de cercle. D'autre part, les règles édictées par Vauban pour la construction des fortifications et celles mises au point plus tard par Gribeauval pour permettre l'interchangeabilité des pièces dans l'artillerie poseront les jalons d'une organisation de la production dont les retombées seront importantes au cours du XIXe siècle.

La première conséquence des découvertes scientifiques de Galilée, puis, à sa suite, de Torricelli, Mersenne et Bélidor, sera la création d'un affût permettant le réglage de l'angle de tir. Mais les conséquences réelles se feront attendre jusqu'à la fin du XVIIIe siècle.

Avant même Galilée, Léonard de Vinci avait dessiné la trajectoire parabolique, déformée par la résistance de l'air.

Les techniques de la vie quotidienne

A cette période de troubles incessants que fut le XVIIe siècle dans toute l'Europe, la population paiera un large tribut : chute de la natalité, épidémies de peste (1620-1640), disette, etc. Les quelques améliorations apportées par la technique dans la vie quotidienne ne concerneront dans un premier temps que les classes aisées. Si la cour apprend l'usage de la fourchette et des cuillers, sous le règne de Louis XIII, le peuple se contentera encore longtemps des écuelles et de ses doigts. Il bénéficiera tout de même d'un progrès bien plus notable : l'usage de la vitre. Le verre est connu de longue date, les églises et les demeures princières sont dotées de vitraux, mais les habitations restent généralement dotées de simples volets de bois ou de papier huilé. Dans sa politique d'importation de techniques étrangères, Colbert fait venir des verriers de Venise pour développer la production de verre à vitre. La manufacture des glaces de Saint-Gobain en sera la concrétisation en 1665. C'est par la volonté de Louis XIV de doter le château de Versailles d'une galerie de miroirs à la façon des verreries de Murano, près de Venise, justement réputées aux XVIe et XVIIe siècles, que se sont créés ces ateliers nationaux. La coulée sur table, se substituant au verre soufflé, permettra un abaissement des coûts de fabrication et une augmentation des dimensions des vitres.

Les retombées dans la vie pratique se font peu à peu sentir tout au long du XVIIIe siècle, par la possibilité de s'affranchir de plus en plus des contraintes saisonnières ou climatiques. Dans le changement des rythmes de travail auquel on assiste dans cette période préindustrielle, la part du verre et de ses conséquences architecturales ne doit pas être négligée. Mais nous ne devons pas perdre de vue que, jusqu'au XIXe siècle, il restera un matériau onéreux, dont la production est régie par des règlements très stricts. Si la technique du verre coulé sur table est mise au point en France au cours du XVIIe siècle, on aura encore recours, à la fin du siècle suivant, à l'importation d'une technique, celle du cristal anglais, pour créer la manufacture des cristaux de la Reine, au Creusot en 1782. Cette implantation bourguignonne nous rappelle les nombreux points qui rattachent l'histoire des techniques verrières à celle de la métallurgie : utilisation de combustible en grande quantité, parallèle entre le verre laminé du XVIIIe siècle et la tôle de fer, puis d'acier. Dans les deux cas, pour les vitres comme pour les chaudières, tout un milieu technique est touché par l'évolution des dimensions de ces produits laminés. Ce que nous verrons pour les chaudières rivées, nous le constatons un siècle plus tôt dans l'habitat et l'augmentation des surfaces vitrées. Enfin, dans la verrerie comme dans la métallurgie, l'utilisation intensive de combustible provoquera, au XVIIIe siècle, le transfert des foyers de production des régions boisées — la manufacture de Saint-Gobain est au cœur de la forêt royale de Saint-Gobain — vers les régions riches en charbon de terre, c'est-à-dire la houille — cas de la cristallerie de la Reine à proximité de la charbonnière de Montcenis, près du Creusot.

La forêt, principal fournisseur de matériau combustible avant l'expansion des techniques minières, est l'objet d'une intense exploitation depuis le Moyen Age. Le déboisement important que subit l'Angleterre, puis d'autres pays européens au cours du XVIIIe, provoque d'inévitables réorganisations dans les campagnes. Mais d'autres changements techniques que ceux affectant les techniques du fer ou du verre vont alors rejaillir sur le monde rural. Le développement de l'industrie textile provoque lui aussi des modifications dans la culture du lin, celle du mûrier pour l'élevage des vers à soie, etc. Le machinisme naissant touche aussi le monde agricole, mais dans une moindre mesure qu'au cours de la révolution industrielle. Les principales avancées concernent les moulins pour l'assèchement des terres, dans les Flandres notamment, ou bien les travaux d'irrigation, comme en Espagne.

A côté de ces domaines qui n'ont subi qu'une phase de maturation ou de transition, d'autres, liés notamment aux usages de l'eau, ont bénéficié d'importants progrès.

Le bois, l'eau et l'animal

A la suite de L. Mumford et en affinant son analyse de l'évolution des techniques, B. Gille reprend le principe d'un système technique classique fondé sur ces deux éléments fondamentaux que sont l'eau et le bois. Mumford appelait phase éotechnique cette période courant grossièrement du XIe au XVIIIe siècle. Si l'on prend effectivement comme complexe cohérent l'ensemble des techniques médiévales et classiques, le bois et l'eau sont essentiels en ce qu'ils sont respectivement matériau constructif et combustible d'un côté, source d'énergie et moyen de communication de l'autre. Nous sommes tentés, sans vouloir remettre en cause la cohérence de cette analyse, d'y ajouter un élément encore très important, même s'il remonte à la nuit des temps : l'animal.

Les techniques classiques — machines, moyens de transports, techniques de transformation — sont bien entendu fondées sur le couple bois/eau, mais nous aurons toujours à l'esprit que la force motrice animale est encore largement répandue dans l'ère préindustrielle, même s'il est illusoire de vouloir citer des pourcentages d'utilisation des différentes sources d'énergie. Nous nous contenterons de citer un seul élément de comparaison tiré de l'analyse de l'*Encyclopédie* de Diderot. Parmi les 2 900 planches gravées qu'elle renferme, les deux tiers des machines représentées sont mues par la force musculaire — celle de l'homme et du cheval essentiellement —, le tiers restant se référant aux énergies « naturelles » — le vent et l'eau. Plus de la moitié de ces machines fonctionnent à l'énergie humaine : rouets, tours, cabestans, treuils, roues à échelons, etc. Cette remarque préliminaire n'a pour simple but que de mettre en garde le lecteur sur l'importance qu'on peut être amené à donner à certaines machines ou techniques qui, pour être des étapes importantes dans l'histoire des techniques, ne sont parfois que des phénomènes isolés dont on se gardera de faire des généralisations hâtives. C'est le cas, notamment, de la machine à vapeur au XVIIIe siècle, dont l'importance est capitale en regard de la suite de l'histoire, mais dont le nombre d'exemplaires, en France, ne dépasse pas quelques dizaines avant 1800.

Jusqu'à ce qu'un déséquilibre fasse basculer le système technique classique vers le système fer/houille/vapeur caractéristique de la révolution industrielle, le bois reste de loin l'élément clé de la construction et le premier combustible, et l'eau une source d'énergie largement exploitée depuis le Moyen Age. Il n'est pas étonnant de constater que les premiers grands ingénieurs de la période industrielle seront pour beaucoup issus de familles de constructeurs de moulins. Ils perpétuent ainsi une tradition de constructeurs de machines sachant maîtriser à la fois l'élément constructif, le bois, et l'élément moteur, l'eau. Comme le rapporte en 1861 l'ingénieur anglais William Fairbairn, lui-même issu de cette grande tradition : « Dans la société d'alors [jusqu'à la fin du XVIIIe siècle], qui était moins différenciée que celle dans laquelle nous vivons, il n'y avait sans doute jamais eu de catégorie d'hommes plus utiles et plus indépendants que ces constructeurs ruraux de moulins. Ils étaient les dépositaires de tout le savoir mécanique du pays[1]. »

Le bois, élément de construction

De nombreux métiers gravitent autour du bois, depuis l'exploitation des forêts jusqu'à la fabrication du mobilier ou des outils, et les savoir-faire anciens de ces différents métiers se sont perpétués et améliorés pour atteindre à l'âge classique un haut niveau de compétence. Dans le domaine de la construction, des ponts ou des charpentes très hardis sont réalisés au XVIIIe siècle, préfigurant les grandes architectures en fer du XIXe siècle. Citons pour mémoire le pont de la Concorde, achevé par Perronet en 1791, dont les cinq travées de 34 m s'élèvent à 4,30 m de hauteur. La construction navale, pour les déplacements en mer comme sur les rivières et les canaux, consomme elle aussi une quantité considérable de bois et mobilise de nombreux charpentiers de marine, architectes navals, etc.

Sur cette longue tradition de constructeurs, commence à se mettre en place dès le XVIIIe siècle ce qui sera le monde des ingénieurs de l'ère industrielle. Construction navale et construction de ponts et charpentes donneront naissance aux grands Corps d'État que seront les ingénieurs de la Marine et ceux des Ponts et Chaussées, alors que les constructeurs de moulins, traditionnellement indépendants des pouvoirs centraux, constitueront le ferment des ingénieurs civils et des ingénieurs mécaniciens sur lesquels reposeront pour beaucoup les progrès techniques du XIXe siècle.

Les moulins ont, dans leur principe, peu évolué depuis le XIIe siècle. On assiste surtout à un changement d'échelle :

---

1. Cité par Frédéric Klemm, *Histoire des techniques*, Paris, Payot, 1966, p. 146.

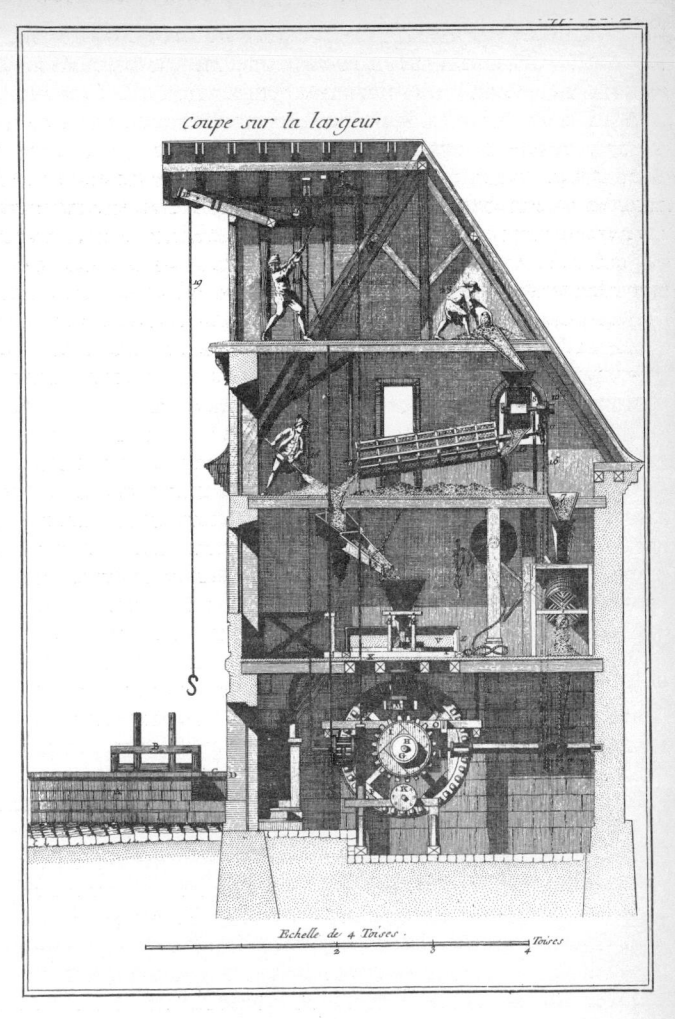

Moulin de l'*Encyclopédie*.

apparaissent des unités de production de volume important où la roue à aubes, devenue imposante, met en jeu de nombreuses machines par l'intermédiaire d'engrenages, d'arbres, de poulies et de courroies. Au départ, les moulins à farine, de tradition ancienne, subissent une première organisation verticale de la production, où le blé descend par gravité des étages supérieurs jusqu'au bas du moulin, subissant à chaque passage une étape de mouture différente.

Cette organisation spatiale du moulin sera ensuite utilisée dans le textile, où les machines à filer seront ainsi réparties dans de grandes usines, actionnées par une ou plusieurs roues à aubes. D'autres unités de fabrication mécanique verront le jour pendant cette période, comme les tentatives de fabrication mécanisée des engrenages de montres qu'entreprit Polhem en Suède au début du XVIIIe siècle.

Notons enfin que, depuis le XVIe siècle, sont intervenus de nombreux perfectionnements qui, bien que peu spectaculaires, ont permis d'améliorer sensiblement le rendement des roues hydrauliques. Empiriquement, avant que les travaux scientifiques n'interviennent au début du XIXe siècle, les diamètres des roues et leur position, les angles des augets sont ainsi affinés de façon à optimiser leur fonctionnement. L'une des innovations les plus importantes dans ce domaine fut réalisée dans le moulin de Bazacle, à Toulouse, où nous assistons à la première concrétisation de l'idée de turbine, à laquelle avaient pensé plusieurs ingénieurs depuis Francesco di Giorgio notamment, mais qui n'avaient pas encore trouvé d'application réelle et efficace. Ces roues immergées représentent un pas essentiel dans la préhistoire de la turbine qui prendra son véritable essor au cours du XIXe siècle.

Chez les horlogers comme chez les constructeurs de moulins, la mécanique commence, à des échelles différentes, à mobiliser les esprits. La pensée scientifique du XVIIe siècle, issue de la curiosité des hommes de la Renaissance, suscite un nouvel intérêt pour la mécanique céleste ou celle du corps humain, donnant au monde technique le goût des spéculations sur les mécanismes élémentaires, les transmissions de mouvement. Le grand intérêt pour les automates, les expériences scientifiques ou la cinématique, auquel on assiste au siècle des Lumières, est au confluent de ces différents courants.

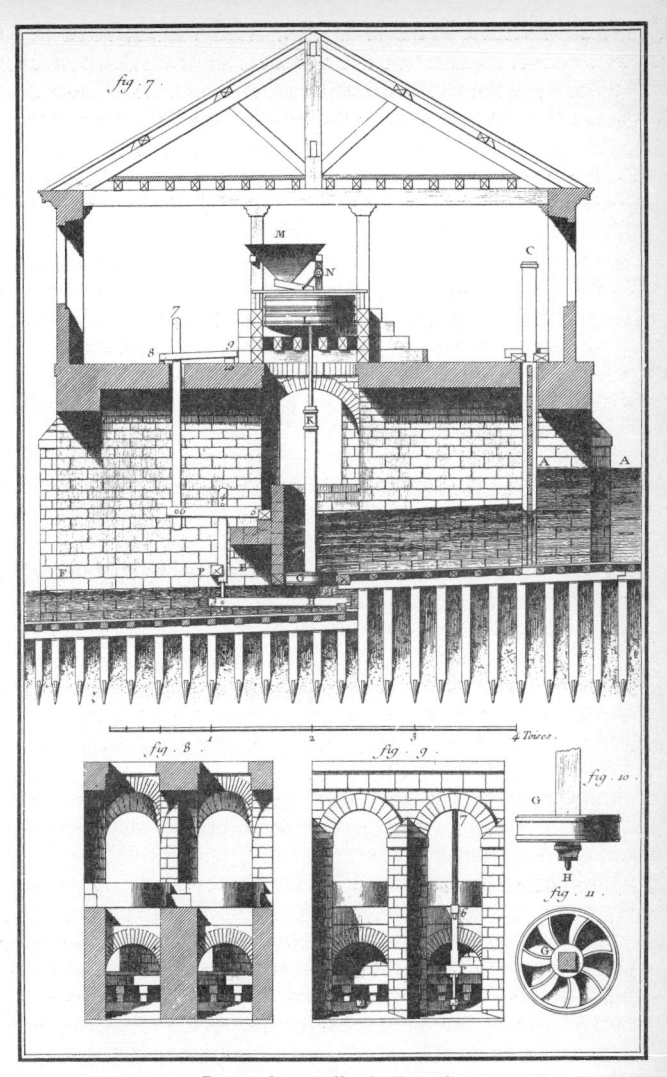

Roues du moulin de Bazacle.

L'eau : jouer et produire

Le goût pour les jardins et les jeux d'eau, particulièrement vif à la Renaissance, se poursuit par une phase de réalisations où les différents dispositifs hydrauliques se perfectionnent pour le plaisir des cours princières. Dans le cadre de ce renouveau d'intérêt pour les auteurs grecs, et notamment pour les automates d'Alexandrie, Salomon de Caus publie, en 1615, *Les Raisons des forces mouvantes* où il présente, en textes et nombreux dessins, des automates de Héron et d'autres de son cru, ainsi que des théâtres mécaniques, des jeux d'eau, le tout actionné par des roues hydrauliques et d'astucieux dispositifs mécaniques. Des différentes réalisations qui ont suivi la publication de Caus, on peut encore aujourd'hui voir s'animer les machineries du château d'Hellbrunn, près de Salzbourg, réalisées en 1613 et modifiées au XVIIIe siècle.

A plusieurs reprises, Montaigne nous donnera, dans son *Journal de voyage*, une description détaillée des différents jardins qu'il rencontrera notamment en Italie, à Florence, Ferrare, Tivoli, et surtout Pratolino, la villa du grand-duc François Ier de Médicis, qu'il visitera à deux reprises. « Il y a de miraculeux une grotte à plusieurs demeures et pièces : cette partie surpasse tout ce que nous avons jamais vu ailleurs. [...] Il y a non seulement de la musique et harmonie qui se fait par le mouvement de l'eau, mais encore le mouvement de plusieurs statues et portes à divers actes que l'eau ébranle, plusieurs animaux qui s'y plongent pour boire, et choses semblables [1]. » A Tivoli, il est impressionné par les jeux sonores : « La musique des orgues [...] se fait par le moyen de l'eau qui tombe avec grande violence dans une cave ronde, voûtée, et agite l'air qui y est, et le contraint de gagner pour sortir les tuyaux des orgues et lui fournir de vent. Une autre eau, poussant une roue à tout certaines dents, fait battre par certain ordre le clavier des orgues ; on y oit aussi le son de trompettes contrefait. Ailleurs,

---

[1]. Michel de Montaigne, *Journal de voyage*, Paris, Gallimard, coll. « Folio », 1983, p. 175.

on oit le chant des oiseaux, qui sont des petites flûtes de bronze qu'on voit aux régales, et rendent le son pareil à ces petits pots de terre pleins d'eau que les petits enfants soufflent par le bec, cela par artifice pareil aux orgues [etc.] [1]. »

Pour le plaisir et la curiosité furent aussi réalisés nombre d'automates, d'androïdes et de tableaux animés jusqu'aux célèbres automates de Vaucanson. Si tous ces mécanismes sont l'œuvre de mécaniciens ou d'horlogers chevronnés, les réalisations à l'échelle monumentale sont le fait de constructeurs de machineries « lourdes ». C'est le cas de la machine de Marly, cette machine hydraulique monstrueuse que fit construire Louis XIV pour l'alimentation en eau des jardins de Versailles. Monstrueuse car, avec ses quatorze roues à aubes de 12 m de diamètre plongeant dans la Seine et ses centaines de balanciers, elle coûta une fortune et eut bien du mal à fonctionner correctement, la solution choisie étant inadaptée à une dimension aussi inhabituelle. Les frottements considérables la dotaient d'un rendement ridicule. Le système de pompes — elle en actionnait 259 réparties sur trois niveaux... —, dont le mouvement était transmis par des balanciers mus par les roues hydrauliques, avait déjà été utilisé dans les mines depuis le XVIe siècle ; Agricola nous en donne des exemples en Allemagne et Polhem en Suède.

Pour ce problème d'alimentation en eau des jardins du roi, on aurait pu, avec plus de succès, se tourner vers la solution adoptée par Juanelo Turriano pour l'alimentation de Tolède à partir des eaux du Tage.

En parallèle avec les divertissements hydrauliques, le problème de l'évacuation de l'eau dans les mines a été, pendant la Renaissance et les deux siècles qui suivirent, l'un des principaux moteurs du progrès des machines, tant du point de vue de l'exploitation de la force motrice que de la transmission de puissance. Des monumentales roues hydrauliques représentées par Agricola en 1556 jusqu'à la conception finale de la machine à vapeur de Watt en 1776, les progrès ne sont pas spectaculaires, mais nombreux et continus.

---

1. *Ibid.*, p. 233-234.

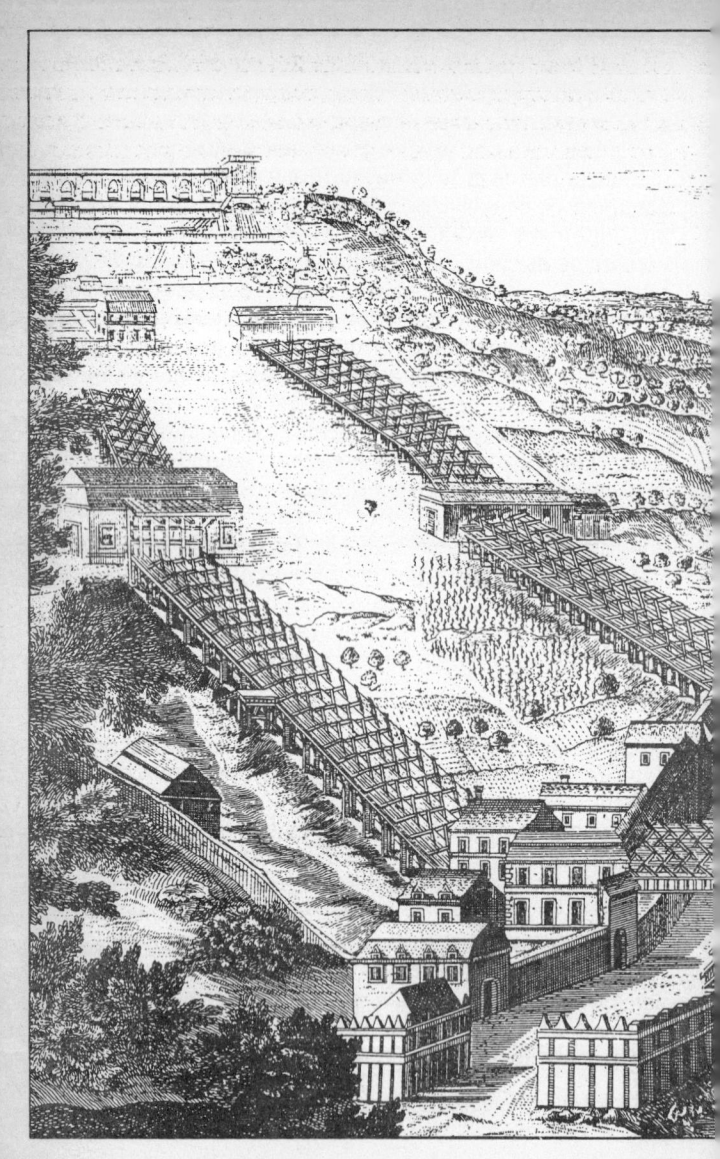

La machine

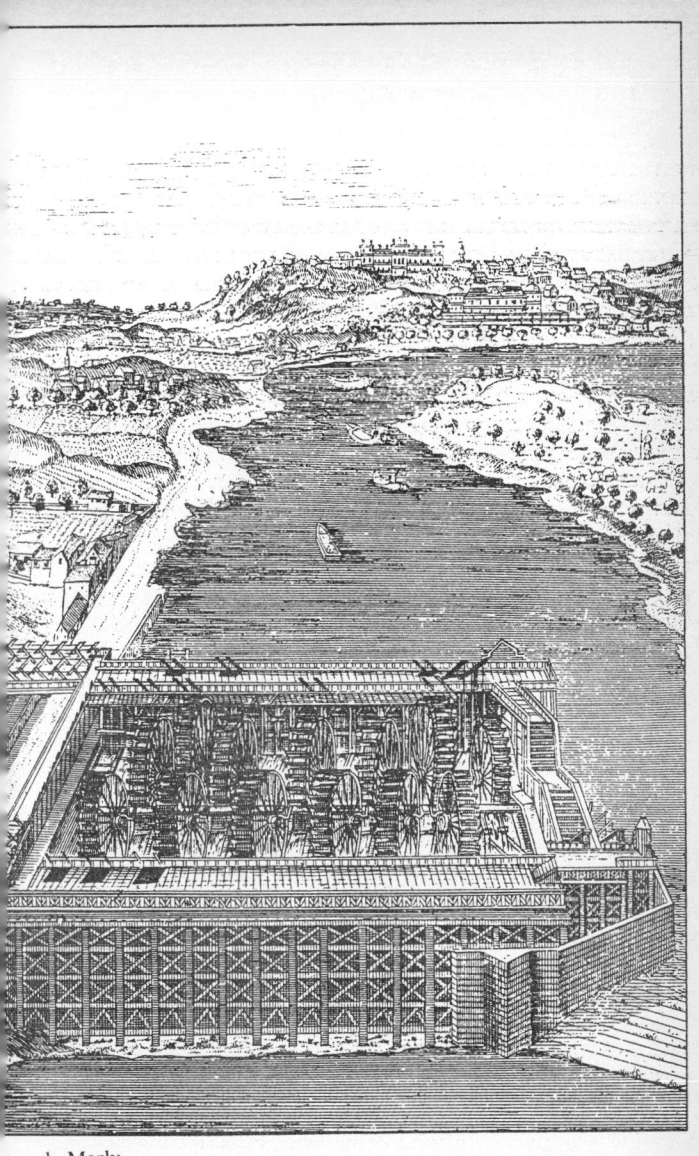

de Marly

Quand la machine à vapeur n'était qu'une pompe à feu

Nous ne détaillerons pas ici l'histoire de la naissance de la machine à vapeur, qu'on peut trouver fort bien commentée par ailleurs [1] mais, à travers les principales étapes de cette évolution, nous nous attacherons à saisir les liens avec le contexte de l'époque et notamment les travaux scientifiques qui l'ont jalonnée.

L'*Artificio* de Juanelo Turriano, d'après Ramelli. On notera l'utilisation de godets à bascule d'une conception très proche des machines d'al-Jazari (voir p. 132) ; peut-on y voir un nouveau témoignage de l'origine arabe de la culture technique espagnole ?

Sans nul doute, l'expérience qu'Otto de Guericke réalise en 1654 devant la cour impériale d'Allemagne, bien connue sous le nom des « hémisphères de Magdebourg », marque un pro-

---

1. Voir notamment la synthèse d'Eugene Ferguson, « Les origines de la machine à vapeur », *Histoires de machines*, Paris, Belin, « Bibliothèque Pour la Science », 1982, p. 62-71.

grès notable dans la connaissance de l'air, ce gaz dont on ne soupçonnait pas au préalable la matérialité et les possibilités d'utilisation énergétiques. Partant lui aussi des ingénieurs grecs, il se sert de la pompe à vide de Ctésibios pour montrer l'existence de la pression atmosphérique. Pour la première fois dans l'histoire, la science et la technique vont, pendant plusieurs décennies, cheminer ensemble pour jeter les bases de la machine à vapeur, véritable moteur de la révolution industrielle. Autour de Huygens, Papin, Leibniz et d'autres savants du XVIIe siècle, se crée une véritable émulation à propos de la pression atmosphérique et de l'utilisation de la chaleur pour dompter l'« énergie du néant ». De son côté, Papin réalise en 1707 une machine atmosphérique fort sommaire comportant un piston flottant, et destinée à alimenter en eau un réservoir pour les jets d'eau du jardin de Cassel. La machine ne fonctionne, hélas, qu'à l'état de maquette, et non en situation réelle, contrairement à celle que Savery venait de mettre au point en 1698 et destinée à pomper l'eau dans les mines. Cette « amie du mineur », comme l'appela son inventeur, ne possédait aucun piston et utilisait le principe du vide créé par la condensation de la vapeur pour aspirer l'eau du fond et la rejeter en surface par un jeu de soupapes. L'une comme l'autre de ces machines n'eurent qu'une existence éphémère, de nombreux problèmes n'étant pas encore résolus à cette époque, tant du domaine de la science — pressions élevées, condensation... — que de celui de la technique — résistance à la chaleur et à la pression des canalisations, usinage des pistons et cylindres, étanchéité...

Une troisième machine fit faire un pas décisif à l'émergence de la machine à vapeur. Newcomen, marchand de machines de mines, crée, avec les conseils du physicien Robert Hooke, membre de la Royal Society, une machine atmosphérique enfin vraiment fonctionnelle en 1712. Destinée elle aussi à l'exhaure des mines et d'un rendement pourtant fort médiocre, elle sert de base, pendant près de soixante ans, aux travaux de Watt, en Angleterre, et des frères Périer, en France. Comme leur nom l'indique, ces premières machines *atmosphériques* n'utilisaient pas la pression de la vapeur dans le cycle moteur, mais l'action de la pression de l'air sur le piston lors de la phase de condensation. Celle-ci étant créée par un jet d'eau froide sur le piston, on se rend compte des pertes inhérentes au système de par les constants refroidissements et chauffages de la partie cylindre-piston.

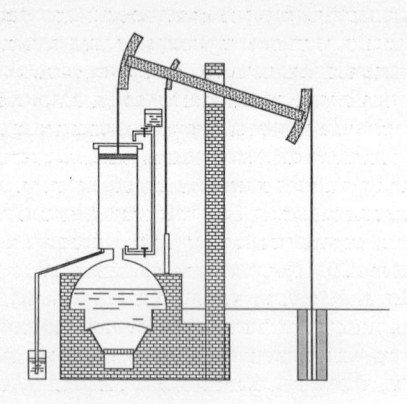

Machine à vapeur de Newcomen.

Par ailleurs, alors que, jusque-là, toutes les machines de puissance étaient fabriquées en bois, on se heurte, en ce début du XVIIIe siècle, aux problèmes dus à l'utilisation du métal. Malgré cela, on voit s'installer dans les régions minières d'Angleterre, puis du continent, un certain nombre de ces machines dont le balancier, sortant d'un bâtiment construit en pleine campagne, hoche sa grosse « tête de cheval » au rythme d'un cycle toutes les cinq secondes. Pour se donner une idée de ces machines dans le paysage du XVIIIe siècle, il suffit de parcourir la Brie, à l'est de Paris, où fonctionnent actuellement des pompes à pétrole, elles aussi en plein champ ou près d'un village, et qui oscillent au rythme de ces premières pompes à feu.

Nous sommes toujours dans notre système technique classique, mais ses bases commencent à être ébranlées par cette nouvelle machine, et son utilisation en dehors du domaine minier passe inévitablement par le recours à l'eau. Pour en faire une machine motrice, on procède alors en deux temps : la pompe à feu élève l'eau dans un réservoir supérieur et sa chute actionne une roue hydraulique. Jusqu'aux premières années de la machine de Watt, on assistera à cette greffe de la nouveauté sur la tradition.

L'aboutissement de cette préhistoire de la machine à vapeur sera la naissance de la machine de Watt, comportant d'importants perfectionnements dont, surtout, le recours au condenseur séparé et à l'utilisation de la pression de vapeur successivement sur les deux faces du piston. Mise en action avec succès en 1776, elle bénéficie des progrès que les machines précédentes ont induits dans la mécanique et la métallurgie. Tout un mouvement s'est développé au cours du XVIIIe siècle pour résoudre les problèmes techniques qui bloquaient les progrès de la machine de Newcomen. La machine à aléser les cylindres, mise au point en 1775 par Wilkinson, joue à ce niveau un rôle essentiel.

	Papin 1707	*Savery 1698*	*Newcomen 1712*	*Watt 1776*
Puissance	1/3 CV	1 à 2 CV	6 CV	15 CV

Puissances comparées des premières machines à vapeur [1]

Mais, une fois la dynamique lancée, rien ne peut à présent arrêter le mouvement de basculement qui a commencé à s'opérer et, en ce troisième tiers du XVIIIe siècle, divers facteurs interfèrent : des facteurs techniques, bien sûr, mais aussi un terrain économique et social qui a porté ce mouvement, même s'il n'en a pas été le moteur principal. On connaît aujourd'hui le rôle prépondérant qu'a joué l'industrie textile dans ce processus d'émergence d'un nouveau système technique.

La course folle du textile

Il n'est peut-être pas superflu de le rappeler, le terme de révolution industrielle peut laisser entendre une évolution brusque

---

1. D'après Maurice Daumas (dir.), *op. cit.*, t. II, p. 456 s.

faisant basculer tout à coup un monde rural et artisanal vers un monde urbain et industriel. Bien entendu, il n'en est rien dans le domaine des techniques, et cette « révolution » prend ses racines dès le XVIIe siècle pour préparer les profonds changements intervenant à la fin du XVIIIe siècle en Angleterre et au XIXe siècle pour les pays de l'Europe continentale. Nous continuerons toutefois à utiliser ce terme aujourd'hui passé dans le langage courant, et qui contient quand même cette notion d'équilibre détruit, puis reconstruit sur d'autres bases.

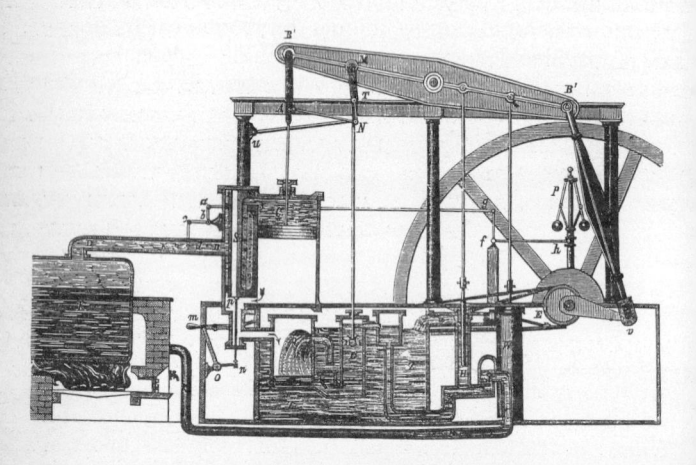

Machine à vapeur à double effet de Watt.

Comme la machine à vapeur, le textile jouera un rôle essentiel dans l'avènement du nouveau système technique, avec une semblable succession de petits perfectionnements ou d'inventions géniales parfois passées inaperçues. Comme plusieurs historiens des techniques l'ont bien montré, le XVIIIe siècle est tout à fait caractéristique de changements de tous ordres ayant pour principale cause des innovations techniques. Le fait particulier de cet équilibre rompu qui va mettre un siècle à se rétablir est la compétition entre les deux grandes branches de l'industrie textile : le tissage et le filage. Cette course, épisode large-

Panorama

ment cité par les historiens des techniques, commence par une innovation apparemment mineure, la navette volante de John Kay en 1733, toujours en usage de nos jours sur les métiers artisanaux et qui a permis, dès le milieu du XVIIIe siècle, de tisser de larges étoffes avec un seul ouvrier au lieu de deux. Suit une série d'innovations dans le domaine de la filature, contrainte de répondre à une forte demande de fil, puis de nouveau dans le tissage, pour écouler la production importante induite par les nouvelles machines à filer de Wyatt & Paul, Hargreaves, Arkwright et Crompton pendant le troisième quart du siècle. Le métier mécanique de Cartwright répondra avec succès à cette surproduction de fil dans les années 1780 avant de voir l'équilibre se rétablir au tournant du siècle, mais avec des rendements de dix à cent fois plus élevés qu'au début du XVIIIe. Autour de ces nouvelles machines plus ou moins mécanisées se produit aussi un fort courant d'innovation touchant aux activités annexes : cardage, peignage, teinture, impression, etc. Le système même de production déjà engagé au XVIIe siècle avec l'introduction des manufactures de soie, se verra profondément modifié.

Cette mutation importante, née en Grande-Bretagne, s'étendra largement dans toute l'Europe et jouera un rôle important dans les autres secteurs de la technique. La production de fer, la fabrication d'engrenages et de pièces mécaniques se trouvent d'autant sollicitées, de même que l'utilisation de la force motrice. Le phénomène de concentration joue à plein, la productivité se révélant bien plus élevée dans les manufactures qu'avec le travail traditionnel à domicile. Les manufactures, généralement à étages, doivent donc, dans un premier temps, s'établir près des cours d'eau, avant que la vapeur, à l'extrême fin du XVIIIe siècle, ne permette de les affranchir des contraintes, topographiques autant que climatiques, de l'énergie hydraulique. Alors que les manufactures vont jouer un rôle fondamental dans la mise en place d'une nouvelle organisation du travail dans les usines, la machine à vapeur va, pour sa part, influer notablement sur l'implantation géographique de la grande industrie naissante.

	1550	1575	1600	1625	1650	1675	1700	1725	1750	1775

Théâtres de machines

Développement du laminoir

◇ Tour à fileter de Besson

◇ Métier à bas de Lee
◇ Microscope de Janssen

↑ Dév. des armes à feu à pierre

◇ Machine à calculer de Pascal

◇ Machine de Marly
◇ Digesteur de Papin

↑ Emploi du coke en sidérurgie

◇ Machine de Newcomen   ◇ Tour de Vaucanson

↑ Perfectionnement du textile

◇ Navette volante de J. Kay

BESSON
ZONCA
MONTAIGNE
BRANCA
RAMELLI
HUYGENS
LEIBNIZ
SAVERY
NEWCOMEN
PAPIN
PERRONET
SMEATON
VAUCANSON
EULER
DIDEROT

2. Un objet : le métier à bas

Le métier à bas jouit d'un prestige tout particulier dans l'histoire des machines, notamment au XVIIIe siècle, tant comme premier exemple de machine « automatique » qu'en raison de l'importance que lui a donnée Diderot dans l'*Encyclopédie*. Cette importance est liée à la fascination que Diderot ne cache pas devant une machine « admirable », l'une « des plus compliquées et des plus conséquentes » qu'il ait rencontrées lors de sa gigantesque entreprise. Nous avons choisi, à notre tour, de porter notre attention vers ce métier, en raison de sa présentation dans l'*Encyclopédie* et par ce qu'il représente dans l'histoire des techniques aux XVIIe et XVIIIe siècles.

Tout d'abord, après la fascination qu'a suscitée pendant deux siècles l'*Encyclopédie*, œuvre majeure dans le domaine de la diffusion des connaissances, des travaux plus poussés menés ces dernières années sur sa partie technique ont tenté de réajuster la portée de son image avant-gardiste.

La méthode des encyclopédistes

Les auteurs se sont vantés, dans le « Discours préliminaire », d'avoir recours à des visites de manufactures ou d'ateliers, ou encore à la réalisation de modèles, pour acquérir une parfaite connaissance des machines et des procédés avant d'en faire une description détaillée dans l'*Encyclopédie*. Ils citent notamment l'article « Bas » pour y avoir appliqué cette méthode pratique. On connaît aujourd'hui, d'après les registres des libraires-éditeurs et différents fonds iconographiques, que nombre de planches gravées dans la *Description des Arts*, nom donné au départ au recueil des planches de l'*Encyclopédie*, proviennent de sources existantes exploitées non seulement par les encyclo-

228   *De l'âge classique à l'Encyclopédie*

pédistes, mais aussi par les rédacteurs des *Descriptions des arts et métiers*, série « concurrente », dans une certaine mesure, réalisée sous l'égide de l'Académie des sciences.

Pour le métier à bas, par exemple, Diderot s'est fondé sur une description très précise empruntée en 1748 à la Bibliothèque royale et qu'il a d'ailleurs conservée deux ans par-devers lui, tant la complexité de la machine lui donna du fil à retordre... Il s'est aussi adjoint les services de Barrat, ouvrier en bas parisien, à qui il a commandé un mémoire. Les planches et nomenclatures originales qu'il a utilisées ont été réalisées par le mercier parisien Jean Hindret, à son retour d'Angleterre où il fut envoyé en mission par Colbert vers 1664. Il s'agissait alors d'importer une technologie très avancée et d'éviter un départ trop important de devises outre-Manche pour l'achat

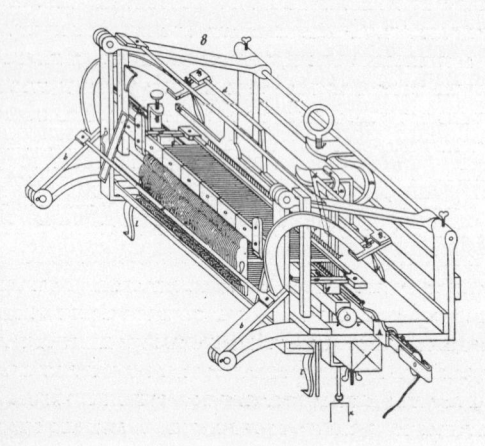

Le métier à bas de Lee.

des nombreux bas de soie dont les classes aisées faisaient alors usage. Cette mission a permis à Hindret de rapporter en France la technique du métier à tricoter les bas que le pasteur William Lee avait mise au point vers 1589.

Le travail accompli par les encyclopédistes pour cet article est très représentatif de la méthode définie au départ et qui prenait en compte les visites dans des ateliers, la rédaction de mémoires par les meilleurs spécialistes disponibles — et leur recherche n'était pas une mince affaire —, la construction de maquettes, la consultation de la littérature technique existante, ainsi que le démontage et le remontage de certaines machines. On sait que cette dernière méthode, essentielle pour comprendre le fonctionnement détaillé d'une machine, a été utilisée par Diderot pour le métier à bas, comme pour le métier à velours et un métier en étoffe brochée. Ainsi, après en avoir saisi la structure et le fonctionnement, il a pu rédiger lui-même l'article en non-technicien, pour des non-techniciens. Cet article est d'ailleurs le seul dont un manuscrit autographe de Diderot nous soit parvenu.

Cet article fut l'occasion pour Diderot de s'atteler à une tâche pédagogique particulièrement ardue, qu'il a résolue par une méthode déjà employée par ailleurs, mais à laquelle il donne ici toute sa mesure : « Dans le cas où une machine mérite des détails par l'importance de son usage et par la multitude de ses parties, on a passé du simple au composé. On a commencé par assembler, dans une première figure, autant d'éléments qu'on en pouvait apercevoir sans confusion. Dans une seconde figure, on voit les mêmes éléments, avec quelques autres. C'est ainsi qu'on a formé successivement la machine la plus compliquée, sans aucun embarras ni pour l'esprit ni pour les yeux [1]. »

Mais Diderot, dans son article « Bas », a eu beaucoup de mal à surmonter les problèmes de représentation, qu'il a pourtant si bien su résoudre par ailleurs. En suivant pas à pas ses explications, on se rend compte de la difficulté de n'user que de perspectives cavalières dans le cas de machines complexes. Il aurait gagné à présenter des vues en plan de sous-ensembles ou de détails du métier, pour que le lecteur saisisse plus facilement le cheminement fort complexe des aiguilles, platines, etc. Ce type de représentation n'est pas choisi ici alors qu'il l'est couramment en architecture ou pour un certain nombre de grosses machines — planches sur la minéralogie, le métier à faire les rubans — et même pour les petites machines d'horlogerie.

---

1. Extrait du prospectus de l'*Encyclopédie*, diffusé au public en 1750, cité par Jacques Proust, *Diderot et l'Encyclopédie*, 2e éd., Genève, Paris, Slatkine, 1982, p. 219 (1re éd., 1962).

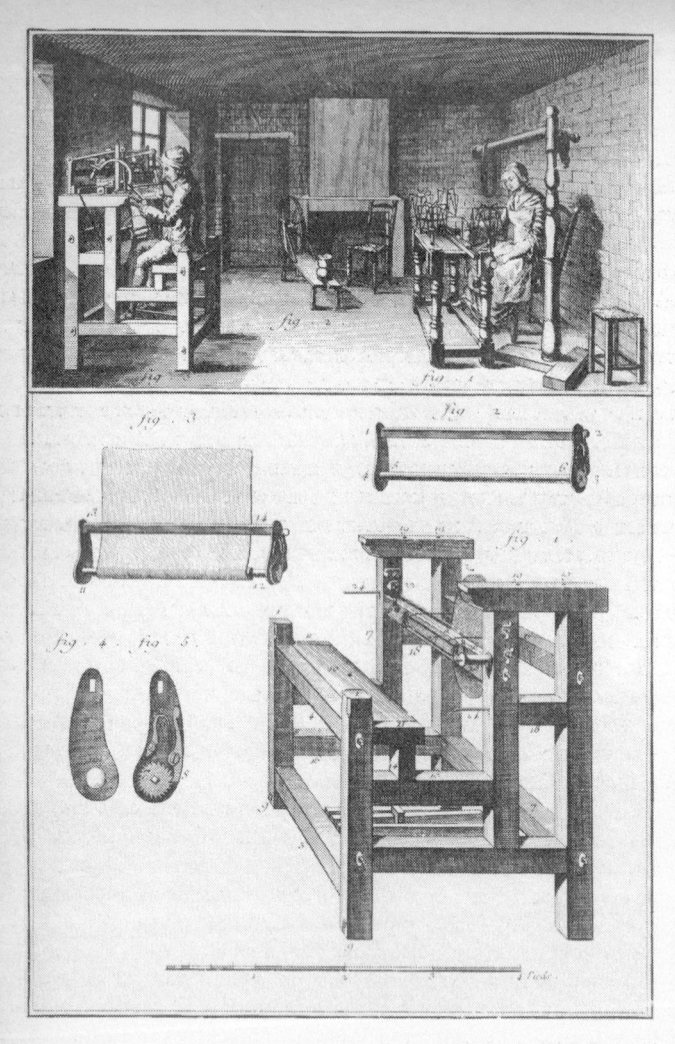

Planches du métier à faire les bas, dans l'*Encyclopédie*.

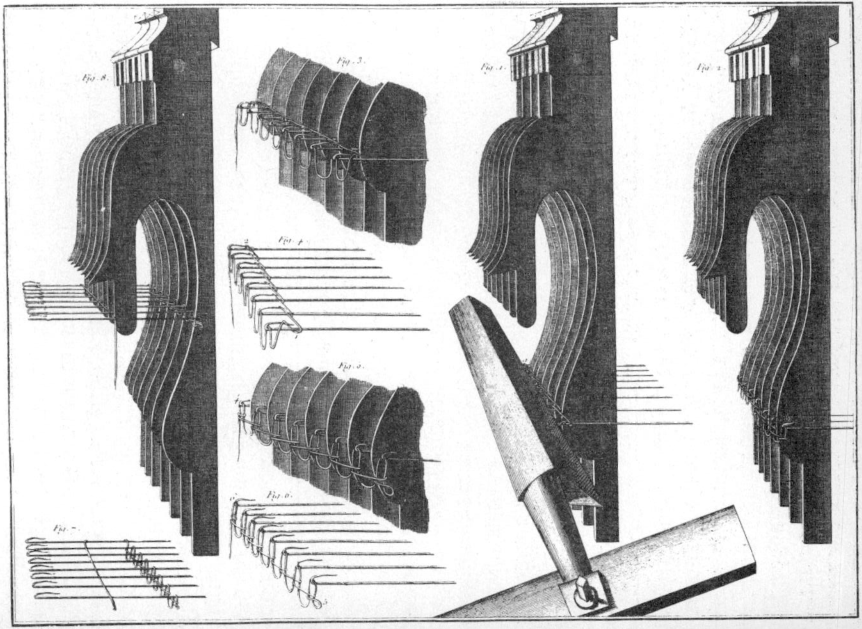

Planche du métier à faire les bas, dans l'*Encyclopédie*.

En tout état de cause, il faut bien constater que l'article n'est pas un modèle de clarté et qu'il ne soulève pas l'enthousiasme des spécialistes, comme en témoigne ce jugement sévère de Roland de La Platière : « Quiconque examinera sans y rien comprendre, comme il arrive à tous les curieux et aux ouvriers même qui s'en occupent, ce qui est dit dans l'*Encyclopédie* de la construction et de l'usage du métier à *bas*, sentira que son défaut d'intelligence ne provient que de l'ignorance de l'usage des aiguilles ordinaires [1]. »

La description du métier

Nous ne nous lancerons pas ici dans une description complète du métier à bas, alors que Diderot lui-même s'y est essayé sans grand succès. Tentons seulement de suivre sa démarche pas à pas. Appliquant sa méthode d'aller du simple vers le composé, il nous montre d'abord une vue d'ensemble de l'atelier du bonnetier, avec bien sûr celui-ci au travail.

Le métier lui-même nous est présenté ensuite en deux parties, le châssis en bois d'un côté, dénommé le « fût », les parties en fer de l'autre. C'est évidemment cette seconde partie la plus délicate. Diderot tente donc de la décomposer en plusieurs « assemblages », nommant et décrivant chaque pièce du métier. En six grandes planches, sont ainsi passées en revue, d'une part, les « grandes pièces » — avant-bras, épaulières, arbre, balancier, diverses barres et « porte-faix » — et, d'autre part, les nombreuses petites pièces qui constituent le cœur même du métier — grille, platine à ondes et aiguilles, etc. — et qui sont mises en mouvement par les grandes pièces. Par assemblages successifs, on voit ainsi se constituer l'ensemble de la machine, composée : « 1. de la cage, et de ses dépendances, 2. de l'âme, et de ses dépendances, 3. des moulinets avec leurs dépendances, 4. des abattants, et de leurs dépendances [2]. » A chaque étape, Diderot prend toutes précautions

---

1. Jean-Marie Roland de La Platière, *Manufactures, Arts et Métiers* (Encyclopédie méthodique), Paris, Panckoucke, 1785-1790, t. I, p. 21, cité par Jacques Proust, *op. cit.*, p. 231.
2. Les citations qui suivent sont tirées de l'article « Bas », *Encyclopédie ou Dictionnaire raisonné et universel des sciences, des arts et des métiers*, 1751, t. II, p. 98-113.

Un objet : le métier à bas

utiles envers le lecteur : « J'avertis qu'avant de passer au second, il faut avoir celui-ci très familier ; sinon les pièces venant à se multiplier, et les assemblages mal compris s'assemblant ensuite les uns avec les autres, formeront des masses confuses où l'on n'entendra rien. »

A l'issue de cette première étape, Diderot nous décrit la « main-d'œuvre », c'est-à-dire la succession des sept opérations aboutissant à la création d'une maille, avec l'aide de deux planches de gros plans sur les aiguilles et platines : « La première consiste à cueillir ; la seconde à foncer du pied, et à former l'ouvrage ; la troisième, à amener sous les becs ; la quatrième, à former aux petits coups ; la cinquième, à presser les becs, et à faire passer la maille du derrière sur les becs ; la sixième, à abattre ; la septième, à crocher. » Enfin, la description se termine avec un retour sur les diverses parties du métier et leurs configurations, le total occupant une quinzaine de pages de l'*Encyclopédie*.

La difficulté du travail entrepris par Diderot réside autant dans la complexité même des opérations que dans le fait que les pièces principales où se fabrique la maille sont souvent masquées par des parties secondaires, dont l'absence de représentation même nuit à la compréhension. Ce type de description par l'écrit et l'image est particulièrement périlleux alors que la démonstration sur une machine réelle, ou un modèle, s'avérerait bien plus compréhensible. Il suffit d'examiner un tel métier dans un musée pour s'en convaincre [1].

Comme dans la plupart des processus de mécanisation d'une opération manuelle, le principe adopté dans la machine n'est pas une transposition pure et simple des gestes accomplis manuellement. Dans le cas du tricot, le métier réalise une ligne entière à la fois, alors que les mailles sont faites une à une à la main. Pour cela, le métier comporte autant d'aiguilles et d'ondes qu'un rang de tricot. La maille se forme par le jeu subtil du passage du fil entre les aiguilles, munies d'un crochet à leur extrémité, et ces ondes, fines lames métalliques dont la forme complexe permet, tantôt de bloquer la maille déjà réalisée, tantôt de créer la boucle dans laquelle passera le nœud

---

1. On peut en voir des exemplaires au musée de la bonneterie de Troyes ou au musée national des techniques du CNAM.

de la maille suivante. Une lame transversale permet périodiquement d'appuyer sur les crochets des aiguilles pour les refermer et glisser ainsi sous le fil.

L'*Encyclopédie*, un bilan des techniques classiques

Le cas du métier à bas et d'autres machines du même type — planches Tour, Art de faire le papier, Cloutier, etc. — ont eu tôt fait de faire passer l'*Encyclopédie* pour une compilation dépassée, en mettant en avant le nombre important de techniques datant du XVIIe siècle, et donc en détruisant pour partie l'image de modernité attachée à l'ouvrage. L'un des premiers à avoir soulevé cet état de fait fut bien sûr Bertrand Gille, qui s'est plu à détruire, dans les années cinquante, avec le même esprit frondeur qu'il montra, quelques années plus tard, à l'égard de Léonard de Vinci, le mythe d'une *Encyclopédie* moteur du progrès technique.

L'*Encyclopédie* fut, ne l'oublions pas, mise en œuvre par des philosophes. Il serait injuste de leur jeter la pierre pour ne pas avoir développé davantage la machine à vapeur, la fonte au coke ou les derniers perfectionnements de l'industrie textile. Elle représente avant tout, du point de vue des « arts mécaniques », un état extraordinaire des techniques classiques, comme il n'en existe pour aucune autre période de notre histoire. La modernité se trouve ailleurs, dans le texte principalement, et souvent dans les articles où on l'y attendrait le moins. Les ennuis qu'a affrontés Diderot au début de sa publication lui ont appris à être fort prudent avec les idées trop avancées... En outre, il suffit de consulter des encyclopédies récentes pour découvrir combien la mise en valeur des dernières avancées du monde scientifique et technique peut doter ces publications d'une vieillesse prématurée. Qu'est-il advenu aujourd'hui de l'aérotrain de Bertin ou du moteur rotatif Wankel, qui représentaient naguère les signes annonciateurs d'une nouvelle révolution technique ? Même avec la prudence dont nous tentons ici de faire preuve, la présente histoire ne sera-t-elle pas, elle aussi, lue avec un sourire aux lèvres dans les années à venir, pour ce qui concerne son dernier chapitre sur le présent des techniques ?

Des renvois à l'hypertexte

Quoi qu'il en soit, l'*Encyclopédie* est là, bien présente, et la somme de connaissances qui y est contenue reste pour nous un modèle qui ne sera probablement plus jamais reconduit. Et pourtant, nous courons toujours après ce mythe de pouvoir accéder, sur l'instant, à de telles sommes. Et les universitaires américains qui ont récemment mis au point le concept d'hypertexte sont en fait très proches de l'esprit des encyclopédistes lorsqu'ils appliquaient largement le principe des *renvois*, fondamental dans une recherche encyclopédique. Les encyclopédies accessibles aujourd'hui par le canal de l'informatique, qu'elles soient traditionnelles comme la Groslier ou sectorielles comme les banques de données du réseau aprèsvente de Renault, font appel à cette même notion d'unités documentaires où, par un simple « clic » de souris, on passe d'un article à un autre, d'une notion à une illustration, d'une pièce à un prix. Le mythe du « presse-bouton » de notre XXe siècle, a remplacé celui de la connaissance universelle du siècle des Lumières... Finalement, dans le domaine de la recherche documentaire, Diderot et ses compagnons étaient, là aussi, fort avancés !...

L'ouvrier et l'inventeur

Les auteurs de l'*Encyclopédie* nous révèlent une autre préoccupation qui, aujourd'hui, a regagné le chemin des laboratoires ou des ateliers. C'est la présentation des savoir-faire, des tours de main. Tant pour apporter des éléments de compréhension à ses lecteurs que pour lutter contre les privilèges corporatistes d'alors, Diderot ne se contente pas de montrer les machines et les outils ; il nous révèle la manière dont on les met en œuvre. Ainsi, avec un brin d'humour, il nous présente ensemble mais successivement le Faiseur du métier à bas et le Faiseur de bas au métier. La distinction est de taille et le début de l'article « Bas » insiste sur ce point. Pour Diderot, ce qui importe le plus reste l'homme : « Pourquoi n'introduirions-nous pas l'homme dans notre ouvrage comme il est placé dans l'univers ? » Il est au cœur du processus de production et les planches qui nous occupent ici gravitent autour de deux hommes : celui qui a fait la machine « presque dans l'état de perfection où nous la voyons », en l'occurrence l'inventeur W. Lee, et celui qui la conduit, l'ouvrier bonnetier. Une machine, deux domaines — la mécanique et la bonneterie —, et deux hommes — le constructeur et l'ouvrier.

Là, l'*Encyclopédie* se démarque nettement des entreprises antérieures qui se contentaient de nous montrer des machines sous forme de « théâtres », en représentation, davantage pour montrer combien ces choses-là sont étonnantes et compliquées que pour permettre au lecteur d'en saisir le fonctionnement et, par là, de se les approprier.

Cette préoccupation constante envers l'homme, illustrée aussi par le grand nombre de mains au travail qui sont représentées dans les planches, nous éclaire aujourd'hui aussi sur les savoir-faire. De la littérature de grande diffusion — l'*Encyclopédie*, « best-seller au siècle des Lumières », titre Darnton [1] — les savoir-faire ont aujourd'hui regagné les laboratoires de recherche en sciences sociales. Sociologues, psychologues, ethnologues... se penchent à présent sur ces savoirs non formalisés, principalement transmis par l'apprentissage et que nous semblons retrouver après un long oubli, au moment où beaucoup d'entre eux ont disparu dans la machine automatisée. Sans doute peut-on voir dans ce regain d'intérêt pour les savoir-faire techniques un signe de l'épilogue de la civilisation industrielle. La question que soulève l'article « Bas » et les planches correspondantes est celle du transfert des savoir-faire dans la mécanisation. Le métier à bas réalise en fait une seule opération dans la mise en œuvre du bas : la formation de la maille. Évidemment, reproduite des milliers de fois pour un seul ouvrage, cette opération élémentaire revêt une importance capitale, mais la machine n'a pas encore remplacé l'homme dans le cas du métier à tricoter. A ce stade de mécanisation, même si la machine est déjà extraordinairement élaborée — n'oublions

---

1. Robert Darnton, *L'Aventure de l'Encyclopédie, un best-seller au siècle des Lumières*, Paris, Librairie académique Perrin, 1982.

pas qu'elle a été conçue par Lee à la fin du XVIe siècle — l'ouvrier qui fabrique les bas doit assurer nombre de tâches importantes. D'une part, il doit faire face aux fréquents aléas de fonctionnement : rupture de fil, becs d'aiguilles qui ne remontent pas, mailles « mordues », etc. ; d'autre part, ce métier n'est pas destiné à fabriquer du tricot « au mètre », comme les métiers à tisser le font pour le drap, mais l'ouvrier doit faire un produit bien particulier, des bas, ou encore des bonnets ou des chemises, qui nécessitent diminutions, augmentations, ourlets, motifs décoratifs... et tout cela pour des tailles différentes. Si la machine a pris à l'ouvrier une partie de ses attributions, il lui reste nombre de tâches nobles à exercer et son savoir-faire, loin de disparaître dans la machine, est « transféré » sur d'autres plans : usage de ses pieds, coordination des mouvements, connaissances mécaniques, maintenance, réglage, etc. L'arrivée du métier mécanique demande une réinterprétation de ses pratiques et ce que nous avons mis en avant pour le métier à bas, il est possible de le faire pour les machines qui aujourd'hui voient le jour dans les usines ou les ateliers comme dans notre univers quotidien.

3. Un homme : Jacques Vaucanson

Avec une vie parfaitement calée au centre du XVIIIe siècle, Vaucanson (1709-1782) n'est pas un homme des Lumières seulement par la période où il vit, mais, bien au-delà, par ses centres d'intérêt, sa curiosité et ses réalisations. Comme les autres personnages qui animent cet ouvrage, Vaucanson est pour beaucoup un inconnu : il ne s'est pas fait remarquer par une grande œuvre publique ou des écrits majeurs. Les amateurs connaissent ses automates, les techniciens parfois sa chaîne ou son tour ; d'autres, sûrement plus rares, ses activités en tant qu'inspecteur des Manufactures.

Pourtant, s'il a touché à plusieurs domaines, on peut lire chez lui des préoccupations constantes qui ont fait de sa vie une quête vers quelque grand dessein qu'il n'aura pas le temps de voir réalisé. Qu'il soit considéré comme bateleur ou comme savant, Vaucanson est avant tout un mécanicien, dans tout ce que suggère ce mot : dans une tradition millénaire issue des illustres mécaniciens grecs, ou dans le sens d'une mécanique industrielle qui verra son épanouissement au cours du XIXe siècle.

La tradition : le mythe de l'homme artificiel

Dès ses études chez les oratoriens de Juilly et les minimes de Lyon, le jeune Vaucanson se fait remarquer par des réalisations qui commencent à orienter son destin. Seulement, ses premiers automates, qu'il présente à 18 ans, ne semblent pas tellement s'accorder avec la voie religieuse qu'on lui a choisie,

Les automates de Vaucanson : le joueur de flûte, le canard et le joueur de tambourin, d'après une affiche.

et le voilà contraint de rompre ses vœux et de retourner à l'état laïque pour pouvoir suivre ses projets. Déjà se manifestait son intérêt pour deux domaines dont les liens attisaient la curiosité de plusieurs philosophes, depuis Descartes notamment : la mécanique et la médecine. De l'Homme-Machine de La Mettrie aux « anatomies mouvantes », les chirurgiens tentent de réaliser des mécaniques permettant de mettre en évidence le fonctionnement du corps humain. De différentes rencontres que fera ce jeune homme d'une vingtaine d'années naîtra ce qui deviendra son grand projet : l'homme artificiel [1].

Mais là où des savants cherchaient à mettre au point des théories, à réaliser des modèles de laboratoires, Vaucanson, doué d'une solide ambition, choisit une voie fort différente : l'exhibition publique. Il laisse momentanément de côté des recherches scientifiques, que ses moyens ne permettent pas de mener à bien, pour se lancer dans la construction de plusieurs automates qui deviendront vite célèbres. Le premier, le Joueur de flûte,

---

1. Voir, à ce propos, les pages consacrées aux automates du XVIIIe siècle dans Jean-Claude Beaune, *L'Automate et ses mobiles* (Paris, Flammarion, coll. « Sciences humaines », 1980, p. 219-264).

réalisé en 1738, représente un berger assis, d'un mètre cinquante de haut, et qui joue de la flûte traversière avec des mouvements de bras, de lèvres et de doigts témoignant d'une connaissance approfondie de l'instrument. Le succès de cet androïde jouant avec justesse et virtuosité se double très vite d'une certaine méfiance de la part du public et des savants, la flûte étant réputée pour sa difficulté. Malgré la possibilité de voir le mécanisme de l'automate en action et la reconnaissance de l'Académie des sciences, Vaucanson a bien du mal à faire admettre que les sons proviennent bien de la flûte et non d'une serinette dissimulée dans le socle, comme les nombreux automates musiciens présentés alors dans les salons et les foires. Le Flûteur et les deux autres automates que réalise Vaucanson l'année suivante — le célèbre Canard et le Joueur de flûte et tambourin —, grâce au succès qu'ils remportent lors de leur tournée européenne, attirent tout de même l'attention des milieux scientifiques, du public et du roi lui-même sur ce « mécanicien de génie ».

Contrairement à la Grande-Bretagne qui, à la même époque, accueille au sein de la Royal Society des ingénieurs et des techniciens, la France reste réticente à une ouverture de l'Académie des sciences vers des disciplines non théoriques comme la mécanique. Même s'il parvient, fort du succès remporté par ses automates, à entrer à l'Académie des sciences en janvier 1746, Vaucanson se plaindra amèrement du peu d'audience qu'il y rencontre : « Celui qui a inventé le rouet à filer la laine ou le lin ne serait regardé par les Académiciens de nos jours que comme un artiste et serait méprisé comme un faiseur de machines. Il y aurait cependant de quoi humilier ces messieurs s'il faisait réflexion que ce seul mécanicien a procuré plus de bien aux hommes que n'en ont procuré tous les géomètres et tous les physiciens qui ont existé dans leur compagnie [1]. »

Malgré une même opposition farouche à l'Académie des sciences qui le rapproche des encyclopédistes, les rapports entre ces derniers et Vaucanson n'en sont pas pour autant ceux d'une étroite collaboration... Il n'a pas participé directement à l'entreprise encyclopédique animée par Diderot et d'Alembert, et l'on

---

1. Cité par André Doyon, Lucien Liaigre, *Jacques Vaucanson, mécanicien de génie*, Paris, 1966.

ignore s'il fut ou non sollicité. En tout état de cause, il eut droit, dès le premier tome, à une description du Flûteur à l'article « Androïde » et à une du Canard à l'article « Automate ». Mais l'article « Asple », rédigé par B.-L. Soumille, obscur inventeur hostile à Vaucanson, attira de sa part une lettre aux éditeurs corrigeant certaines erreurs. Le ton de la réponse publiée dans l'avertissement du tome II, plein de déférence, laisse supposer que les éditeurs auraient été fort intéressés par la participation du mécanicien à leur entreprise.

Les études d'anatomie et de médecine qu'il poursuit, notamment avec le chirurgien Le Cat entre 1728 et 1731, lui permettent d'avancer sur son grand dessein, la réalisation d'un homme artificiel, et de présenter en 1741 à l'Académie de Lyon le projet d'une « figure automate qui imitera dans ses mouvements les opérations animales... et pourra servir à faire des démonstrations dans un cours d'anatomie ». Mais, tout en poursuivant ces recherches, Vaucanson sera investi, dès 1739, d'une nouvelle tâche d'envergure : réorganiser l'industrie française de la soie. C'est le contrôleur général Philibert Orry, l'un des plus éminents administrateurs du XVIIIe siècle, qui l'appelle à ses côtés pour l'aider à « restructurer » l'industrie de la soie qui souffre de la concurrence du Piémont. Avec le regret de s'éloigner de ses grands projets, Vaucanson part alors en mission à Lyon afin d'observer les techniques utilisées et d'étudier les moyens d'améliorer la productivité nationale dans ce domaine. Nommé par le roi inspecteur général des Manufactures de soie en 1741, il poursuit ses voyages à Lyon et dans le Dauphiné d'où il ramène quelques machines dans le but de les étudier et de les perfectionner. De retour d'une nouvelle mission au Piémont, il rédige un rapport fondamental sur l'industrie de la soie dont les retombées se feront sentir bien au-delà du XVIIIe siècle [1].

---

1. *Observations que le sieur Vaucanson a faites dans sa tournée de l'année 1742 des soyes de France et de celles du Piémont et de la différence de leur fabrication*, Archives départementales de l'Hérault, C2 272, annexe III, p. 455-471, cité par André Doyon, Lucien Liaigre, *op. cit.*, p. 180.

Le modernisme : automatisme et rationalisation

On connaît les efforts de Colbert pour relancer l'innovation en France en s'appuyant sur l'observation et l'importation de techniques étrangères, allant de pair avec des interventions financières de l'État. C'est ce même rôle que remplit l'inspection des Manufactures au XVIIIe siècle, de même que, plus tard, la mise en place d'un enseignement technique solide. La nouvelle tâche assignée à Vaucanson lui permet, bien sûr, d'appliquer ses talents de mécanicien en dépassant les simples « divertissements » techniques de ses automates, mais surtout de révéler en lui un organisateur, un homme capable d'imaginer de nouvelles structures de production. En tentant de normaliser les actes, les gestes des ouvriers, ainsi que le dimensionnement des pièces de machines, il annonce le taylorisme, ou tout au moins le mouvement qui se développera au XIXe siècle à travers les grands ingénieurs qui marqueront cette période.

Cette évolution d'un homme qui passe de fabricant d'automates à mécanicien, puis organisateur, est trop typique pour n'y voir qu'une démarche particulière. Préfigurant par sa culture l'ingénieur du siècle suivant, Vaucanson reflète beaucoup plus un état d'esprit ancré au plus profond de l'homme, un mythe primitif que l'homme cherche depuis longtemps à concrétiser. De l'analyse anatomique fine nécessaire à la réalisation d'un androïde le plus fidèle possible à la réalité, à celle des gestes de travail visant à réorganiser un poste ou une chaîne de fabrication, la démarche est bien la même. La conception mécaniste qui pousse Vaucanson à réaliser ses automates, passée de la théorie des philosophes du XVIIe siècle à la mise en pratique par un véritable mécanicien, ouvre les portes à l'organisation scientifique du travail avec, en écho, les conflits inhérents à toute entreprise de réforme touchant à la fois aux pratiques et aux statuts des travailleurs.

Les réactions très vives — émeutes et grèves — auxquelles se heurte Vaucanson en 1744, lors de la mise en application des règlements qu'il a rédigés pour la Communauté des fabricants de Lyon, préfigurent les nombreux conflits sociaux qui émailleront le XIXe siècle. On ne manipule pas des ouvriers, qui plus est des ouvriers qui possèdent un savoir-faire issu de longues années de pratique et d'une tradition séculaire, comme de simples automates... Hélas! pensait-il sûrement, comme l'ont pensé après lui de nombreux ingénieurs, généralement en toute bonne foi, qui croyaient, par l'amélioration des machines, libérer l'homme de contraintes, d'efforts ou de tâches dégradantes. Les problèmes du machinisme industriel sont déjà présents chez des hommes comme Vaucanson qui, par la synthèse du technicien de haut niveau et de l'humaniste éclairé, imaginent un univers idyllique où l'homme sera libéré par la machine toute puissante.

> «Un certain Vocanson
> Grand Garçon,
> A reçu una patta * — * pot-de-vin
> De Los maîtres marchands
> Gara, gara la gratta * — * correction
> Sy tombe entre nos mains...
> Y fait chia los canards
> Et la marionnetta.
> Le plaison Joquinet,
> Si sort ses braies netta,
> Qu'on me le cope net!»
>
> Chanson recueillie pendant l'insurrection de 1744 [1]

Avant tout, il faut bien le rappeler, Vaucanson est un mécanicien. Son besoin naturel de résoudre, par la mécanique, les problèmes qui se posent à lui, en fait un personnage central de cette période en mutation. Les réalisations qu'il met en œuvre pour résoudre ses différents problèmes techniques sont de tout premier ordre. Pour perfectionner la fabrication de ses automates, il met au point un vilebrequin d'encoignure ou un mouton à plateau diviseur... Le moulin à organsiner dit «à la bolognaise», utilisé pour torsader ensemble plusieurs fils de soie provenant du cocon, ne donne pas satisfaction? Il

---

1. Cité par Justin Godart, *L'Ouvrier en soie, monographie du tisseur lyonnais*, Lyon, Université, faculté de droit, 1899, et repris par Pons, dans son introduction à la réédition de l'*Encyclopédie*.

Un homme : Jacques Vaucanson

invente en 1750 une nouvelle machine dont la transmission de mouvement est assurée par une chaîne, à laquelle il laissera son nom. D'ailleurs, il ne se contente pas d'imaginer la chaîne, il crée aussi la machine qui la fabriquera. Il mettra aussi au point le premier métier automatique à tisser les étoffes unies et une nouvelle calandre à écraser les étoffes d'or et d'argent.

Après les automates, c'est donc le textile, pour lequel il est missionné par le roi, qui deviendra le centre de ses préoccupations. C'est dans ce domaine qu'il fera faire de grands pas aux machines-outils. Pour l'usinage des cylindres de calandres, il invente en 1751 son célèbre tour à charioter à bâti métallique, dont la structure générale sera reprise largement près de cinquante années plus tard.

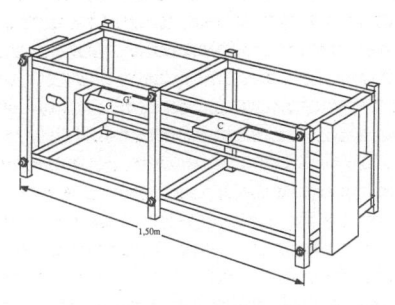

Tour en fer à charioter de Vaucanson. G et G' : glissières prismatiques — C : chariot porte-outil. Le tour original est exposé au Musée national des techniques du CNAM, de même que ses autres machines.

La principale innovation de ce tour, dont le châssis est constitué de barres de fer boulonnées, réside dans le chariot porte-outil et son guidage. Supporté par deux barres de fer de section carrée inclinées à 45°, le chariot permet l'usinage de pièces pouvant atteindre 1 m de long et 30 cm de diamètre, avec une grande précision. Il faut rappeler qu'à cette époque les tours sont généralement en bois et que l'invention du chariot porte-outil est attribuée au constructeur anglais Henry Maudslay, à la fin du siècle. Les deux principales innovations de Vaucanson — le déplacement du chariot porte-outil parallèlement à l'axe des pointes et son guidage prismatique — sont, dans l'histoire du tour, de tout premier ordre.

On n'insiste jamais assez sur l'importance du tour dans l'histoire des techniques, et surtout celle du tour à métaux au cours de la révolution industrielle. Que ce soit pour les cylindres de machines à vapeur ou pour tous les axes, poulies et engrenages que comportent les machines-outils, le tour est la machine élémentaire de la mécanique industrielle, celle sans laquelle aucune autre machine ne peut voir le jour. Vaucanson avait parfaitement compris l'importance de la machine-outil lorsqu'il créait, parallèlement à toute nouvelle machine, les machines-outils nécessaires à sa fabrication. De la précision de celles-ci dépendent les performances de celle-là. C'est pourquoi les créations mécaniques de Vaucanson sont essentiellement construites en métal — comme son tour, sa machine à fabriquer les chaînes ou sa machine à percer — alors que les métiers, calandres ou moulins à organsiner sont surtout bâtis en bois. L'expansion considérable de ces « machines à faire les machines » et leur précision toujours croissante sont, depuis cette période, un élément majeur du machinisme industriel.

Enfin, l'autre principale innovation apportée par Vaucanson se situe aussi dans le domaine du textile. On sait aujourd'hui ce que le célèbre métier à tisser de Jacquard doit à Vaucanson. Certes, les perfectionnements de Jacquard, dans son métier de 1804, apportent une fiabilité jusque-là jamais atteinte, mais l'évolution des métiers à tisser les « façonnés » a connu, au cours du XVIIIe siècle, une suite de progrès importants. Basile Bouchon, en 1725, puis Jacques de Falcon, en 1728, mécanisent chacun à sa façon l'opération de relevage des fils de chaîne. L'intervention de Vaucanson consiste à remplacer un ouvrier, le tireur de lacs, chargé de positionner les cartons-programmes, par un mécanisme automatique, tout en substituant un cylindre perforé au chapelet de cartons.

Le fabricant d'automates a puisé dans ses connaissances, sa culture technique propre, pour adapter un principe existant à la mécanisation d'une machine elle-même existante. Cette faculté de récupération de solutions techniques éprouvées pour la mise en œuvre de machines nouvelles est l'un des facteurs fondamentaux de l'innovation technique. Toutefois, malgré le pas important ainsi accompli dans l'automatisation du métier

Un homme : Jacques Vaucanson 247

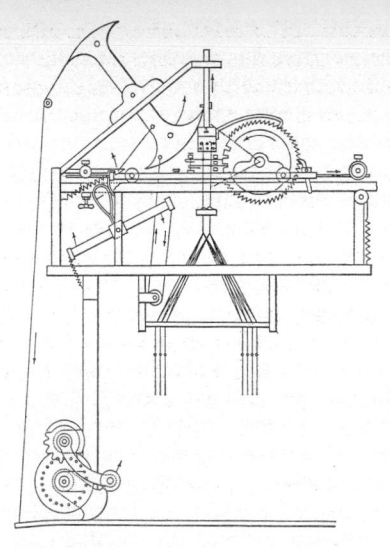

Mécanique du métier de Vaucanson.

à tisser, le métier de Vaucanson ne reste qu'au stade du laboratoire et c'est Jacquard qui, quelques années plus tard, appliquera à nouveau la solution du chapelet de cartons perforés au métier de Vaucanson pour aboutir, après quelques autres modifications, à une machine vraiment utilisable industriellement.

Année	Inventeur	Support du programme	Changement du pas
1725	Bouchon	Bande de papier	Manuel
1728	Falcon	Chapelet de cartons	Manuel
1775	Vaucanson	Cylindre perforé	Automatique
1804	Jacquard	Chapelet de cartons	Automatique

Les perfectionnements successifs dans la mécanisation
du métier à tisser les façonnés

On a bien insisté sur l'importance de l'industrie textile dans le processus de mutation qui, au cours du XVIIIe siècle, fait basculer le monde occidental d'une société artisanale à une société industrialisée. Et les efforts déployés par notre mécanicien pour appliquer ses idées dans ce domaine sont immenses, mais pas toujours couronnés de succès... Si ses machines, qu'il réalisait avec quelques ouvriers dans son hôtel de Mortagne, à Paris, ont généralement donné satisfaction, ses projets en matière d'organisation industrielle n'ont pas abouti à des succès semblables, malgré l'énergie qu'il y dépensa dès les années 1750. En effet, à la période des progrès mécaniques succède celle de l'organisation des manufactures modèles. En 1752, Vaucanson est chargé d'établir la première manufacture royale de soie à Aubenas. Suivent celle de Lavaur en 1757, puis d'autres projets de mécanisation d'ateliers existants ou de créations *ex nihilo* de manufactures. Est-ce en raison d'insuffisances dans l'organisation économique, d'une inadaptation de la structure aux produits fabriqués ? Toujours est-il qu'avec des machines reconnues unanimement pour leurs qualités, les manufactures créées par Vaucanson ont survécu tant bien que mal pendant quelques dizaines d'années, sans jamais obtenir le succès escompté. Comme la fonderie royale du Creusot, qui subira un sort semblable dans les années 1780, on se trouve face à des innovations importantes, tant techniques qu'économiques, mais qui devront attendre de véritables patrons pour devenir rentables. Toutefois, comme par exemple dans le Forez et le Dauphiné, la mécanisation apportée par Vaucanson aura permis un développement important de l'industrie textile avec l'avènement des métiers Jacquard après 1805. On en dénombrait 18 000 en 1812 dans ces régions.

Montrer pour faire comprendre

Enfin, Vaucanson est aussi, bien sûr, à l'origine du Conservatoire national des arts et métiers. Sa création est due à la rencontre de deux courants. Le premier, c'est l'importance du modèle réduit dans la recherche technique. Ce phénomène nous ramène à l'histoire des techniques depuis ses origines où, des mécaniciens grecs jusqu'aux théâtres de machines du XVIIe siècle, les techniciens réalisent des modèles des machines qu'ils souhaitent construire, soit pour en étudier le comportement, soit pour obtenir de leur producteur les moyens nécessaires à leur fabrication. Le second, c'est la transmission des savoir-faire qui passe avant tout par la monstration. Comme le souligne B. Gille, Vaucanson « représente l'aboutissement le plus parfait de ce courant modéliste, courant, faut-il le souligner, tout autant de démonstration que de recherche, de diffusion et de progrès technique [1] ». En effet, Vaucanson a réuni, parallèlement aux modèles des machines qu'il concevait, une collection de petits modèles d'origines diverses. Après la mort de Vaucanson, survenue en 1782, le roi décide de créer en son ancien domicile, l'hôtel de Mortagne, un « dépôt public de modèles des machines principalement utilisées dans les arts et les fabriques ». Cette collection, destinée à encourager l'invention technique, devait être alimentée par un dépôt systématique de machines nouvelles par les différents inventeurs et artistes. Malgré les tourments qui accompagnèrent le projet dans les années qui suivirent, le Conservatoire fut officiellement créé le 10 octobre 1794 sous l'impulsion décisive de l'abbé Grégoire.

La double mission de conservation et d'éducation dont est doté l'établissement naissant eut une importance considérable tout au long du XIXe siècle. Les différents musées d'art et d'industrie qui voient le jour en effet dans différents centres industriels sont les héritiers d'un large courant de diffusion du savoir technique dont l'*Encyclopédie* de Diderot et les cabinets de physique du XVIIIe siècle représentent des étapes majeures. A Roubaix, Saint-Étienne ou Mulhouse sont ainsi mises en place des structures éducatives destinées à former des techniciens ou des ouvriers qualifiés, sur la base de modèles industriels. Certes, ces musées ont aujourd'hui perdu de leur importance car leur sens originel est généralement oublié, mais ce type de formation, fondée sur une appréhension très concrète des machines, n'a pas pour autant perdu de son actualité.

---

1. Bertrand Gille (dir.), *Histoire des techniques*, Paris, Gallimard, coll. «Encyclopédie de la Pléiade», 1978, p. 1444.

Au-delà d'une simple mission de conservation d'un patrimoine, ces pères des grands musées techniques mondiaux d'aujourd'hui s'étaient donné pour tâche d'instruire un large public, et pas seulement celui des spécialistes de la science et de la technique.

C'est réellement une véritable culture technique que visaient à propager ces institutions originales, et le Conservatoire national des arts et métiers s'est imposé comme modèle culturel et pédagogique aux autres initiatives du XIXe siècle.

sixième partie

La civilisation industrielle

1. Panorama

Nous avons laissé l'Ancien Monde en 1776, alors que James Watt mettait en route sa première machine à vapeur à simple effet. Cette même année, Turgot abolissait les corporations et, quelques années plus tard, éclatait la grande Révolution française. Par analogie avec ces événements, aboutissement d'une révolution des idées en germe depuis plusieurs décennies, on forgera plus tard le nom de « révolution industrielle », quand les historiens se rendront compte que s'est produit, à la fin du XVIIIe siècle, un tournant décisif dans l'histoire des techniques, un domaine longtemps considéré comme un appendice de la petite histoire de la vie quotidienne, ou de la grande histoire économique et sociale. Ce champ de l'histoire des techniques et des industries, qu'aujourd'hui on tente d'étudier aussi finement que celle des monarques et des conflits, a longtemps été marqué de la patte des premiers qui s'y sont intéressés, les économistes. Les ouvrages sur la révolution industrielle ne manquent donc pas. Mais cette révolution industrielle est-elle aussi une révolution technique ? Le brusque décollage économique d'une Angleterre encore largement rurale, s'accompagne-t-il d'un changement technique aussi brutal ? Ce n'est pas un hasard si l'on s'est tout d'abord intéressé aux techniques préhistoriques ou classiques. L'étude des changements techniques de la civilisation qui s'ouvre à l'aube du XIXe siècle bute sur de nombreuses difficultés ; celle que pose un milieu technique extraordinairement mouvant et complexe n'est pas la plus facile à surmonter.

La réaction en chaîne qui s'est esquissée au cours du XVIIIe siècle est bien modeste en regard de celle que connaîtra le siècle suivant. Et si la révolution industrielle a pris naissance en ce dernier tiers du siècle des Lumières, est-on bien sûr qu'elle soit aujourd'hui révolue ? Le recul nous manque pour apprécier toute la portée des profonds bouleversements techniques qui ont ébranlé la société occidentale pendant les deux siècles écoulés.

Après toutes ces questions, on ne peut aborder un tel chapitre qu'avec une extrême modestie, et si l'on croit faire émerger l'essentiel, peut-être les années qui viennent nous contrediront-elles.

Plus on se rapproche de l'époque que nous vivons, plus le temps semble s'accélérer et plus un travail de synthèse semble empreint d'arbitraire. Si nous acceptons donc la formule maintenant passée dans le langage courant de « révolution industrielle », nous refuserons de parler d'une seconde ou d'une troisième, correspondant respectivement à l'avènement de l'électricité ou de l'énergie nucléaire. Tout juste tenterons-nous, lors du prochain et dernier chapitre, d'émettre quelques hypothèses sur le présent et l'avenir, en sachant combien ce qui nous paraît révolutionnaire aujourd'hui risque de sombrer bien vite dans l'oubli.

Nous avons fixé la limite antérieure de la période ici étudiée à une date précise qui, à quelques années près, correspond à une réelle rupture dans l'histoire des techniques occidentales. La limite postérieure de ce chapitre sera paradoxalement, si l'on garde l'idée d'un temps qui s'accélère, beaucoup plus floue. Nous nous arrêterons au temps qui sépare jadis de naguère ou, pour éviter cette solution de facilité, au centre de notre siècle, dans un immédiat après-guerre où les rythmes de la croissance redémarrent brutalement, sans nous étendre davantage sur l'arbitraire d'un tel découpage.

Les gens de culture connaissent fort bien événements et tendances qui ont marqué ces quelque cent soixante-quinze ans d'histoire. Les techniciens, davantage encore que les scientifiques, n'ont qu'une bien faible idée de l'histoire de leur discipline. La simple question de la datation d'une machine ou d'une innovation technique ouvre généralement la voie aux réponses les plus fantaisistes. L'ingénieur vit sans mémoire ou avec tout au plus celle des quelques années écoulées. Pourtant, la plus grande partie des objets techniques avec lesquels nous vivons aujourd'hui sont issus d'innovations ayant déjà plus d'un siècle, que ce soit l'archaïque automobile, la photographie, le téléphone ou même l'avion.

Certes, le monde des objets produits en masse semble atteindre aujourd'hui certaines limites. Mais nous sommes encore profondément ancrés dans la civilisation industrielle, dans la société de production de biens matériels qui s'ouvre à la fin du XVIIIe siècle. L'esprit même d'une parcellisation des tâches, d'une organisation scientifique du travail que notre siècle a porté à un haut degré, a bien du mal à être remis en question. Et si Diderot a eu lui aussi récemment son bicentenaire, le message universel, globalisateur de l'*Encyclopédie*, ne semble guère faire de nouveau recette.

Comme précédemment, nous nous bornerons, dans cette synthèse, à tracer les grands traits de près de deux siècles d'évolution des techniques. Nous proposerons au lecteur de nous accompagner ensuite dans les ateliers : ceux d'un grand « capitaine d'industrie », Japy, qui nous montrera comment l'innovation technique et l'organisation industrielle peuvent déboucher sur un capitalisme régional de grande portée ; et les ateliers où une classe d'ouvriers bien particulière, les riveurs, perpétue au sein de la grande industrie des traditions artisanales ancestrales.

Si l'on ne devait retenir de la civilisation industrielle que trois grands domaines où elle a le plus fortement imprimé sa marque, ce seraient à coup sûr l'énergie, les matériaux et les communications. Pour ces trois secteurs, on assiste à un changement d'échelle et de nature sans précédent depuis l'aube des temps.

La société de consommation... d'énergie

C'est la mutation des techniques textiles anglaises du XVIIIe siècle qui a commencé à bouleverser le monde de l'industrie. Le grand mouvement que nous avons évoqué en conclusion de la période classique a provoqué une demande d'énergie croissante pour satisfaire aux besoins de l'industrie textile, puis à ceux de la métallurgie et de la construction des machines-outils. Le bois, principal fournisseur d'énergie combustible, ne suffit plus à alimenter les usines à fer et il faut se tourner vers d'autres ressources énergétiques. La houille, ou « charbon de terre », est sollicitée pour remplacer le charbon de bois dans les hauts fourneaux dès les années 1730 avec l'introduction de la fonte au coke. Elle le remplacera de plus en plus pour l'alimentation des machines à vapeur naissantes et deviendra le principal combustible au cours du XIXe siècle. Son exploitation systématique donnera lieu elle-même à la création d'une industrie minière mécanisée engendrant une demande croissante en machines d'extraction, d'exhaure ou de préparation des minerais. Pendant plus d'un siècle, l'équilibre rompu du système technique ancien entraînera des mutations importantes dans tous les secteurs de l'industrie, s'alimentant les uns les autres en une gigantesque spirale qui n'aboutira à un nouvel équilibre qu'au cours du XXe siècle.

Alors que, jusque-là, les systèmes techniques des différentes régions du monde se développaient avec une relative indépendance, la révolution industrielle ouvre une ère dans laquelle ces régions vont de plus en plus interférer. Dès lors que le bois, l'eau et la houille ne tiendront plus la première place des ressources énergétiques, le système technique acquerra peu à peu une échelle mondiale. L'apparition du pétrole, du gaz, puis de l'énergie nucléaire, va redistribuer la carte énergétique du globe.

Après le développement considérable de la civilisation industrielle occidentale au cours du XIXe siècle, le XXe voit s'accentuer la discrimination entre des pays développés, grands consommateurs d'énergie, et des pays riches en matières premières — minerais, charbon, pétrole, uranium... —, mais vivant dans un autre système technique et économique. Et cet équilibre-là n'est probablement pas près d'être rétabli. A une échelle planétaire, on assiste, au cours du XIXe siècle, à un phénomène proche de la mutation médiévale qui avait vu, mais alors à l'échelle d'un pays, les centres industriels se rassembler autour des rivières et des régions minières.

Le phénomène nouveau apparu au cours du XIIe siècle était l'importance des cours d'eau comme énergie motrice, besoin qui, nous l'avons vu, n'existait pratiquement pas dans l'Antiquité, même chez les Romains qui connaissaient pourtant le moulin à eau. La nouveauté de la révolution industrielle en matière énergétique est le rôle des « transmetteurs » d'énergie, intercalant une couche supplémentaire entre la source et l'utilisation.

Panorama

```
┌─────────────┐                    ┌─────────────┐
│   SOURCES   │                    │ UTILISATION │
├─────────────┤                    ├─────────────┤
│    Eau      │ ─────────────────► │  Moulins    │
│    Bois     │                    │  Forges     │
│   Animal    │                    │  Textiles   │
│             │                    │  Papier…    │
└─────────────┘                    └─────────────┘
```

Système technique préindustriel

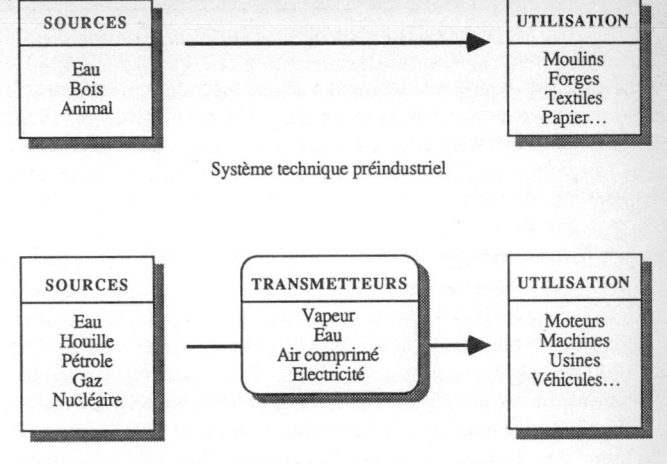

```
┌─────────────┐   ┌───────────────┐   ┌─────────────┐
│   SOURCES   │   │ TRANSMETTEURS │   │ UTILISATION │
├─────────────┤   ├───────────────┤   ├─────────────┤
│    Eau      │   │    Vapeur     │   │  Moteurs    │
│  Houille    │──►│     Eau       │──►│  Machines   │
│  Pétrole    │   │ Air comprimé  │   │   Usines    │
│    Gaz      │   │  Electricité  │   │ Véhicules…  │
│  Nucléaire  │   │               │   │             │
└─────────────┘   └───────────────┘   └─────────────┘
```

Système technique de la civilisation industrielle

Schéma des transmetteurs d'énergie.

Jusqu'à la moitié du XIXe siècle environ, les unités de production, qu'il s'agisse du simple moulin à grain, de la forge ou de l'usine textile, restent en majorité concentrées près des rivières. Le changement se produira progressivement à l'intérieur des usines, par l'arrivée successive de la vapeur, de l'eau sous pression, puis de l'air comprimé comme moyens de transmission de la force motrice. C'est l'électricité qui créera une mutation radicale dans la distribution de l'énergie à l'aube du XXe siècle. Avec elle, l'énergie peut être transmise à de grandes distances, et être utilisée avec une souplesse jamais atteinte. Certes, cela ne se fera pas en un jour : il faudra régler le délicat problème des pertes en ligne, qui ne sera résolu véritablement qu'avec l'invention des transformateurs statiques dans les années 1880. Toutefois, c'est tout le système technique de notre siècle qui se verra profondément modifié avec l'avènement de la distribution d'électricité. Les réseaux, un des éléments prépondérants de notre système technique contemporain, sont nés avec l'électricité, et sont aujourd'hui à tel point répandus que l'homme a perdu une grande part de son autonomie. Le paysan d'Ancien Régime pouvait encore vivre en relative autarcie, l'homme d'aujourd'hui est intimement dépendant des réseaux d'énergie et de communication qui dépassent largement l'échelle même d'un pays.

La roue hydraulique réinventée

L'interdépendance de plus en plus grande des techniques au cours du XIXe siècle engendre une course permanente entre l'évolution des systèmes de production, de distribution et d'utilisation de l'énergie. Les progrès parallèles de la métallurgie du fer et des connaissances scientifiques à la fin du XVIIIe permettent d'accomplir des progrès importants dans le rendement des roues hydrauliques. Si l'on qualifie souvent le XIXe de siècle de la vapeur, il ne faut pas sous-estimer la place qu'y occupe encore l'énergie hydraulique. Alors que l'Angleterre, à la naissance de la révolution industrielle, s'oriente vers ses abondantes ressources naturelles en fer et en charbon, développant par là les techniques métallurgiques et la machine à vapeur, la France, moins riche en matières premières mais pourvue de nombreux cours d'eau, travaille au perfectionnement de la roue hydraulique. Nous avons vu que les roues à cuve des moulins du Bazacle, à Toulouse, représentaient un pas important dans le long chemin qui allait aboutir aux turbines hydrauliques modernes. Suite continue de perfectionnements, l'émergence de la turbine, en France, est principalement le fait d'ingénieurs qui, depuis Euler au XVIIIe siècle jusqu'à Fourneyron dans les années 1830, ont porté le rendement des roues hydrauliques à plus de 80 % et la puissance à 60 et même 220 CV pour les turbines que Fourneyron construisit à Augsbourg. La volonté de la France de promouvoir cette énergie s'est concrétisée dans le prix de 6 000 francs offert par la Société d'encouragement pour l'industrie nationale à quiconque « appliquerait à l'animation des usines et des ateliers, sur une grande échelle et de façon satisfaisante, les turbines ou roues hydrauliques à aubes incurvées de Bélidor [1] ».

1. Cité par Norman Smith, « L'histoire de la turbine à eau », *Histoires de machines*, Paris, Belin, 1982, p. 55.

Mannoury d'Ectot, dans les années 1800, puis Poncelet un peu plus tard avaient bien pressenti le principe d'aubes distributrices permettant d'optimiser l'écoulement du fluide sur les pales de la roue ; mais ce furent les progrès de Fourneyron, puis de Kaplan et Pelton aux États-Unis, qui donneront à la turbine sa configuration moderne. Son importance reste capitale aujourd'hui comme générateur d'électricité, un quart de l'énergie électrique mondiale reposant encore sur l'énergie hydraulique.

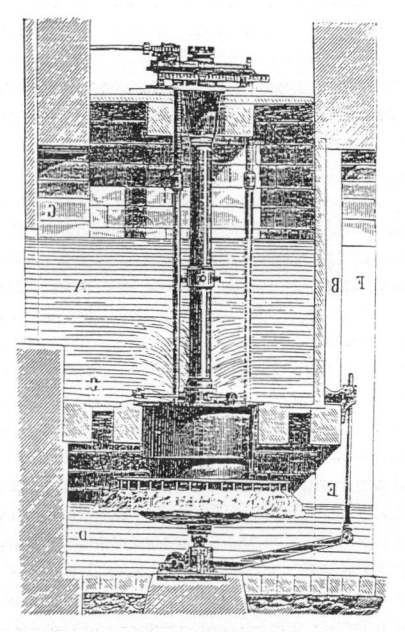

Turbine de Fourneyron.

En aval de la chaîne énergétique, le système technique contemporain s'est fondé sur la mise au point et l'utilisation sans cesse croissante de moteurs adaptés aux différentes machines créées : moteurs à vapeur au départ, dont le progrès a accompagné l'expansion des chemins de fer pendant plus d'un siècle, moteurs électriques ensuite et, enfin, les moteurs à combustion interne qui ont connu, avec l'automobile et le pétrole, un développement considérable.

Alors que les perfectionnements des machines à vapeur, des roues hydrauliques et des machines-outils jusqu'au milieu du XIXe siècle sont restés essentiellement le fait d'ingénieurs isolés, de contremaîtres ou de constructeurs de machines, les progrès de l'électricité et du moteur à combustion n'ont pu aboutir que grâce à une démarche scientifique systématique. Ils sont le fruit d'un esprit scientifique et d'un ensemble de facteurs favorables mis en place dès la fin du XVIIIe siècle : élaboration d'un enseignement scientifique et industriel, développement d'une abondante littérature technique et création d'expositions industrielles favorisant la diffusion des recherches et l'émulation des constructeurs. Mais ce n'est pas avant le milieu du XIXe siècle que la technique peut enfin utiliser les acquis des sciences pour progresser.

Avec le recul dont nous disposons aujourd'hui, nous constatons que l'évolution générale des générateurs et transmetteurs d'énergie suit un mouvement constant et très net de «dématérialisation», qu'on peut distinguer depuis les origines de la technique, mais qui marque une accélération notable depuis la révolution industrielle. Du côté des sources primaires, on a utilisé d'abord l'homme et l'animal, sous forme de traction, de percussion, etc. ; puis l'homme a appris, avec le bois, à maîtriser le feu, et l'on sait combien ce pas est fondamental dans l'histoire de l'homme. Avec l'eau et le charbon de bois, dès le Moyen Age, puis la houille au XVIIIe siècle, sont franchis de nouveaux pas importants. Les processus pour utiliser ces formes d'énergie sont plus complexes et mettent en œuvre des savoir-faire longuement élaborés par des spécialistes : seul l'homme technicien peut y parvenir. Au cours de notre siècle se produit une rupture nette. Avec le pétrole, le gaz, puis l'énergie nucléaire, est devenu indispensable le recours à des ressources extérieures au monde de la technique. La chimie d'abord, puis plus près de nous des théories physiques nées de la recherche fondamentale à l'échelle microscopique sont requises pour libérer et utiliser ces énergies complexes.

Avant que ne se produise cette rupture récente, les transmetteurs d'énergie, au cours du XIXe siècle, ont subi un chemin similaire, qui va de la matière solide aux corpuscules élémentaires en passant par les phases du liquide et du gazeux. Ainsi voit-on utiliser successivement, après l'eau et la vapeur, l'air comprimé, puis l'électricité, chaque étape demandant un rassemblement de compétences diversifiées détenues par des spécialistes au domaine de plus en plus pointu. Ce processus général de dématérialisation, que nous retrouverons à propos des communications, est l'un des traits dominants que l'historien des techniques peut lire dans les profondes mutations dont a été l'objet notre société occidentale depuis deux siècles.

La trilogie fer-fonte-acier

Dans le système technique qui s'élabore au cours du XVIIIe siècle, le charbon et le fer jouent le premier rôle. Le XIXe siècle poursuivra sur cette lancée en donnant à la métallurgie du fer un essor incomparable, tant pour les quantités produites que pour les nombreuses innovations qui verront le jour. A cette phase ferreuse succédera celle des alliages, puis celle des métaux légers à base d'aluminium, avant que le XXe siècle ne voie arriver les matériaux synthétiques qui bouleverseront la conception traditionnelle des matériaux.

Le développement de la sidérurgie au XVIIIe siècle a suivi un chemin parallèle à celui de l'industrie textile, et a conduit la vieille industrie du fer à une transformation radicale. Nous avons vu l'industrie textile bâtie autour de deux principales phases : la filature et le tissage. L'industrie sidérurgique, depuis le Moyen Age, se décompose elle aussi en deux étapes principales : la fonderie, qui produit de la fonte à partir du minerai de fer, et la forge, qui transforme la fonte en fer par affinage. La première innovation importante est l'utilisation du coke à la place du charbon de bois dans le haut fourneau. Suite à la pénurie de bois dont commençait à souffrir l'Angleterre au début du XVIIIe siècle, on cherchait un procédé permettant d'épurer le charbon de terre, disponible en abondance, afin de remplacer le charbon de bois. La solution, comme souvent

PUDDLEUR

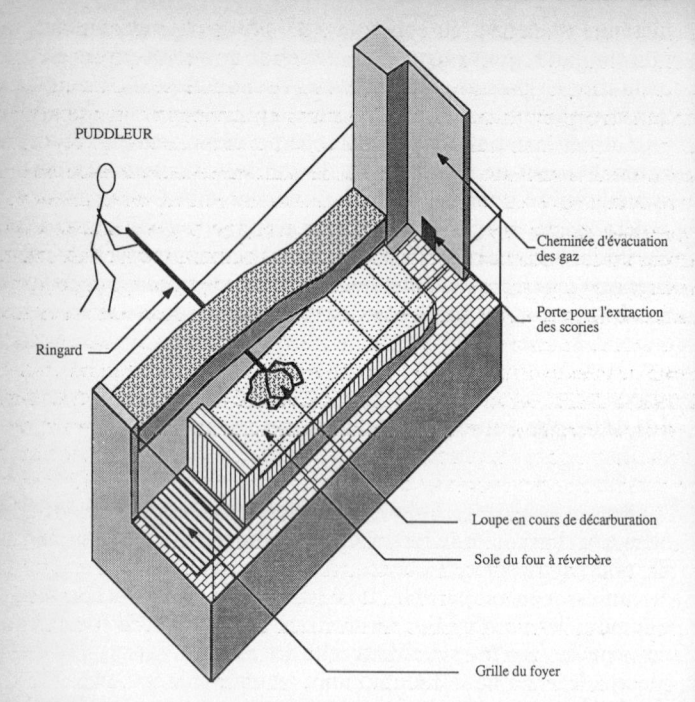

Ringard

Cheminée d'évacuation des gaz

Porte pour l'extraction des scories

Loupe en cours de décarburation

Sole du four à réverbère

Grille du foyer

Schéma d'un four à puddler.

dans l'histoire des techniques, est venue de l'extérieur. Les brasseurs du Derbyshire utilisaient depuis quelques décennies une sorte de coke pour le traitement du malt, le passage du charbon de bois à la houille ayant provoqué là aussi une notable dégradation de la qualité. C'est Abraham Darby qui, ayant travaillé dans la brasserie, utilisa le premier ce nouveau combustible pour la fabrication de la fonte en 1709. Le procédé donna bientôt une qualité équivalente à la fonte au bois tout en permettant de traiter d'importantes quantités dans des hauts fourneaux plus volumineux, le coke se révélant bien plus résistant que le charbon de bois à la compression.

Comme dans le cas du textile, c'est la seconde étape qui, à

présent, freine le développement de l'ensemble : la quantité de fonte produite, dès le milieu du siècle, est tellement importante qu'il faut trouver en aval un nouveau procédé d'affinage plus productif. Le procédé nouveau, découvert simultanément par Cort et Onion en 1783-1784, consistait, d'une part, à décarburer la fonte dans des fours à puddler, d'autre part à étirer le métal dans des laminoirs après cinglage.

A la fin du XVIIIe siècle, l'ensemble technique de la sidérurgie s'est déjà profondément modifié et l'eau, précédemment nécessaire pour actionner les soufflets, n'est plus indispensable. La houille sert de combustible à la fois pour la réduction et pour l'alimentation de la machine à vapeur actionnant les soufflets. Dès lors, l'industrie sidérurgique n'est plus liée à la proximité géographique d'une rivière et peut s'implanter près des mines.

Grâce à ces progrès importants, la sidérurgie prend un essor sans précédent. Entre 1788 et 1806, la production de fonte en Angleterre a presque quadruplé et la productivité du haut fourneau a progressé de 50 %. Après les premières grandes innovations du XVIIIe siècle, la technique sidérurgique subira une mécanisation progressive du puddlage et plusieurs perfectionnements dans le soufflage des hauts fourneaux, mais la sidérurgie moderne n'apparaîtra qu'avec l'avènement des procédés Bessemer et Martin dans les années 1850 qui permettent enfin de s'affranchir du puddlage et de produire de l'acier directement à partir de la fonte. Dès lors s'ouvre la voie qui conduit à la production des alliages de plus en plus complexes que les constructeurs de machines ou de matériaux de construction attendaient.

Entre-temps, l'Angleterre, à la pointe du progrès cent ans plus tôt, cède la première place aux pays d'Europe continentale — France et Allemagne notamment — et aux États-Unis qui connaissent alors leur propre révolution industrielle. Avant que l'acier ne parvienne à des nuances précises et stables, le fer puddlé restera encore utilisé quelques décennies durant par les ingénieurs, dont Gustave Eiffel qui l'utilise pour ses grandes constructions comme le viaduc de Garabit ou sa célèbre tour.

Au cours du XIXe siècle apparaissent aussi les nouveaux procédés de production de l'aluminium qui, de métal « précieux », deviendra le matériau commun que nous connaissons aujourd'hui. Née au milieu du siècle sous l'impulsion de Sainte-Claire Deville, la métallurgie de l'aluminium connaîtra à son tour une croissance extrêmement rapide, la production mondiale, dominée par les États-Unis au cours du XXe siècle, passant de 175 tonnes en 1888 à 480 000 en 1937 et le prix en étant divisé par cent durant la même période.

Le contexte a profondément évolué depuis le siècle précédent. A présent, les progrès se situent à l'échelle des nations ; d'une part, ils mettent en jeu des firmes dotées de puissants moyens financiers, d'autre part ils nécessitent le concours de l'électricité et de la chimie à l'échelle industrielle.

La naissance de l'industrie chimique

C'est une fois encore le textile qui fut à l'origine de l'industrie chimique à la fin du XVIIIe siècle, alors que l'accroissement de la production des tissus avait créé un nouveau goulet d'étranglement dans le blanchiment et les teintures. Les opérations de lessivage, rinçage et séchage étaient alors très lentes et exigeaient de vastes terrains. La découverte du chlore par le Suédois Scheele, en 1774, ouvrit la voie à sa fabrication industrielle dès 1777 dans l'usine de Javel, à partir des travaux de Berthollet. Mais pour blanchir les textiles, il fallait aussi d'autres produits chimiques, et notamment des produits à base de soude. Le nouveau procédé de production de soude mis au point par Leblanc en 1776 acheva de mettre en place, au début du XIXe siècle, les bases d'une nouvelle industrie chimique fondée essentiellement sur l'acide sulfurique et la soude. Dès lors l'industrie chimique se développe comme les autres secteurs industriels au XIXe siècle, c'est-à-dire en profitant à la fois des avancées scientifiques et des progrès du machinisme : machines à vapeur, transports ferroviaires, machines-outils, chaudronnerie lourde, etc.

Parmi les plus grandes répercussions contemporaines de l'industrie chimique, la place primordiale revient à la mise en œuvre de nouveaux matériaux, d'abord à partir de matériaux naturels comme le caoutchouc, puis par la création des matériaux de synthèse aboutissant à l'explosion récente des matières plastiques. L'exploitation des produits coloniaux au XVIIIe avait introduit l'utilisation du caoutchouc naturel pour des besoins mineurs. Ce fut la découverte de la vulcanisation par Goodyear en 1839 qui ouvrit la voie à ces recherches : recherches longtemps menées par tâtonnements, avant que la recherche fondamentale ne prenne le relais vers 1935 pour faire naître une importante industrie des polymères. Le chemin fut long pour en arriver là, et tout au long du XIXe siècle se sont succédé de nombreuses inventions visant à imiter des matériaux existants. Le celluloïd, premier plastique artificiel mis au point vers 1870, remplaça l'ivoire, l'écaille et la corne. Plus tard, les polymères, profitant des avancées de la chimie, permettront de réaliser par synthèse des matériaux moulables, des fibres synthétiques pour le textile, mais aussi des colles de plus en plus performantes. Les guerres joueront, comme par le passé, un rôle de catalyseur pour favoriser la recherche industrielle, dans le domaine de l'aviation notamment : imperméabilisation des voilures d'avions lors de la Première Guerre mondiale et développement du nylon pour les toiles de parachute lors de la Seconde.

Du bois aux métaux, puis des métaux aux plastiques, la révolution industrielle a, en deux siècles, complètement renouvelé le monde des matériaux par ces deux étapes fondamentales. Mais ces progrès ne sont jamais restés isolés. Ce n'est que par une suite de perfectionnements mineurs, par une imbrication de plus en plus complexe des différents domaines industriels et grâce aux avancées des sciences fondamentales qu'a pu voir le jour le nouveau système technique contemporain.

L'explosion des transports

Le rôle des communications au cours de ces deux siècles peut lui aussi se décomposer en deux étapes. La première étant celle des transports « matériels », avec l'extraordinaire développement des chemins de fer au cours du XIXe siècle, puis celle des transports d'information, ouvrant la voie à la civilisation de notre fin de XXe siècle.

La machine à vapeur avait commencé, avec Newcomen, à remplacer les sources d'énergie naturelles et avait donc permis de s'affranchir des contraintes climatiques et géographiques dans les mines, puis dans l'industrie textile. Bien avant la locomotion terrestre, c'est donc dans la navigation, alors uniquement à voile, que la vapeur trouva une première utilisation propulsive. Les bateaux permettant en outre de supporter les lourdes charges des machines, les premiers essais de bateaux à vapeur furent réalisés en 1783 par Jouffroy d'Abbans sur la Saône, avec une machine de Newcomen puis par Symington en Angleterre en 1787 avec une machine de Watt. Mais ce n'est qu'en août 1807 que le premier navire à vapeur commercial, le *Clermont* de Robert Fulton, circula sur l'Hudson, entre New York et Albany. Les premiers bateaux à vapeur restaient des bateaux de rivières, mus par les imposantes roues à aubes, bien connus par leur grand développement aux États-Unis. La navigation maritime ne vit le jour qu'une vingtaine d'années plus tard, la propulsion à vapeur restant encore pendant plusieurs années utilisée parallèlement à la propulsion éolienne. Ces navires gardent encore une silhouette très traditionnelle hormis la cheminée qui trahit l'existence d'une machine à vapeur. Les rapports entre Europe et Amérique se développent au rythme de ces nouveaux transports maritimes. La durée de la traversée passe d'une trentaine de jours en 1835 à une quinzaine avec le *Great Western*, premier transatlantique moderne, puis à une huitaine vers 1860.

L'apparition des coques en fer et de l'hélice suivent un chemin semblable et parallèle : premiers essais à la fin du XVIIIe siècle et perfectionnements pendant les quelque trente années suivantes. L'aboutissement de ces recherches se concrétise par le *Great Britain*, construit par Brunel en 1844 et doté d'une coque en fer, d'une machine à vapeur et d'une propulsion par hélice. Les machines marines, de dimensions considérables, demandent elles aussi la mise en œuvre de machines et de techniques de fabrication à la mesure de leur taille, ce qui exige notamment la mise au point des marteaux-pilons pour le forgeage des arbres d'hélice.

Le complexe fer-houille-vapeur, mis en place dans les années 1780 en Angleterre, débouche naturellement sur l'avènement du chemin de fer. La mine joue traditionnellement, pourrait-

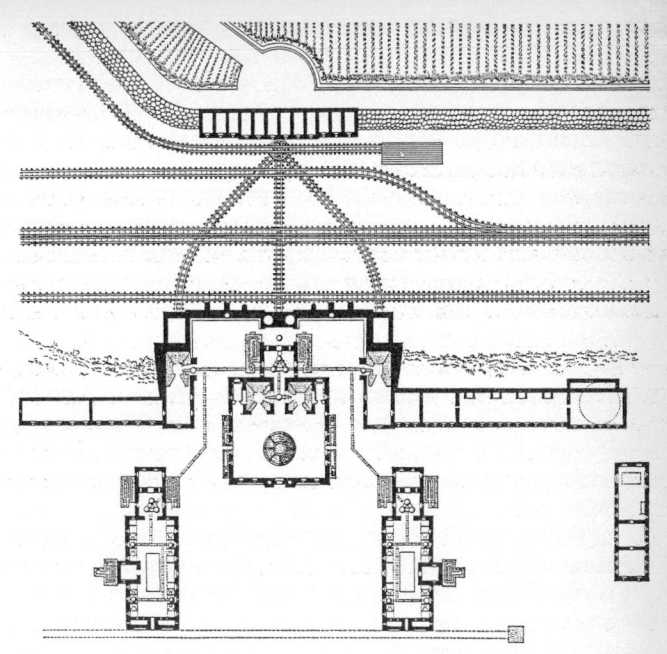

La Fonderie royale du Creusot. (Voir les rails.)

on dire, un rôle moteur, comme ce fut le cas pour le machinisme à la fin du Moyen Age ou pour la machine à vapeur deux siècles plus tard. Les rails existent certes depuis longtemps, souvent simples chemins de bois pour tirer les chariots de mines, mais à présent qu'est disponible un matériau plus résistant, des barres de fonte sont utilisées pour cet usage. C'est semble-t-il au Creusot, sur le site de la Fonderie royale créée en 1782 pour produire de la fonte au coke selon le procédé anglais, qu'apparaissent les premiers rails métalliques. Le chemin de fer est né, si l'on veut, mais la locomotive n'existe pas encore ! Il faut attendre pour cela de pouvoir installer sur des roues une machine à vapeur, ce qui est encore impossible à la fin du XVIIIe siècle tant pour des raisons de dimensions que de consommation. Les premiers essais de Richard Trevithick, ingénieur aux houillères de Cornouailles, sur une machine routière, l'orientent rapidement vers le rail compte tenu du poids de la machine et de l'état des routes. Mais il parvient quand même à faire rouler la première véritable locomotive en 1804, machine présentant comme principal progrès l'utilisation de la haute pression. Attention, il ne s'agit encore que d'une pression de 3 à 4 atmosphères, encore faible mais toutefois supérieure à celle des machines précédentes qui ne dépassaient guère l'atmosphère. L'histoire des locomotives est suffisamment connue pour que nous n'y revenions pas ici. Nous rappellerons seulement les trois autres progrès fondamentaux qui amenèrent la locomotive à vapeur à son complet développement au début de notre siècle : la chaudière tubulaire de Marc Seguin en 1829, la double expansion de Mallet en 1876 et enfin l'utilisation de la surchauffe par W. Schmidt en 1898. Dès les débuts du chemin de fer, sont mis en place les types de voie — roues à boudin plutôt que rails à rebords — et leurs largeurs — voies larges et voies étroites — permettant une véritable diffusion du nouveau type de transport. Les retombées du chemin de fer sont considérables, tant en amont par la demande en produits métalliques, machines-outils, combustible, etc., qu'en aval par la circulation de biens matériels qu'il permet, à une vitesse encore jamais atteinte. Comme pour les autres secteurs de l'industrie, le chemin de fer suivra l'évolution des sources d'énergie avec le passage à l'électricité et au moteur Diesel, le gaz ne jouant qu'un rôle secondaire.

Alors que le chemin de fer poursuit son expansion, les transports routiers restent longtemps soumis à la traction animale sur des chemins rudimentaires. La tentative de Cugnot, en 1770, pour adapter une machine à vapeur à la traction d'un véhicule, se heurtera, entre autres, à ce problème de l'inadaptation de la voirie et restera, malgré son ingéniosité, sans lendemain. C'est seulement l'arrivée des moteurs à combustion interne à la fin du XIXe qui permet d'envisager une propulsion mécanique pour des véhicules routiers. Deuxième phase importante du développement des transports terrestres, l'automobile ne deviendra véritablement un mode de transport rentable qu'à l'aube de notre siècle avec la mise en place d'un réseau routier fondé sur la route asphaltée. Si l'automobile subit alors des changements importants dans sa forme et ses caractéristiques, on peut avancer tout de même qu'entre la Ford T, lancée en 1938, et les voitures qui sillonnent aujourd'hui les routes, l'évolution reste limitée. Ses éléments structuraux — moteur, transmission, châssis, carrosserie — se perfectionnent indépendamment, en suivant la mode et les progrès de la mécanique et des matériaux, mais les contraintes d'une production de masse la figent dans une structure globalement inchangée.

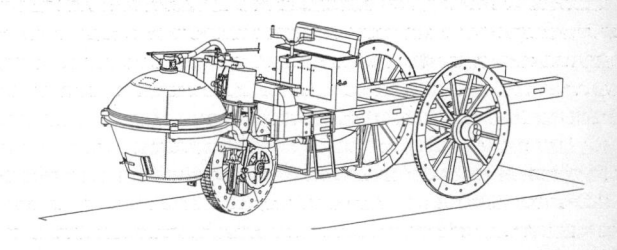

Le fardier de Cugnot, modélisation réalisée par l'université de technologie de Compiègne, à l'aide des moyens informatiques du Centre de calcul d'EDF à Clamart.

Pratiquement en même temps que l'automobile se développe l'aviation, avec les énormes progrès liés là aussi aux deux guerres mondiales qui ont largement profité à ce nouveau mode de transport avant qu'il n'aboutisse à une utilisation commerciale. Le pas franchi par l'avènement des transports aériens est avant tout psychologique. Le fait de voler, déjà réalisé dès la fin du XVIIIe siècle avec les montgolfières, ne prend sa véritable dimension qu'avec la faculté de naviguer sur des engins « plus lourds que l'air », réalité longtemps perçue comme irréalisable.

En tout état de cause, l'ensemble des transports a subi jusqu'à la veille de la Première Guerre mondiale des mutations extraordinaires. Mais ces profonds changements n'ont en fait d'égal que la relative stagnation qui a succédé à cette période riche en innovations. Si l'on met de côté les transports aériens, on peut aisément affirmer que tant les locomotives que les bateaux et les automobiles sont restés à un stade de développement technique proche de celui du début du siècle. La véritable mutation qui succédera à cette explosion des transports se situe à présent sur un autre plan, celui des transports « immatériels », transports de « nouvelles », de son, d'image et enfin d'information sous toutes ses formes.

Du transport de matière au transport de signes

Sous ce nom générique de communication, on entend en fait deux types de rapports bien distincts entre des hommes par l'intermédiaire de machines : la communication dans un seul sens, comme la consigne militaire ou l'information télévisuelle, et la communication dans les deux sens, comme le téléphone ou les échanges de données informatiques. La naissance des communications interactives actuelles a-t-elle été subrepticement amenée par la mise au point de techniques adéquates, ou est-elle le fait d'une volonté délibérée ? On peut penser, à la lecture de l'histoire, que la technique a en fait quasiment imposé un nouveau mode d'échanges par son propre développement.

La mise en place du réseau de télégraphe optique en France offre l'exemple d'un système directement lié à une volonté politique de transmettre des messages d'un centre de décision — en l'occurrence l'autorité militaire basée à Paris — vers des récepteurs répartis dans le territoire et choisis en fonction de nécessités tactiques. Ce réseau en étoile, bâti par Chappe à partir de 1793 sous l'égide du Comité de salut public, a permis, en une trentaine d'années, de transmettre des messages de Paris vers les régions les plus éloignées du territoire avec une rapidité inconnue jusqu'alors. Une dépêche de 25 mots pouvait ainsi parvenir de Paris à Strasbourg en 6 heures par l'intermédiaire des 52 relais établis sur des sites élevés réquisitionnés par l'État [1]. L'efficacité du système et son succès — en 1832 il est le seul système de transmission de ce type au monde — sont en fait davantage dus à une exploitation originale imaginée par des promoteurs ingénieux qu'à une innovation tech-

---

1. D'après Catherine Bertho (dir.), *Histoire des télécommunications en France*, Toulouse, Erès, 1984.

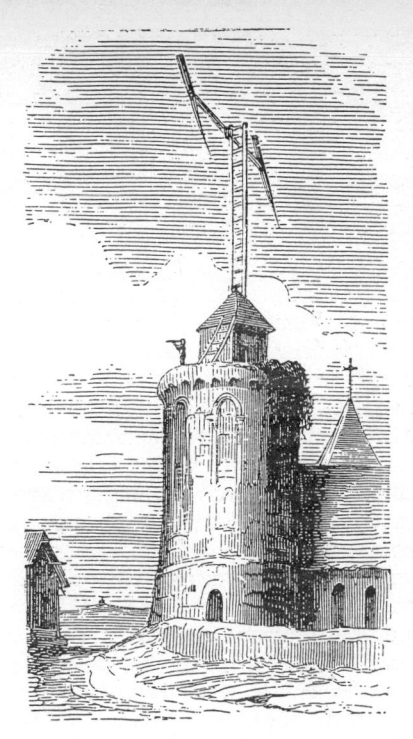

Télégraphe Chappe.

nique notable. Le fait mérite d'être souligné pour les conséquences qui en découleront.

D'un côté Claude Chappe, promoteur du système, propose non seulement un ensemble d'appareils de transmission de dépêches, mais aussi un environnement complet : un code efficace formé de mots, de chiffres ou de phrases adapté au type de dépêches de l'administration, ainsi que la mise en place et l'exploitation du réseau, avec notamment le recrutement et la formation des « stationnaires », ces gens chargés de surveiller en permanence le relais précédent dans l'attente d'un message. Cette proposition « clés en main » de l'inventeur est tout à fait typique des grandes réussites techniques aux différentes

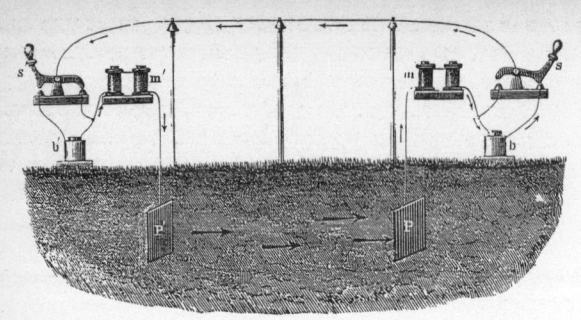

Télégraphe Morse — communication entre deux stations.

époques. Nous avons vu cette démarche pour Vaucanson qui offrait avec ses machines à tisser l'outillage nécessaire à leur fabrication ; nous la reverrons plus tard avec Edison qui, non seulement crée la lampe à incandescence, mais imagine un système complet comprenant fils, câbles et compteurs [1].

De l'autre côté, il se crée, de par l'origine gouvernementale du télégraphe optique, un monopole de l'État sur les communications qui se maintiendra en France jusqu'à aujourd'hui. Monopole de fait au départ, mais qui devra être inscrit dans une loi lorsque, en 1837, des hommes d'affaires utiliseront le système à l'insu de l'État pour transmettre des cours de la Bourse entre Paris et Bordeaux. Cette loi, composée d'un article unique, est toujours en vigueur dans l'actuel code des PTT : « Quiconque transmet sans autorisation des signaux d'un lieu à un autre, soit à l'aide d'appareils de télécommunications [de machines télégraphiques], soit par tout autre moyen, est puni d'un emprisonnement de un mois à un an et d'une amende de 3 600 à 36 000 F [de 1 000 à 10 000 F] [2]. »

Ce lien très particulier entre l'État et les télécommunications a permis la mise en place précoce d'un réseau efficace ; en revanche, il jouera, dès l'arrivée du système télégraphique de

---

1. Voir à ce sujet l'analyse économique détaillée de François Caron, *Le Résistible Déclin des sociétés industrielles*, Paris, Librairie académique Perrin, coll. « Histoire et décadence », 1985, p. 105-109.
2. Article 39 cité par Catherine Bertho, *op. cit.*, p. 22. Entre crochets, les termes de la loi de 1837.

Morse, le rôle de frein à son introduction en France, contrairement à l'Angleterre et aux États-Unis où il se développera rapidement sur un terrain vierge et grâce à une initiative strictement privée. En retour, et nous y reviendrons plus loin, ce monopole actuel est parfois regardé avec envie outre-Atlantique puisqu'il a permis à la France d'aujourd'hui de se doter d'un service vidéotex interactif unique au monde.

Les deux systèmes de communications que nous avons évoqués vont se développer parallèlement au cours des XIXe et XXe siècles, le télégraphe, originellement unidirectionnel devenant, grâce à Samuel Morse aux États-Unis et à Cook et Wheatstone en Angleterre, un instrument de communication interactif aux extraordinaires retombées économiques. Avant même la poste et les chemins de fer, se met en place une collaboration internationale pour ériger dès 1865 l'Union télégraphique internationale, chargée d'harmoniser les matériels, les protocoles de communications, les règlements, les tarifs, etc. Le réseau franchit la Manche, puis l'Atlantique dès le milieu du siècle. Ce développement mondial, à haute valeur économique, sera relayé dès 1876 par celui du téléphone qui se pose en concurrent du télégraphe avant de s'imposer principalement à l'intérieur des réseaux urbains.

Ne pouvant entrer ici dans le détail de l'histoire technique et économique des différents moyens de télécommunication [1], nous nous contenterons de relever quelques traits marquants de leur évolution. Ainsi, le cheminement d'un usage administratif vers un usage économique, puis d'un usage économique vers un usage public, qui a présidé à l'avènement du télégraphe aérien en France, se reproduit au tournant du siècle avec celui de la TSF, premier média moderne aux conséquences sociales considérables. L'électricité jouera un rôle majeur dans les mutations de ce secteur au cours de la première moitié de notre siècle. D'un côté se tisseront les réseaux interactifs de téléphone et de ses dérivés — télécopie, vidéotex... — ainsi que de télex, télétex, vidéocommunications qui

---

1. Outre l'ouvrage de Catherine Bertho déjà cité, on se reportera à celui de Jacques Perriault, *Mémoires de l'ombre et du son, une archéologie de l'audiovisuel* (Paris, Flammarion, 1981), qui aborde les différentes techniques de communication audiovisuelle dans une optique très globale.

créeront un paysage extrêmement complexe que les réseaux numériques tentent aujourd'hui d'unifier selon une tendance constante de l'histoire des techniques. De l'autre se développeront les réseaux de diffusion unidirectionnelle, comme la radio et la télévision. Dans cet ensemble naissent une catégorie d'appareils de reproduction des sons et des images qui donneront lieu aux industries de la photographie, du disque, du cinéma, etc.

Les automates grecs ou ceux de Vaucanson, les théâtres de machines du XVIIe siècle, les poupées en celluloïd, nous ont montré ce que nombre de techniques « sérieuses » devaient au plaisir, au jeu. Le phénomène se répète et s'amplifie avec les techniques de communication à distance de la civilisation industrielle. Le téléphone est perçu comme un jouet à ses débuts, et la télévision, comme la micro-informatique, n'ont d'autre application pratique, à leurs origines, que de satisfaire un goût de la curiosité. Mais les retombées économiques de ces nouvelles techniques qui aboutissent parfois, comme pour le cinéma ou la photographie, à des industries artistiques, constituent un phénomène d'une ampleur totalement nouvelle qui n'est pas à négliger dans une histoire des techniques où les financements sont indispensables à l'innovation.

L'essor des communications, souvent synonymes de plaisir, de voyages, ne doit pas masquer les autres retombées de la civilisation industrielle, surtout au XIXe siècle. Certes les conséquences sur des techniques ou des secteurs traditionnels comme l'agriculture se sont traduites en diminution de coûts, et la vie quotidienne s'est trouvée facilitée par l'introduction de nombreux objets nouveaux. Mais il en résulta aussi le profond déséquilibre social qu'ont connu essentiellement les villes industrielles, avec la formation d'une importante classe ouvrière, des déplacements de populations paysannes, etc.

La diffusion du savoir technique

Finalement, à regarder se dérouler la spirale de la révolution industrielle, on sent combien sont imbriquées toutes les techniques et comment elles s'enchaînent et se provoquent les unes les autres. En cela, point de rupture mais une foule d'innovations mineures, et quelques grands progrès tout de même qui en induisent à leur tour d'autres en cascade. Comme liant de cette profusion de nouveautés se profile de plus en plus l'écrit technique, sous toutes ses formes, et avec lui des échanges de plus en plus féconds entre gens de la technique. La *Description des arts et métiers* et l'*Encyclopédie* avaient donné à la littérature technique, déjà ancienne mais guère finalisée, un ressort nouveau. C'est une véritable explosion de l'écrit technique à laquelle on assiste depuis le début du XIXe siècle, avec notamment un développement considérable des périodiques, qui seuls peuvent suivre les avancées de la technique avec un rythme convenable.

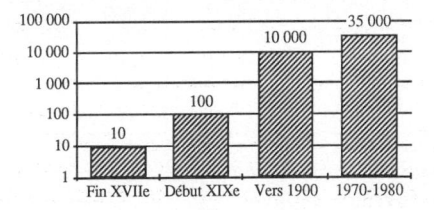

Nombre de périodiques scientifiques et techniques dans le monde.

Si la transmission du savoir technique à l'atelier se fait toujours par « le geste et la parole », pour reprendre l'expression de Leroi-Gourhan, le dessin technique prend, à partir des années 1850, une importance capitale à tous les échelons, comme média privilégié de l'univers technicien. L'ingénieur, pour sa part, prend connaissance des travaux de son secteur par livres et périodiques bien sûr, mais aussi par les recensements de brevets et les comptes rendus des congrès et des expositions où il n'aura pu se rendre lui-même. Les recettes qui avaient permis les progrès des sciences aux siècles précédents avec la création des Académies des sciences dans les différents pays d'Europe au cours du XVIIe siècle sont alors appliquées aux techniques qui, par ces différentes voies parallèles, font éclater l'information à une échelle planétaire.

Complément indispensable de cette transmission des savoirs techniques, la formation des cadres, des contremaîtres et des ouvriers est assurée par de nouvelles écoles d'ingénieurs plus ou moins spécialisées, et par des centres d'apprentissage où sont transmis les savoirs ouvriers par la démonstration, avec l'aide de modèles, par l'acquisition du langage graphique qui se rationalise et celle des rudiments de calcul indispensables à la cotation et à la lecture des dessins.

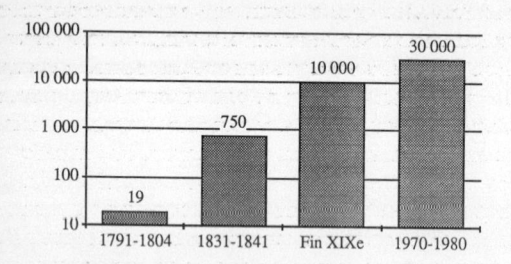

Nombre annuel de brevets délivrés en France.

Tous les ouvriers ne suivent pas un enseignement technique, et nombre d'entre eux, les moins qualifiés, font leur apprentissage sur le tas, selon la méthode ancienne des artisans, comme les riveurs dont nous reparlerons. Pour ceux-ci, les savoir-faire du métier passent par le contact prolongé de l'apprenti avec le compagnon et l'acquisition progressive des recettes — formules, couleurs... — et des tours de mains, ces derniers ne pouvant en aucun cas être transmis autrement que par la monstration. Cette méthode a d'ailleurs fait ses preuves : sa forme contemporaine, reprise par les magasins à grande surface spécialisés dans le bricolage, c'est la cassette vidéo où l'apprenti bricoleur peut regarder, sur son poste de télévision, un compagnon lui apprendre les ficelles du métier. Évidemment, cela suppose de transformer son salon en atelier, ce qui n'est sans doute pas très pratique... Mais surtout, ce type de transmission des connaissances ne permet aucunement l'échange, la correction, l'interactivité.

Cette littérature technique, extrêmement prolifique, dépasse peu à peu le cadre du monde industriel. Avec les expositions notamment, de produits de l'industrie au départ, puis de plus en plus ouvertes au public, se développe un engouement pour la technique qui engendre à son tour une littérature de vulgarisation puis de fiction qui, pour aboutir à Jules Verne, puise ses sources dans les publications de Figuier, Nansouty, Turgan, et dans des revues comme *La Nature*. La gamme est complète du roman aux revues les plus spécialisées pour porter le progrès technique et lui donner une résonance très forte dans le public.

Ce mouvement, à son apogée avec les expositions universelles de 1889 et 1900 en France, se déplacera progressivement vers d'autres centres d'intérêt. L'attention du public quittera alors la mécanique toute puissante pour se porter vers la science, qu'il pense à même de résoudre tous les problèmes de l'humanité. Mais ne prenons pas cette nouvelle curiosité pour une véritable culture scientifique. L'homme occidental assistera aux progrès de la science avec la même contemplation naïve que lorsqu'il regardera, quelques années plus tard, les Indiens d'Amérique ou les Pygmées dans les expositions coloniales. Avec les deux guerres mondiales, la technique sans frontières, capable d'unir tous les hommes, aura cédé la place à l'esprit patriotique. Hier universelle, elle n'aura demain plus le même goût d'un côté et de l'autre du Rhin, des Alpes ou de la Vistule...

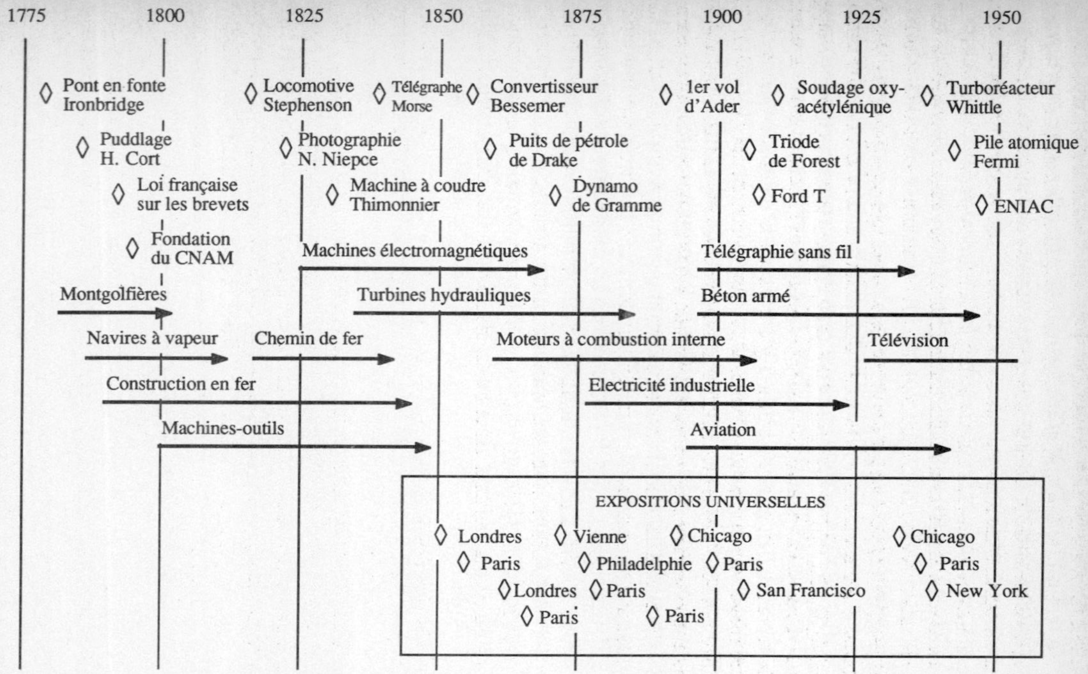

Année	Inventions	Développements	Expositions Universelles
1775			
1800	◇ Pont en fonte Ironbridge ◇ Puddlage H. Cort ◇ Loi française sur les brevets ◇ Fondation du CNAM	Montgolfières Navires à vapeur Construction en fer Machines-outils	
1825	◇ Locomotive Stephenson ◇ Photographie N. Niepce	Chemin de fer	
1850	◇ Télégraphe Morse ◇ Machine à coudre Thimonnier	Machines électromagnétiques Turbines hydrauliques	◇ Londres ◇ Paris
1875	◇ Convertisseur Bessemer ◇ Puits de pétrole de Drake ◇ Dynamo de Gramme	Moteurs à combustion interne Électricité industrielle	◇ Vienne ◇ Philadelphie ◇ Paris ◇ Paris ◇ Londres ◇ Paris
1900	◇ 1er vol d'Ader	Télégraphie sans fil Béton armé Aviation	◇ Chicago ◇ Paris
1925	◇ Soudage oxy-acétylénique ◇ Triode de Forest ◇ Ford T	Télévision	◇ San Francisco
1950	◇ Turboréacteur Whittle ◇ Pile atomique Fermi ◇ ENIAC		◇ Chicago ◇ Paris ◇ New York

2. Un objet : le rivet

Jusqu'à présent, les objets qui nous ont servi de guides dans cette aventure des techniques étaient des ensembles cohérents, volumineux et reproduits, au maximum, à quelques milliers d'exemplaires. Voici qu'à présent nous nous tournons vers un objet élémentaire, un « atome technique », pesant tout au plus quelques grammes, mais dont la multiplication à plusieurs milliards d'exemplaires nous l'a fait choisir comme indicateur privilégié pour aborder la civilisation industrielle, caractérisée fondamentalement par la production de masse [1].

Techniquement, le rivet n'est en fait qu'un simple clou dont l'extrémité de la tige est rabattue dans le but de maintenir deux ou plusieurs pièces assemblées de façon fixe et indémontable. Son origine est très ancienne puisque déjà plus de trois mille ans avant notre ère, les Égyptiens fixaient à l'aide de rivets les becs verseurs aux corps des aiguières. A part les bijoux et objets d'art, rivés en or ou en argent, les principaux domaines d'utilisation de cette technique furent longtemps les armes et la chaudronnerie. Mais c'est avec la révolution industrielle que le rivet prend un essor considérable. La machine à vapeur, le chemin de fer, les constructions métalliques et la construction navale ont utilisé le rivetage comme mode d'assemblage pratiquement unique pendant tout le XIXe siècle et une partie du XXe.

Son origine génétique se retrouve, d'une part, dans la construction en bois avec les portes cloutées pour le principe du clou rivé, c'est-à-dire replié, et d'autre part la construction navale pour le mode d'assemblage des pièces. Les navires scan-

---

[1]. Cette partie sur le rivet s'appuie sur un article déjà paru : Bruno Jacomy, « Le rivetage », *L'Usine nouvelle*, mensuel, septembre 1983, p. 140-145 (rubrique histoire des techniques).

dinaves étaient ainsi bordés « à clin », c'est-à-dire que les planches étaient assemblées par recouvrement simple ; cette terminologie a été transmise directement à la construction navale métallique depuis la fin du XVIIIe siècle.

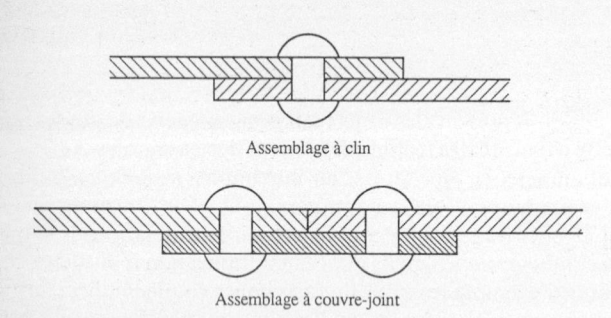

Assemblage à clin

Assemblage à couvre-joint

Assemblages des rivets à clin et couvre-joint.

Au cours du XIXe, les techniques de pose, de fabrication et de dimensionnement des rivets se sont progressivement affinées, mais toujours de façon empirique. Ici encore, comme pour la thermodynamique et la machine à vapeur, l'expérience a longtemps prévalu avant que les théories scientifiques ne viennent confirmer ce que la méthode par essais et erreurs avait montré. La chaudronnerie lourde, en cuivre, mais surtout en fer, a joué un rôle capital dans la fixation des dimensions et des méthodes de rivetage, et les nombreuses explosions de chaudières qui se produisirent au début du XIXe siècle sont pour beaucoup dans cette avancée.

Une technique artisanale dans la grande industrie

Des différentes manières de river, c'est incontestablement le rivetage à chaud qui a connu le plus grand développement. On sait qu'au XVIIIe siècle les artisans du fer — chaudronniers,

Un objet : le rivet

Gravure des riveurs à la main sur la tour Eiffel.

maréchaux-ferrants, serruriers... — pratiquaient cette technique couramment. Compte tenu de la dimension des pièces qu'ils confectionnaient alors, les rivets ne dépassaient guère 15 à 20 mm de diamètre. A partir de la fin du siècle, avec l'expansion de la machine à vapeur, les dimensions augmentent parallèlement au timbre des chaudières et l'étanchéité devient un impératif de plus en plus critique. Avec le développement des chemins de fer et les débuts de la construction navale en fer, le rivetage à chaud quitte l'atelier de l'artisan pour pénétrer dans la grande industrie. En ce début du XIXe siècle, la division du travail industriel qui se met en place crée de nouvelles catégories d'ouvriers, dont les riveurs. Issu de techniques transmises depuis des générations par les artisans du fer, le rivetage au marteau à main met en jeu un système technique composé d'hommes, d'outils et de pratiques que la civilisation industrielle n'a pas modifié profondément.

L'équipe de rivetage à la main comprend au minimum trois ouvriers dont chacun a un rôle bien précis. Le *chauffeur de rivets* — généralement un enfant de 12 à 15 ans — doit porter les rivets à une température suffisante pour permettre leur écrasement. Il se sert pour cela de la traditionnelle forge portative à charbon ou, depuis le début de notre siècle, d'un four à fuel ou à gaz, ou encore d'un chauffe-rivets électrique. Dès qu'un rivet est posé, le chauffeur de rivets — appelé «arpette», «mousse» ou «matelot», selon les secteurs industriels — passe au *teneur de tas* un nouveau rivet chauffé au rouge. Celui-ci l'introduit dans le trou préparé et le maintient au moyen du tas, simple rondin de fer ou appareil pneumatique plus élaboré. Ce travail nécessitant une constitution robuste, c'est généralement un jeune garçon de 16 à 20 ans qui remplit ce rôle. Le *riveur*, enfin, frappe sur l'extrémité libre du rivet, pendant que son aide le maintient, soit directement au marteau, soit par l'intermédiaire d'une bouterolle. Cette tâche réclamant de sérieuses capacités physiques alliées à un savoir-faire tout particulier, le riveur assume la responsabilité de l'équipe et du travail accompli. Il a acquis cette compétence et ce statut social après de longues années durant lesquelles il a été successivement chauffeur de rivets et teneur de tas. Ce type d'acquisition des pratiques, directement issu de la structure artisanale, s'est perpétué jusqu'à un passé très proche dans cette catégorie professionnelle.

La course à la mécanisation

La mécanisation a modifié, au cours du XIXe siècle, les techniques de rivetage et, par là même, les pratiques des riveurs. Mais il ne faut pas perdre de vue que cette mécanisation n'a jamais supplanté totalement le rivetage manuel. Ainsi, les 2 500 000 rivets de la tour Eiffel — 6,5 % du poids des fers — ont été posés sur le chantier uniquement par des équipes de riveurs travaillant à la masse.

Au début du XIXe siècle, le machinisme en pleine expansion ne connaît apparemment pas de limites pour les ingénieurs. La puissance des locomotives et des machines à vapeur croît constamment, les navires s'agrandissent, les fabrications en série se développent. Des machines sont ainsi créées pour sup-

Un objet : le rivet

pléer la force de l'homme devenue insuffisante, ou pour augmenter les cadences de production. Il va de soi que, dans ce contexte, une opération aussi répétitive que le rivetage ne devait pas résister longtemps à cette boulimie de machines.

En 1838, alors que les ateliers de chaudronnerie sont déjà dotés de grosses cisailles et de poinçonneuses à levier, de cintreuses et autres machines actionnées par la machine à vapeur de l'atelier, la première machine à river voit le jour dans la fabrique de l'ingénieur William Fairbairn, constructeur de moulins à Manchester. Rudimentaire et fragile, elle permet néanmoins, pour de gros rivets et dans le meilleur des cas, de décupler le nombre de rivets posés par rapport à la pose manuelle. Ce résultat encourageant pousse son inventeur à construire un autre modèle en 1843, toujours à transmission mécanique, mais plus robuste et moins volumineux.

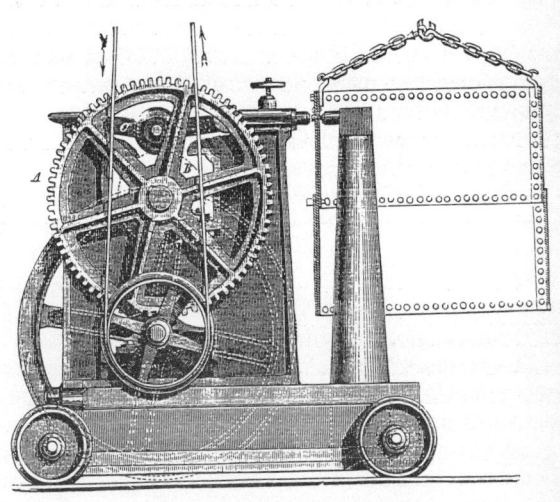

Machine à river de W. Fairbairn.

L'année suivante, les frères Schneider du Creusot présentent à l'Exposition industrielle de Paris une riveuse à vapeur née d'un croisement entre le marteau-pilon, récemment inventé, et la seconde riveuse de Fairbairn. L'écrasement du rivet étant commandé par l'ouvrier, la machine n'impose plus son propre rythme, mais s'adapte à celui de l'opérateur, selon un processus d'évolution des machines-outils tout à fait typique. Ce même progrès se retrouve dans la machine à river présentée par Lemaître, chaudronnier à La Chapelle-Saint-Denis, à la même exposition de 1844.

Petit à petit, les riveuses se perfectionnent : adoption de systèmes auxiliaires pour accoster les tôles, genouillères pour augmenter la pression de rivetage en fin de course, etc. Cependant, ces machines restent fixes, encombrantes, fortes consommatrices de vapeur, et beaucoup d'assemblages ne peuvent être réalisés par ces riveuses rudimentaires et peu maniables. C'est l'invention d'une riveuse hydraulique à accumulateur, en 1865, qui fera franchir un nouveau cap important. En remplaçant la vapeur par de l'eau sous pression, l'ingénieur anglais Tweddell va permettre la réalisation de machines portatives adaptées au travail sur chantier. Le développement de la construction métallique occasionne en effet une demande nouvelle de riveuses plus maniables, capables de remplacer le rivetage manuel, notamment pour la construction des ponts.

L'amélioration de la qualité des métaux — aciers, alliages d'aluminium... — permet de créer des machines de taille de plus en plus réduite. Nombre de riveuses portatives, fréquemment adaptées à un type d'assemblage déterminé, voient ainsi le jour. Pour les locomotives, par exemple, sont mises au point des machines spécialisées dans le rivetage des portes de foyer, des boîtes à fumée, du dôme, etc. ; d'autres sont plus spécialement adaptées aux poutrelles métalliques, aux quilles de navires... Des riveuses à cadre construites sur ce principe seront utilisées pour l'assemblage de charpentes métalliques jusqu'à ces dernières décennies.

La succession des différents modes de transmission de puissance dans les ateliers amène constamment sur le marché de nouvelles machines à river. Après les riveuses mécaniques qui apparaissent en 1838, les riveuses à vapeur en 1844 et les riveuses hydrauliques en 1865, la fin du XIXe siècle verra l'apparition de riveuses « mixtes » combinant des techniques distinctes : riveuses hydro-mécaniques, électromécaniques et même hydro-pneumatiques en 1928. Si nombreuses que soient ces nouvelles machines, elles ne sont généralement qu'une juxtaposition de sous-ensembles de riveuses déjà utilisées depuis plusieurs années.

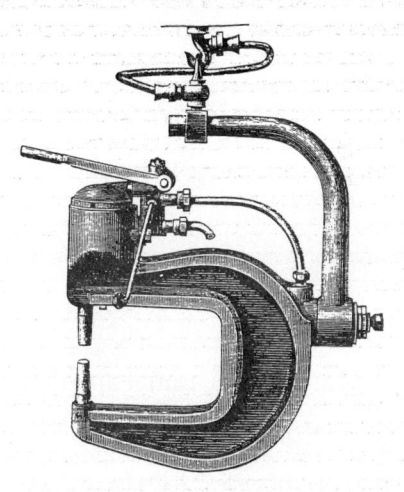

Riveuse hydraulique portative de Tweddell.

Toutes les innovations importantes ont été réalisées au cours du XIXe siècle, et la technique du rivetage stagne au début du XXe devant l'impossibilité de la mécaniser davantage, notamment pour l'introduction des rivets ou leur chauffage. Certaines tentatives seront toutefois entreprises pour intégrer ce dernier à une riveuse, comme la machine de Thompson brevetée en 1889. Pourtant, loin de faire franchir au rivetage mécanisé un nouveau pas, elle sera paradoxalement à l'origine du soudage électrique par points, technique qui se répandra largement en carrosserie au cours de ce siècle.

Alors que le rivetage manuel opère par percussion, les machines à river permettent un écrasement du rivet par pression — fugitive, puis continue —, procédés beaucoup plus satisfaisants sur un plan mécanique. Mais c'est finalement un retour à la percussion qui fera se généraliser en matière de rivetage un

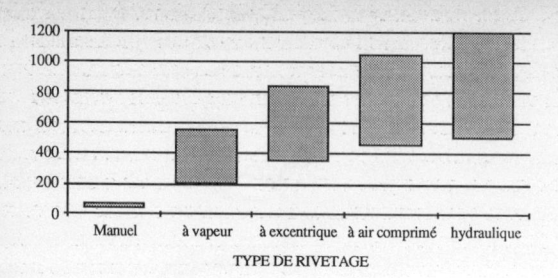

Nombre de rivets posés par heure.

appareil techniquement bien plus modeste, le marteau pneumatique.

L'hégémonie tardive du marteau pneumatique

Directement issu des perforateurs à air comprimé utilisés dans le creusement des tunnels et dans les mines dès la seconde moitié du XIXe siècle, le marteau pneumatique permet, en fonction de l'outil dont on le munit, de river, d'ébarber, de marteler, de buriner, etc. Son principe de fonctionnement est très simple : les premiers frappeurs pneumatiques, arrivés des États-Unis à l'occasion de l'Exposition universelle de 1900 à Paris, ne comportent qu'une seule pièce mobile, animée d'un mouvement de va-et-vient à l'intérieur d'un cylindre, et venant frapper l'outil, que ce soit une bouterolle, un burin, un matoir, etc. Au cours des années qui suivent, verront le jour un certain nombre de perfectionnements permettant de réduire le poids de l'appareil, sa consommation d'air, et surtout son prix grâce à une fabrication de série.

Sa généralisation n'aura lieu qu'au début du XXe siècle, le temps que les ateliers se dotent de cette nouvelle forme de transmission de puissance qu'est l'air comprimé. Pour le rivetage, le pistolet pneumatique prendra vite le relais du marteau à main, d'autant plus que la bouterolle qu'on lui adapte permet simultanément d'écraser les rivets et de former leur tête bom-

Un objet : le rivet

bée, cela en un temps très bref et sans effort physique important. Le marteau à river se glisse partout où la riveuse ne peut aller et permet d'obtenir un gain de temps considérable. Cependant, ce progrès a son revers : avec le marteau à river se répandent quantité de cas de surdité professionnelle. Ces cas furent suffisamment nombreux, dans le monde du travail des métaux en feuilles pour que, depuis le début du XIXe siècle, on ait nommé cette affection « maladie des chaudronniers ».

Le soudage, oxyacétylénique et électrique, fera disparaître progressivement le rivetage à chaud ainsi que la profession de riveur, soumise à des conditions de travail particulièrement pénibles. Mais si le soudage a fait des progrès considérables depuis le début du siècle, il n'a pu encore aujourd'hui supplanter tous les domaines d'application du rivetage, notamment le rivetage à froid.

Alors que le rivetage de l'acier ou du fer doit être effectué à chaud pour des rivets de plus de 8 mm de diamètre en général, il ne s'impose pas pour des dimensions inférieures. D'un côté, c'est le domaine de la grosse chaudronnerie, de la construction navale ou civile ; de l'autre, c'est celui de la carrosserie, de la petite chaudronnerie, de ce qu'on appelait jadis la dinanderie, c'est-à-dire essentiellement la fabrication d'ustensiles de cuisine en cuivre jaune.

Un système hommes-machines bloqué

Le système hommes-machines qu'est le rivetage peut apparaître comme un système bloqué, resté en retard sur les autres techniques, et qui est arrivé au début du XXe siècle à un niveau tel qu'il ne pouvait plus se développer. L'opération du rivetage est depuis longtemps considérée comme coûteuse et insatisfaisante sur plusieurs points. Coûteuse parce qu'elle nécessite, soit des équipes d'ouvriers nombreuses, soit des machines évoluées mais dont l'amortissement est long et l'usage seulement valable pour une partie des opérations. Même lorsque de petites riveuses ont pu remplacer les opérations manuelles dans bien des cas, un certain nombre d'assemblages restaient manuels, comme le rivetage des extrémités de réservoirs... Le cas est un peu différent pour le génie civil, où les poutrelles assemblées en atelier permettent, par leur forme longitudinale, une mécanisation très poussée.

Alors que, pour des opérations comme le forgeage, les pilons apparus vers 1850, puis les presses, ont permis, dans la fabrication de série, de remplacer les forgerons qualifiés par de simples ouvriers spécialisés, le rivetage est resté pratiquement le même cinquante ans plus tard. Par ailleurs, on doit faire face aux problèmes inhérents à cette technique, dont en premier lieu les défauts. Très tôt des appareils à vapeur ont explosé et les ingénieurs se sont penchés sur ce problème crucial, fréquemment dû à des avaries au niveau des rivures. L'Association des propriétaires d'appareils à vapeur — devenue APAVE avec l'ajout des risques électriques — et le bureau Véritas ont édicté des règles et des normes pour tenter de limiter ces accidents.

La solution est connue depuis longtemps, c'est la soudure; mais, pendant tout le XIXe siècle, on est incapable de souder correctement des pièces larges comme des tôles pour des problèmes d'homogénéité de métal — fer puis acier — et de déformations. Cette technique apparaît pourtant la plus logique, puisqu'on a des métaux en principe de même qualité et qui peuvent se souder par chauffage local comme on le fait depuis longtemps sur le feu de forge pour des barres métalliques.

Il peut sembler techniquement absurde, en début du XXe siècle, de devoir percer et assembler à l'aide de rivets, avec les affaiblissements produits par cette suppression de métal, et en répétant cette opération des milliers de fois sur une seule pièce. On se trouve face à un problème technique qui a stagné longtemps, a fait travailler beaucoup de métallurgistes et d'ingénieurs avant que le soudage électrique ne soit au point. Car ce n'est pas le soudage oxyacétylénique qui a vraiment fait évoluer cet aspect de la construction. En effet, de graves problèmes de déformations et de contraintes locales dues à la surchauffe ponctuelle du chalumeau sont apparus et ont retardé longtemps le remplacement du rivetage. Lorsque les générateurs électriques et les électrodes ont atteint un certain niveau de qualité et de coût, on a pu rapidement recycler les riveurs dans cette nouvelle technique. Alors un seul soudeur, avec son outillage, peut remplacer avantageusement une équipe de riveurs, en temps comme en coût de main-d'œuvre.

Un objet : le rivet

On remarquera qu'au moment même où semble résolue de façon satisfaisante la question de l'assemblage des pièces métalliques, se développe dans le génie civil la technique du béton armé, qui supprime une partie des applications du rivetage. De même, les machines à vapeur, utilisatrices de nombreux réservoirs, échangeurs et chaudières, cèdent le pas aux moteurs thermiques ou électriques.

C'est ainsi que disparaît presque totalement, dans l'entre-deux-guerres, cette structure d'équipe de rivetage née avec la révolution industrielle. Elle a persisté encore quelques années dans la construction navale et quelques domaines très particuliers, mais dans des proportions sans commune mesure avec l'ère industrielle.

La parole au secours de l'écrit

Nous avons déjà évoqué, à plusieurs reprises, le problème des sources de l'histoire des techniques en faisant remarquer combien — outre les textes, source typique de l'historien — l'iconographie et l'archéologie industrielle se révélaient indispensables à la connaissance des phénomènes d'évolution des procédés techniques et à leur compréhension, notamment à propos du Moyen Age et de la Renaissance. L'exemple du rivetage nous permet d'attirer l'attention sur un autre élément documentaire capital dans l'histoire moderne des techniques, essentiellement depuis le troisième quart du XIXe siècle : les sources orales. Lors d'un travail universitaire sur le rivetage, une recherche exploratoire à partir des sources écrites nous a amené, dans un premier temps, à donner au développement des machines à river une importance capitale, par analogie avec la mécanisation d'autres secteurs de l'industrie. L'étude de l'aspect social de la question nous a conduit, au cours d'une recherche plus approfondie, à rétablir le véritable impact du marteau pneumatique dans ce secteur particulier. Ce sont des entretiens avec d'anciens riveurs et ingénieurs retraités qui ont permis de montrer combien le pistolet à river avait supplanté les machines dès le tournant de notre siècle.

Le retour aux sources traditionnelles, indispensable dans ce type de démarche, a permis de confirmer, notamment à partir d'archives industrielles, le bien-fondé de cette seconde analyse. Ce fait, que l'on peut supposer fréquent dans l'histoire des techniques de la civilisation industrielle, est notamment dû aux caractéristiques intrinsèques de la littérature industrielle — revues, mais aussi notes et ouvrages techniques — qui tend à privilégier les progrès du machinisme et montrer les avancées des ensembles les plus spectaculaires aux dépens de mécanisations partielles d'outils plus communs. En plus de cette volonté journalistique d'attirer l'attention sur des événements forts, joue ici le mode de rédaction particulier de cette littérature fondé en grande partie sur les données des constructeurs. L'examen des revues actuelles de micro-informatique, par exemple, révèle cette même orientation : transcription directe des informations des fabricants, et annonces de produits souvent prématurées. Mais ceci est sans doute inévitable dans le contexte économique d'une presse spécialisée dans un domaine en pleine mutation. Dans le cas du rivetage, le marteau pneumatique représente bien une régression, tant du point de vue de l'évolution du système technique que du point de vue social — maladies professionnelles du coude et de la perception auditive —, par rapport aux remarquables machines mises en œuvre par les ingénieurs du XIXe siècle et il n'est jamais flatteur d'avouer des retours en arrière...

Le mythe de la machine autonome

Nous retiendrons de cet exemple du rivetage une autre leçon sur l'histoire de l'innovation technique au cours de la civilisation industrielle. L'historien ne peut manquer d'être admiratif devant les trésors d'ingéniosité déployés pendant près d'un siècle pour mécaniser puis automatiser une opération telle que le rivetage, et en même temps surpris par l'échec de cette quête. Car en fait, il s'agit bien d'un échec. Tandis que, pour bon nombre d'opérations industrielles, on a réussi à franchir les différents caps, de la mécanisation à l'automatisation, pour aboutir généralement à la machine transfert ou à l'atelier flexible — l'exemple de l'industrie automobile est typique —, on

Un objet : le rivet

n'a pu finalement que demander à la machine d'écraser les rivets, le perçage des trous, le chauffage et l'introduction des rivets étant toujours réalisés manuellement.

Nous disions avoir affaire à un système bloqué dont l'issue fut le recours au soudage, totalement automatisable. Mais nous devons revenir au développement de ces machines pour compléter cette analyse, en soulignant là aussi l'importance des liens entre les différents secteurs de la technique. Le nombre grandissant de rivets à poser au cours du XIXe siècle et le coût prohibitif de l'opération de rivetage a conduit les ingénieurs dans trois directions de recherche parallèles :

1. mécaniser la pose des rivets pour améliorer la productivité ;
2. trouver une méthode d'assemblage de substitution ;
3. augmenter la taille des tôles pour diminuer le nombre des assemblages à réaliser.

Nous ne nous étendrons pas à nouveau sur les deux premiers points, qui ont abouti respectivement à la mise au point des riveuses et à celle du soudage. En revanche, le troisième point explique en bonne partie la rapide obsolescence des différentes machines. La dimension des tôles reste limitée aux débuts de la révolution industrielle par la qualité des fers — fer puddlé essentiellement — et par les dimensions des cylindres de laminoirs. Jusque dans les années 1820, les tôles ne dépassent guère la cinquantaine de centimètres de largeur, comme on peut notamment le constater sur les chaudières de machines à vapeur de la fin du XVIIIe siècle et les premières locomotives exposées au Science Museum de Londres. La première machine à river inventée par Fairbairn en 1838 dispose d'une ouverture de près d'un mètre, satisfaisante pour l'époque. Mais les progrès de la métallurgie permettent rapidement d'obtenir des tôles plus larges et les ouvertures des machines à river doivent augmenter progressivement en conséquence, jusqu'à près d'un mètre cinquante vers le milieu du siècle. Le porte-à-faux augmentant, les machines deviennent de plus en plus lourdes et chères, et de moins en moins maniables. Le recours aux aciers forgés et à la transmission hydraulique permettra de les rendre plus maniables mais aux dépens de leur ouverture. Seules les grosses entreprises pourront concevoir ou acheter ces machines mais, comme dans le cas du Creusot, les splendides riveuses dont disposeront certains ateliers ne serviront malheureusement qu'à des fabrications très spéciales ou à des visites officielles... C'est pourquoi les riveuses ne seront finalement utilisées que dans la construction métallique, pour la fabrication de poutrelles en atelier, mais pratiquement inusitées dans la chaudronnerie ou la construction navale.

Les efforts des ingénieurs se sont longtemps épuisés dans la volonté de mécaniser une opération difficilement modélisable. Efforts pour créer des machines certainement performantes et témoignant d'un savoir parfaitement maîtrisé, mais n'apportant au bout du compte que des progrès minimes. Le recours tardif, mais général, au marteau pneumatique, témoigne de cet échec des ingénieurs en face d'une technique ne se satisfaisant pleinement que de pratiques artisanales.

Sans doute peut-on voir là un de ces mythes dynamiques qui, au-delà de facteurs techniques ou socio-économiques, sous-tendent l'orientation du progrès humain. En l'occurrence, cette quête d'une machine parfaite procède du mythe de l'automate, le mythe de l'usine sans ouvriers qui hante l'esprit de tout entrepreneur. Et ce mythe fondamental conduit à des situations paradoxales comme celle du rivetage où, pendant près d'un siècle, les ingénieurs se sont « ingéniés » à mettre au point une machine idéale sans s'apercevoir que, finalement, ils tentaient de résoudre un faux problème...

L'énergie en miettes

Enfin, la machine à river nous servira d'illustration pour une question essentielle dans l'histoire des techniques depuis le Moyen Age, la transmission de la puissance, et pour la manière dont l'expansion industrielle du XIXe siècle a résolu le problème. Cette question est fréquemment délaissée par les historiens des techniques pour la même raison que le désintérêt envers les moulins horizontaux, leur aspect non spectaculaire. Or, le problème s'est posé dès qu'il a fallu transmettre la force motrice du moulin à plusieurs machines. Il a d'abord été résolu par des moyens mécaniques, et les techniques médiévales ont fait de grands pas dans le domaine. La déperdition d'énergie due au médiocre rendement des engrenages en bois a conduit les ingénieurs des débuts de la révolution industrielle à créer des transmissions par poulies, courroies et arbres de couche. A partir d'une roue à aubes remplacée alors par le volant de la machine à vapeur, cette énergie pouvait être diffusée aux différents postes des ateliers et leur disposition était étroitement liée à ce procédé de distribution d'énergie. Les toutes premières riveuses étaient ainsi mues mécaniquement par un arbre mis en mouvement par l'intermédiaire d'une poulie. Avec l'avènement du marteau-pilon à vapeur vers 1840, la vapeur fournie par la chaudière de l'usine a pu être utilisée directement sur certaines machines. Les riveuses de Lemaître et Schneider en 1844 ont ouvert la voie à cette nouvelle génération de machines et à un réseau de vapeur irriguant les ateliers. Beaucoup plus souple que la transmission mécanique, la vapeur permet de s'affranchir davantage des contraintes des arbres de couche mais reste toutefois coûteuse, dangereuse, et les pertes en ligne sont trop importantes pour envisager des réseaux étendus.

La troisième technique de distribution d'énergie, la transmission hydraulique, prendra un essor considérable par ses nombreux avantages. L'eau sous pression — environ 100 kg/cm^2 — peut circuler dans des tuyauteries ordinaires et parcourir de longues distances sans pertes de charge notables. Les riveuses de Tweddell, à partir de 1865, contribueront à étendre cette technique dans les ateliers de construction mécanique avant que l'air comprimé prenne à nouveau le relais une dizaine d'années plus tard. Avec une pression relativement faible — 5 à 7 kg/cm^2 —, les réseaux pneumatiques concurrencent alors les réseaux hydrauliques en éliminant la contrainte des retours d'eau vers les réservoirs de l'atelier, l'air pouvant s'échapper librement après utilisation sur les machines. Cette technique pneumatique est encore aujourd'hui largement répandue en raison de son coût et de sa sécurité par rapport à l'électricité.

C'est cette dernière technique qui, au tournant du siècle, se substituera aux précédentes et se répandra dans tous les ateliers dans une proportion jamais atteinte par les techniques antérieures. Dorénavant, avec l'électricité, les machines sont totalement libérées des sources énergétiques et peuvent être réparties dans les ateliers en fonction des nécessités de la fabrication.

3. Un homme : Frédéric Japy

Il y a encore quelques années, on achetait un Japy comme on achète un Frigidaire. Une réputation de qualité, de solidité s'attachait encore aux réveils que la société Japy Frères fabriquait encore à Beaucourt, ce petit bourg situé entre Montbéliard et la frontière suisse, devenu par l'expansion de l'horlogerie une cité industrielle renommée au-delà de l'Est de la France. Encore connue aujourd'hui comme marque de pompes ou de machines à écrire, la société commerciale actuelle n'a pas grand-chose à voir avec la maison originelle et son fondateur, Frédéric Japy. Bien qu'ayant été fondée avant la Révolution, cette maison peut être considérée comme le type même de l'entreprise du XIXe siècle qui, d'origine familiale, a connu une ascension considérable au moment de l'expansion industrielle de l'Europe occidentale avant de décliner inexorablement, n'ayant pas su prendre à temps les mesures indispensables.

Incontestablement l'un des tout premiers grands capitaines d'industrie qu'ait connus la France du début du XIXe, Frédéric Japy est aussi le type même du patron technicien ayant monté son affaire sur la base de procédés techniques novateurs et d'une politique industrielle intelligente. Ce parcours auprès de la dynastie dont il est le fondateur et le maître à penser nous permettra d'entrer de plain-pied dans les problèmes propres de la révolution industrielle qui, s'ils s'éloignent un tant soit peu d'une histoire technique des techniques, ne peuvent être éludés ; la compréhension de cette époque, et par conséquent de celle que nous vivons, se doit d'englober, pour être complète, les questions techniques, économiques et sociales sans exclusive.

L'itinéraire d'un patron technicien

Frédéric Japy, né en 1749, aurait certes pu connaître Jacques Vaucanson, notre homme du XVIIIe siècle. Mais à part des préoccupations mécaniques communes, rien d'autre ne rapproche les deux personnages. Le premier était l'homme de la transition, autant imprégné profondément de la culture technique classique que porteur d'idées nouvelles encore inadaptées à la réalité de son temps. Frédéric Japy, au contraire, nous transporte pleinement dans le nouvel âge industriel. Né dans une famille beaucourtoise de souche protestante et disposant déjà d'une certaine notoriété, au sein d'un pays montbéliardais riche en ressources naturelles et humaines, tout semble prédisposer le jeune apprenti à la réussite qui l'attend. Mais c'est bien sûr grâce à ses capacités personnelles qu'il parviendra à monter son affaire malgré la résistance de milieux conservateurs et corporatistes fort actifs [1].

C'est vers le milieu horloger prospère de la Suisse que Japy se tourne pour apprendre son métier. Mais c'est autant de l'esprit communautaire qui règne chez les artisans du Locle que d'une véritable culture technique horlogère que le jeune homme sera pétri lorsqu'il retournera à Beaucourt à l'âge de 24 ans, pour créer son propre atelier. Et, trois ans plus tard, démarre vraiment une nouvelle aventure. Avec un dynamisme technique dont il ne se départira pas, il rachète les machines et les inventions de son ancien maître, Jean-Jacques Jeanneret-Gris, pour se lancer dans l'exploitation complète de cet acquis technique dont l'inventeur suisse n'avait pu tirer parti, face à la résistance d'un milieu horloger fort attaché à ses traditions.

Pour fabriquer mécaniquement les 83 pièces de l'ébauche, il conçoit lui-même une dizaine de nouvelles machines qu'il fait construire par Jeanneret-Gris et installe définitivement sa fabrique sur une colline de Beaucourt. Premiers témoignages d'un nouvel état d'esprit, il rompt nettement avec les traditions établies, tant dans la fabrication mécanisée des ébauches de

---

1. Pour plus de détails sur l'histoire économique et sociale de la famille Japy, on se reportera à la thèse de Pierre Lamard, *Histoire d'un capital familial au XIXe siècle : le capital Japy 1777-1910*, Belfort, Société belfortaine d'émulation, 1988, 358 p.

Un homme : Frédéric Japy

montres que dans une implantation loin d'une source d'énergie hydraulique. L'horlogerie se satisfait principalement de la force motrice de l'homme — nombre d'opérations sont généralement pratiquées à domicile —, mais Japy dote tout de même sa fabrique d'un manège à cheval pour actionner quelques machines. A l'écart du milieu horloger corporatif de Montbéliard, hors des terres du prince de Wurtemberg dont il risquait de perdre la jouissance, sur un terrain peu coûteux, Frédéric Japy est prêt à assurer l'avenir de son affaire dans les meilleures conditions.

Le principal bouleversement de la fabrique naissante consiste à réaliser les ébauches de montres selon un procédé entièrement mécanisé permettant le recours à une main-d'œuvre non qualifiée. Contrairement à de nombreuses branches de la technique, l'horlogerie faisait déjà l'objet, au XVIIIe siècle, d'une fabrication extrêmement parcellisée. Le procédé, appelé établissage, consistait à faire réaliser les différentes parties de l'ébauche par une multitude d'ouvriers, chacun étant spécialisé dans une opération particulière. Jusqu'à 150 ouvriers, répartis sur tout un territoire, participaient ainsi à l'élaboration d'une seule montre. La spécialisation était telle que les apprentis formés à l'une des opérations étaient généralement incapables d'en assurer une autre par la suite. Ce type de fabrication, aux mains de quelques établisseurs détenant les marchés, ne trouvait sa rentabilité que dans le contexte corporatif puissant de l'Ancien Régime.

Avec le recul de deux siècles, les principes sur lesquels se fonde Japy pour mettre en place une usine nous semblent évidents. Le nombre d'opérations est réduit par un processus proche de notre actuelle analyse de la valeur, les machines, conduites par « des estropiés, des vieillards, des femmes et des enfants », réalisent en série les différentes pièces du mouvement de la montre, et la main-d'œuvre est concentrée en un même lieu pour réduire les coûts de transfert des sous-ensembles. Nous sommes d'emblée dans un système industriel où le rythme de travail n'est plus maîtrisé par l'artisan, mais imposé par les dirigeants. Le capitalisme qui s'étendra considérablement au cours du XIXe siècle est déjà entièrement inscrit dans la fabrique de Japy dès 1773, y compris dans des préoccupations sociales alors sincèrement considérées comme une nécessité d'ordre moral par un capitaine d'industrie pétri d'une très forte mentalité luthérienne. La fabrique de Beaucourt n'est pas seulement une unité de fabrication. Elle comprend deux ailes dans lesquelles sont logés les ouvriers, et les repas sont pris en commun par les ouvriers et les patrons. D'un côté la table des femmes, sous la surveillance de Mme Japy, de l'autre celle des hommes présidée par M. Japy qui lit, chaque dimanche après le repas du soir, un chapitre de la Bible : « Je veux que mes ouvriers ne fassent avec moi et les miens qu'une seule et même famille. Mes ouvriers doivent être mes enfants et en même temps mes coopérateurs [1]. » Dans cette vie communautaire imprégnée de règles morales strictes apparaissent déjà les germes du paternalisme que développeront par la suite les patrons de Mulhouse ou les Schneider du Creusot.

L'innovation technique, une tradition de famille

L'innovation technique, présente dès la fondation même de la maison, fait partie des préoccupations de base de Frédéric Japy. L'inventaire de sa bibliothèque, établi lors du décès de sa femme en 1811, reflète ce souci de se tenir au courant de l'évolution des idées et des techniques. Outre les œuvres d'auteurs grecs, de Voltaire, Rousseau et Montesquieu, il possédait un exemplaire de l'*Encyclopédie* de Diderot et un *Art des forges et des fourneaux* dont il dut tirer la substance de ses travaux, tant techniques que sociaux et politiques.

Mais avant de compléter ses connaissances théoriques dans la littérature, c'est sur le tas, comme tous les apprentis horlogers, que Frédéric Japy acquiert sa culture technique. Nous l'avons vu avec Vaucanson, la création des premières machines-outils est généralement due aux travaux des ingénieurs français du XVIIIe siècle désirant réaliser mécaniquement des opérations que les techniques artisanales ne peuvent assurer avec suffisamment de précision. Mais ce sont les ingénieurs anglais qui, à la suite de Wilkinson et Maudslay, feront entrer la

---

1. D'après Étienne Muston, *Histoire d'un village (Beaucourt)*, Montbéliard, 1882, cité par Pierre Lamard, *op. cit.*

Un homme : Frédéric Japy

machine-outil dans sa phase de développement. Dans le cas de Japy, l'esprit est déjà fort différent. Les opérations qu'il vise à mécaniser se font très bien artisanalement, mais c'est un souci de productivité qui l'anime et le détail des dix machines qu'il fait réaliser par Jeanneret-Gris et dont il dépose le brevet en 1799 le montre pleinement. Il précise d'ailleurs dans ce brevet qu'elles sont « propres à simplifier et à diminuer la main-d'œuvre de l'horlogerie [1] ». Elles se composent de :

— une machine à couper le laiton, qui scie les bandes nécessaires à la découpe des rouages et des platines des ébauches, et qui produit « sept fois plus d'ouvrage que les procédés précédents » ;

— un découpoir « pour couper toutes sortes de pièces », sorte de mouton manuel qui poinçonne les bandes de laiton ;

— un « tour pour tourner les platines de montres », actionné à manivelle par « un estropié », conduit par « un enfant de 12 ans » et pouvant produire plus d'une centaine de platines à l'heure ;

— une « machine à tailler les roues » qui fraise les dents d'engrenage sur plusieurs roues empilées ; elle « coupait et taillait 3 000 dents dans deux minutes » ;

— un tour ou « machine pour faire les piliers ronds ou carrés » pouvant « fabriquer par jour 700 piliers » ;

— une « machine à faire le balancier », presse à vis fondée sur le principe de l'emporte-pièce, pouvant poinçonner 500 balanciers par jour ;

— une « machine pour percer droit », petite perceuse horizontale à archet ;

— une « machine à river les piliers des cages de montres » ;

— une « machine à refaire l'entrée du lardon de potence », système à lime guidée mue par chaîne et manivelle ;

— une « machine à fendre les vis », proche de la machine précédente et limant plusieurs vis à la fois, capable de fendre 5 000 vis par jour [2].

Certes, ces innovations n'ont rien de fondamental dans leur contenu technique. Plusieurs d'entre elles sont construites sur un bâti de bois, et participent plutôt du système technique

---

1. Cité par Maurice Daumas (dir.), *op. cit.*, t. III, p. 105.
2. Description d'après Maurice Daumas, *ibid.*

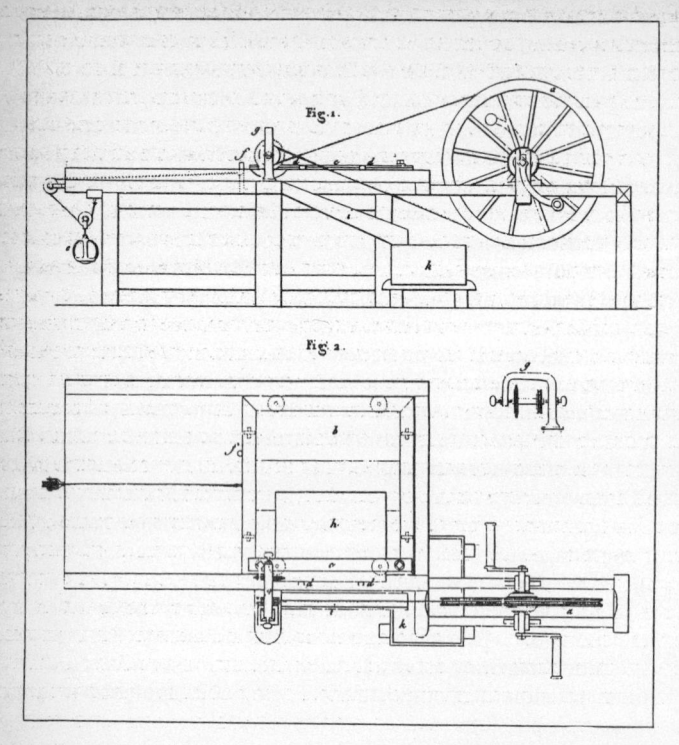

Machine à couper les feuilles de laiton par bandes (dessin du brevet Japy).

préindustriel. Mais leur esprit est foncièrement différent des machines antérieures. Le texte du brevet fait constamment référence à leur cadence de production, et la plupart peuvent être conduites par « un enfant de 12 ans » et mises en mouvement par un « aveugle » ou un « estropié ». En cela, elles témoignent d'une connaissance approfondie du processus de fabrication des différentes pièces et d'un esprit d'observation aigu. Plusieurs de ces machines sont avant tout ce qu'on appelle aujourd'hui des montages d'usinage, dans lesquels les pièces à travailler sont mises en position — comme les têtes de vis ou les piliers de cages de montres — et l'outil qui les usine est

Un homme : Frédéric Japy

guidé de manière que l'ouvrier n'ait qu'à le mettre en mouvement.

Grâce à ses premières machines, Frédéric Japy obtient un rendement extraordinaire pour l'époque, qui lui permet de sortir les ébauches de montres au tiers du prix courant pratiqué par les artisans. On imagine aisément la vive réaction des milieux horlogers traditionnels qui pressentent dans la mécanisation et la déqualification du personnel le déclin de leur corporation. Réactions provenant du pays de Montbéliard d'abord, des horlogers suisses par la suite. Japy saura profiter de l'élan de la Révolution pour s'attirer le soutien des autorités républicaines dans sa lutte contre les corporations et pour la libre entreprise.

La fidélité à ces principes de base et une grande « intelligence industrielle » le conduisent en 1806 à une entreprise solide produisant près de 30 000 ébauches par mois, écoulées pour plus de 90 % sur le marché suisse, les horlogers helvétiques se chargeant de les habiller pour produire des montres finies. C'est alors qu'il met en route une restructuration importante visant, d'une part, à consolider l'affaire en passant le pouvoir à ses trois fils aînés, d'autre part à diversifier sa production en l'orientant sur trois nouveaux secteurs : la quincaillerie, la serrurerie et l'industrie du fer battu.

La nouvelle société Japy Frères va connaître un nouvel élan qui la conduira en 1837 au rang d'une grande industrie régionale sous l'impulsion de ses nouveaux patrons formés à l'école familiale selon des principes stricts : « Les futurs associés font d'abord leurs preuves au sein de la société comme simples employés, puis si leur compétence technique et commerciale est reconnue, ils voient assez vite leurs responsabilités grandir pour devenir égales à celles de leurs aînés [1]. »

Poursuivant une politique d'innovation technique soutenue, les fils Japy déposent plusieurs brevets de machines-outils dans et hors du champ de leurs propres activités industrielles : une « machine propre au tirage du fil d'acier, de laiton et de fer » en 1810, puis en 1828 une machine-outil pour « dresser, allonger et pointer le fil de fer pour clous d'épingles et à fileter les vis à bois et à métaux », un découpoir à volant continu et une presse à double effet à volant continu avec une main mécanique qui permet de frapper les têtes de vis.

---

1. Pierre Lamard, *op. cit.*, p. 76.

État de la manufacture de Beaucourt

Atelier des tours	2 machines à tailler
	30 tours
	1 machine à river
	3 machines à fraiser
	1 presse
Atelier des cliquets	4 tours
Atelier des roues de champ	4 tours
	2 machines à tailler
	1 machine à créner
Atelier des vis	28 tours
	1 machine à tarauder
	5 machines à fendre les vis
	1 machine à étamper
	5 machines à river
	1 laminoir à acier
	2 bancs à tirer le laiton
Atelier des découpoirs	6 coupoirs
Atelier des machinistes	9 tours
	2 machines à fendre
	9 filières
Atelier des repasseurs	3 tours
Au cabinet	1 machine à fendre
	1 tour
Atelier des limes	
Forge 1	
Forge 2	
Laminoirs	4 laminoirs
	1 tirerie

(Outils et machines de la manufacture de Frédéric Japy en 1806.)

Cet élargissement de la production, vers des domaines encore inexploités de la firme de Beaucourt, la conduit tout d'abord vers la fabrication des vis à bois, dès 1806, sous l'effet du Blocus continental qui stoppe l'importation de ce produit traditionnellement d'origine anglaise. Cette activité nouvelle de la société Japy Frères prend une telle expansion qu'elle en devient dès 1815 l'activité principale, dépassant l'horlogerie qui connaît alors un déclin provisoire. La mise en route de ce nouveau secteur contraint la société à étendre ses centres de production et, rompant avec l'initiative première du fondateur, à installer de nouveaux ateliers le long des cours d'eau pour en utiliser la force hydraulique. Le moulin de la Feschotte devient ainsi le second complexe usinier après Beaucourt, suivi d'une demi-douzaine d'autres établissements situés eux aussi au fil de l'eau. Mettant en œuvre une politique commerciale dynamique, les frères Japy concentrent peu à peu leurs centres de production le long du canal qui assure les débouchés nécessaires aux produits de l'entreprise vers l'intérieur.

Une mutation familiale réussie

Malgré cette diversification des produits, les patrons restent fidèles à ce qui a fait la fortune de la société, la machine-outil. De nouvelles innovations voient le jour pour mécaniser tous les secteurs et orienter les nouveaux produits dans la ligne de leur savoir-faire. Vers 1816, la serrurerie, déjà présente dans la famille par le père de Frédéric Japy, prend un nouvel essor avec là aussi le dépôt d'un brevet de serrure circulaire tournée, dans la tradition mécanique de l'entreprise, en même temps que démarre une production de grosse horlogerie qui se développera avec la mise en place d'une agence à Paris pour l'écoulement des ébauches. Enfin, l'industrie du fer battu, ou casserie — entendons sous ces noms la fabrication d'ustensiles de cuisine obtenus par emboutissage — prend pied à La Feschotte, sur des bases différentes des autres branches. C'est en effet l'opportunité de la reprise d'une activité préexistante qui conduit les frères Japy à exploiter ce secteur hors de leurs préoccupations traditionnelles, mais commercialement intéressant.

Grâce à une politique industrielle et commerciale cohérente, les patrons donnent à leur société une expansion considérable jusqu'en 1855, exploitant au maximum leur propre savoir-faire industriel et sachant utiliser successivement les innovations de l'extérieur, comme le recours à la machine à vapeur pour actionner les martinets et laminoirs.

Parallèlement à l'expansion de la production, les effectifs

de la société croissent considérablement. Des 50 ouvriers de l'atelier de Frédéric Japy en 1776, on est passé à 500 en 1806 pour atteindre 3 000 en 1837. Dans cette phase de décollage industriel, la nécessité de maintenir la main-d'œuvre sur place impose la poursuite d'une politique sociale active, dans le domaine de l'école au départ, puis celui du logement avec la construction des premières cités ouvrières bien avant les manufacturiers mulhousiens, enfin celui de la santé.

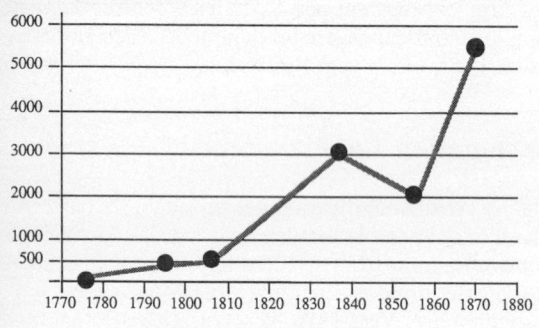

Effectifs de la maison Japy.

Nous sommes bien loin de l'organisation familiale de Frédéric Japy et de la famille réunie autour de l'unité de production. A présent, l'échelle humaine et géographique s'est étendue dans des proportions importantes, et l'expansion du bastion Japy ne peut se développer qu'en prenant en compte tous les facteurs de la grande industrialisation. Le paternalisme originel cède la place à une véritable stratégie sociale qui conduit les Japy à une mainmise quasi totale sur la vie publique et privée de la population. Une stratégie qui vise autant à assurer la stabilité de la main-d'œuvre locale qu'à se prémunir des débordements sociaux qui ne manquent pas, là comme ailleurs, de voir le jour. Peu à peu, aucune institution n'échappe à la mainmise patronale : associations, fanfares, caisses de secours, église, etc. Comme dans le cas du Creusot, l'ouvrier naît et grandit dans le giron de l'entreprise, et sa prise en charge par l'autorité patronale du berceau jusqu'à la tombe tend à lui

Un homme : Frédéric Japy

inculquer les principes moraux de l'entreprise et à briser par mesure préventive tout risque de révolte. En cela, la réussite est indéniable, eu égard à la rareté des crises sociales qu'eurent à affronter les Japy.

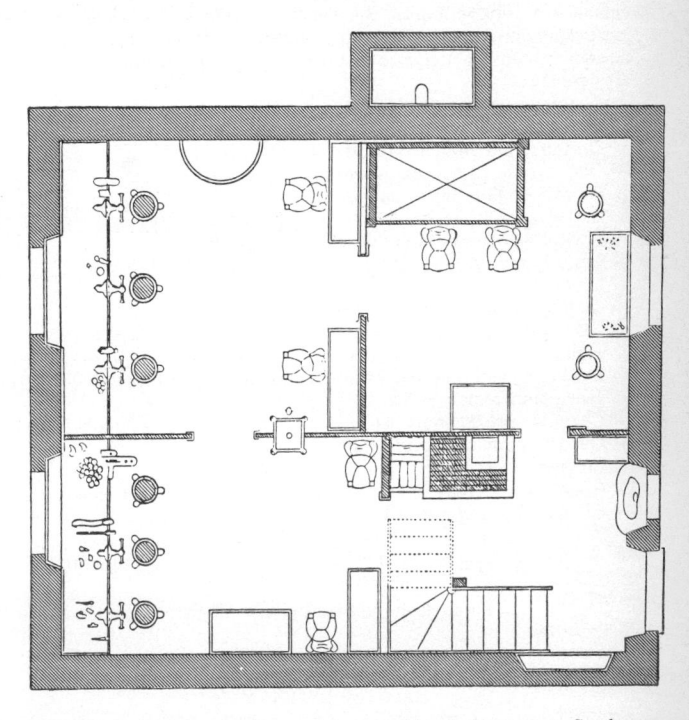

Plan du rez-de-chaussée d'une maison ouvrière de Beaucourt. Sur la partie gauche, les établis pour le montage des ébauches.

La période 1837-1855 voit arriver au pouvoir la troisième génération de Japy et l'apogée de l'empire Japy. La venue des nouveaux membres de la famille à la tête des affaires est régie par de nouvelles lois instituant une période probatoire de huit ans pour entrer au conseil de gérance, composée de quatre années en tant qu'employé et quatre en tant que commis. Mais,

> « **Parallèle entre l'usine de Beaucourt**
>
> *Amérique*
>
> Quand une usine se monte, elle construit autant que possible un local répondant aux exigences de l'industrie projetée. Plus il y a de confort dans un atelier, plus l'ouvrier est soigneux et moins il est dérangé.
> — Chaque ouvrier a sa place et n'en peut sortir.
> — Les entrées et les sorties se font à heure fixe pour tous ensemble.
> — On fait 1 500 montres par jour avec 400 ouvriers.
> — On travaille 10 heures. Aucune pièce ne sort de l'usine.
> — On fait 1 500 montres par jour sur un seul genre.
> — La fabrique est ouverte 10 heures ; on travaille 10 heures.
> — Lorsqu'un type est créé, on cherche à produire.
> — Les échantillons sont lancés lorsqu'un stock existe.
> — On cherche un petit nombre de gros clients.
> — On cherche pour aide les gros commerçants.
> — On fait des économies en payant cher les employés supérieurs capables.
> — L'achat et la réception des matières premières sont faits par des gens compétents.
> — Ce qui décide du choix des matières premières, c'est la qualité.
> — Quand on veut faire une baisse on perfectionne l'outillage.
> — Le visitage est fait par des femmes.
> — Chaque ouvrier est muni d'un instrument de mesurage exact.
> — Chaque fabrique reçoit l'heure d'un observatoire.
>
> — Au bout de l'année on fait un bénéfice de 120 000 $ (Waltham).
>
> (Parallèle établi en 1886 par Albaret et Sandoz à

si les règles sont strictes et garantissent une certaine continuité familiale, elles n'en garantissent pas pour autant la compétence des futurs patrons. Au contraire, pourrait-on dire, l'aisance matérielle dans laquelle ils vivent tend plutôt à diminuer leur dynamisme et à creuser le fossé déjà profond qui sépare les classes dominantes et les classes laborieuses. Les châteaux Japy fleurissent au rythme d'une descendance fertile et les problèmes que commence à rencontrer la société entre 1855 et 1880 dénoncent les failles du système.

Un homme : Frédéric Japy

et celles d'Amérique »

Beaucourt

Tout local est bon à tous les usages, et mis à toutes les sauces ; aussi à l'horlogerie perdons-nous la moitié des places faute de jour. Le confort est une question dont on ne s'est jamais inquiété.
— La fabrique entière est un promenoir.
— Chacun entre et sort quand et comme il le veut.
— On fait 400 montres par jour avec 1 500 ouvriers.
— On travaille 12 heures et on emporte du travail à la maison.
— On fait 400 montres par jour sur 100 genres différents.
— La fabrique est ouverte 12 heures ; on travaille 8 heures.
— Lorsqu'un type est créé, on en cherche un autre.
— Les échantillons sont lancés avant que l'outillage soit prêt.
— On cherche un grand nombre de petits clients.
— On cherche pour aide les autres fabricants.
— On cherche des économies en payant peu les anciens ouvriers comme employés supérieurs.
— Toujours les commis.

— C'est le prix.
— On baisse les ouvriers.
— Par des hommes.
— Dans toute l'usine, il n'y a pas un outil donnant le 1/100 de millimètre.
— Il n'y a pas à Beaucourt une horloge dont on connaisse la marche.
— Au bout de l'année on fait un déficit de 25 000 francs.

leur retour de voyage d'études aux États-Unis [1].)

La chute de l'empire Japy

Dernière grande initiative à mettre à l'acquis de la puissance Japy, le tracé du chemin de fer de Montbéliard vers Delle et la Suisse, initialement prévu par le canal, est modifié pour passer par Beaucourt et désenclaver le centre industriel à partir de 1868. Mais là, apparaissent les limites d'une entreprise familiale fonctionnant sur des principes économiques rétrogrades

1. *Ibid.*, p. 286.

et qui, tout en gardant un sens commercial certain, a perdu le sens de l'innovation technique, base de l'empire Japy à présent en déclin.

Entre-temps, la concurrence s'est accrue, dans le domaine de l'horlogerie comme dans les autres secteurs. Le judicieux déploiement d'activités lancé par les frères Japy dans le cadre d'une politique industrielle cohérente en 1806 prend l'allure, sous la société Japy Frères et Cie dans le dernier quart du siècle, d'une ouverture désordonnée vers de multiples nouveaux produits. Entre 1880 et 1905, les productions Japy foisonnent dans toutes les directions : moteurs, thermiques ou électriques, pompes, machines agricoles, appareils à gaz, phonographes, pièces de bicyclettes, appareils photographiques, taximètres, etc.

Le voyage aux États-Unis de deux membres de la direction les conduit à un constat cruel [1]. Les mesures proposées alors pour rattraper un retard technique dans l'organisation de la production ne sont pas prises à temps et, dès lors, « les Japy cèdent leur rôle de précurseurs qui avait été le leur durant tout le XIXe siècle à une autre grande famille manufacturière : les Peugeot ; passation des pouvoirs qui, si elle passe inaperçue au début du siècle, n'en demeure pas moins très réelle [2] ». Les Peugeot, liés d'ailleurs par de nombreux liens familiaux aux Japy dès la descendance directe de Frédéric Japy, ont su prendre à bras-le-corps une activité nouvelle, l'automobile, et repartir un siècle plus tard dans une nouvelle aventure industrielle typique de la seconde industrialisation, liée beaucoup plus à l'électricité et au développement urbain.

Le changement de stratégie amorcé à la fin du XIXe siècle conduit progressivement la société Japy d'une entreprise de production à haut niveau technique vers la société commerciale qu'elle est devenue aujourd'hui. La machine à écrire, dont les établissements Japy lancent les premiers en France une production en série au début du siècle, représente le dernier effort de production en lien avec la tradition Japy. La technique de fabrication de ces machines rejoint directement le savoir-faire mécanique du centre industriel de Beaucourt. La direction rachète donc les brevets Remington et lance sur le marché euro-

---

1. Voir tableau p. 306-307.
2. Pierre Lamard, *op. cit.*, p. 301.

Un homme : Frédéric Japy

péen des machines américaines fabriquées en France. Un gros effort commercial est fait avec le nouveau produit et un réseau de distribution et d'après-vente constitué sur de nouvelles bases. L'affaire prospère tout au long du XXe siècle pendant que se poursuit le démantèlement de l'empire Japy en plusieurs branches spécialisées. Rachetée par son concurrent suisse, la société mécanographique perd la fabrication en France de machines à écrire dans les années 1970. Fin du processus, les unités de production se déplacent hors d'Europe — au Brésil pour Hermès — et la marque Japy continue d'orner des micro-ordinateurs spécialisés dans le traitement de texte, alors que plus rien ne relie à présent la marque à une quelconque attache locale.

septième partie

De la production de masse à la communication

1. Panorama

Avec ce dernier chapitre, se referme le grand voyage que nous avons entrepris avec les techniques des premiers hominiens. Avant de clore ce livre, nous nous retrouvons en face d'un problème de la même importance que celui qui nous obligeait, alors que nous entamions cette histoire, à prendre bien des précautions à propos des difficultés rencontrées pour affronter les techniques préhistoriques. Pour être similaire, la difficulté n'en est pas moins complètement opposée.

A l'aube de l'histoire des techniques, le problème des sources se posait avec acuité, les traces nous permettant de reconstruire cette histoire étant extrêmement parcellaires. En revanche, les historiens ne manquent pas, les hommes qui se sont penchés sur la période préhistorique étant en proportion inverse des sources disponibles.

Pour la fin du XXe siècle, les sources sont au contraire d'une profusion telle qu'un homme ne peut à lui seul aborder tous les champs du savoir, et encore moins en dresser l'histoire exhaustive des cinquante dernières années. L'histoire des techniques étant par essence cumulative, la complexité des techniques croît exponentiellement. Face aux compétences hyperspécialisées des scientifiques et techniciens des diverses branches, les hommes ayant tenté d'en écrire l'histoire manquent cruellement. Sans doute les années qui viennent conduiront-elles à une « sélection naturelle » de ces techniques d'aujourd'hui et une synthèse sera alors rendue possible.

Nous l'avons tenté pour la préhistoire, tentons donc de brosser, dans cette synthèse, les grands traits de l'évolution technique contemporaine avant d'ouvrir quelques pistes en direction des tendances qui se dessinent aujourd'hui. Dans l'optique générale d'une profonde mutation de la civilisation occidentale actuelle qui tend à substituer les techniques de communication à celles d'une production de masse, nous accorderons une place particulière aux premières en les illustrant d'une part par un objet aujourd'hui quotidien pour beaucoup de Français, le minitel, d'autre part à un innovateur qui, en l'occurrence, est ici une collectivité, les Bell Laboratories, dont l'importance, dans le paysage international de la recherche industrielle liée à l'électronique, puis à l'informatique, est capitale.

L'énergie impalpable

Nous avons vu l'importance qu'a revêtue la recherche des sources d'énergie, depuis le Moyen Age, dans le développement global des techniques. La révolution industrielle a conduit la demande énergétique à des quantités sans cesse croissantes. Mais un phénomène nouveau est apparu au cours du XIXe siècle et s'est considérablement développé : celui des transmetteurs d'énergie. Les sources primaires ont crû énormément, mais elles n'ont pas été bouleversées par des changements de nature fondamentaux. Le paysage énergétique a surtout été modifié dans deux directions apparemment opposées.

D'une part, l'avènement des moteurs à combustion interne, à la fin du XIXe siècle, a provoqué l'essor des transports terrestres et de la principale source d'énergie liée à ce nouveau type de moteurs : le pétrole. Les locomotives Diesel, la navigation à moteur, l'aviation, mais surtout l'automobile, ont bouleversé la notion de distance et le mode de vie des Occidentaux, grâce à cette ressource énergétique connue certes de très longue date, mais qui n'avait encore pu trouver d'application adaptée. Le moteur à vapeur, un temps mis à profit pour la locomotion sur route, a vite cédé la place au moteur à combustion interne, grâce au pouvoir calorifique élevé et à la facilité d'utilisation des sous-produits pétroliers par rapport au charbon.

D'autre part, l'électricité a joué dans un sens opposé, tendant à une concentration parfois excessive des centrales. Au cours du XXe siècle, une fois trouvé le moyen de transformer la tension électrique par le recours au courant alternatif et aux transformateurs statiques, les réseaux ont peu à peu sillonné la planète à partir des années 1950. Les besoins initiaux en éclairage se sont accrus par la demande d'énergie motrice, puis de sources de chaleur, provoquant la tendance au tout-électrique dans la vie quotidienne de ces dernières années.

La seule source d'énergie totalement nouvelle mise en œuvre dans le système technique de la fin du XXe siècle est l'énergie nucléaire. Par les conditions de son émergence, elle nous renvoie à l'un des caractères fondamentaux de l'histoire des techniques, l'accélération de l'innovation provoquée par la recherche militaire. C'est en effet au cours de la Seconde Guerre mondiale qu'ont été mis en application les principes de la fission du noyau atomique nés dans les laboratoires de Fermi en 1935, pour aboutir aux bombes américaines sur Hiroshima et Nagasaki en 1945. Par le processus de sa mise au point, l'énergie nucléaire nous révèle un caractère typique du système technique contemporain : l'imbrication de plus en plus poussée de la science et de la technique. Nous avons vu que, jusqu'à la révolution industrielle, la science généralement suivait la technique, tentant d'expliquer les phénomènes mis en jeu et de les théoriser pour pouvoir les améliorer et les reproduire. Mais, depuis le milieu du XIXe siècle, cette tendance se renverse progressivement, dans le domaine des matériaux d'abord — chimie, métallurgie, matières plastiques... —, dans celui de l'énergie ensuite. Le mouvement de dématérialisation que nous avons vu s'élaborer au cours du siècle dernier franchit un nouveau pas avec le nucléaire, source d'énergie extraordinairement concentrée et impossible à maîtriser sans une culture scientifique et technique approfondie.

Cependant, sauf dans l'utilisation, fort limitée, des navires à propulsion nucléaire, cette nouvelle source d'énergie n'a pas été utilisée dans la locomotion. Elle n'a fait que se substituer aux sources calorifiques traditionnelles pour la production d'électricité. La part de ces sources — eau, charbon, pétrole, gaz — représentait encore plus de 40 % de la production d'électricité dans le monde en 1984, dont la moitié était d'origine hydraulique. La vapeur, fluide utilisé pour toutes les sources thermiques, a, on le voit, encore de beaux jours devant elle...

Comme chaque fois qu'une nouvelle technique est apparue, nombre de techniques annexes ont été mises en œuvre et en ont subi le contrecoup. Perfectionnement des groupes turbo-alternateurs entraînant à leur tour des progrès dans la métallurgie et le forgeage des arbres, perfectionnements aussi dans les chaudières avec les techniques de soudage des viroles notamment, mais surtout retombées importantes dans les techniques de la sécurité et du contrôle. Ces dernières touchent autant les problèmes de métrologie — contrôle de température, de vitesse, de tension électrique — que ceux des déchets, de leur retraitement et des rayonnements.

La crise pétrolière des années 1970 a provoqué un nouvel intérêt pour la maîtrise des ressources et l'augmentation du coût de l'énergie a conduit les États à se tourner à nouveau vers des sources traditionnelles redevenues rentables dans certains cas. Des recherches en direction des énergies solaire et éolienne ont été activement menées pour tenter de réduire les prix de revient de l'énergie. On s'est rendu compte que ces ressources convenaient mieux à une utilisation directe plutôt qu'à une centralisation. Les recherches sur la propulsion des navires par des voiles rigides ou traditionnelles utilisant toutes les possibilités de la régulation par l'informatique et l'électronique semblent aujourd'hui susciter un intérêt accru pour une utilisation industrielle. Dans ce dernier cas, les effets de la crise pétrolière et ceux de la navigation sportive se sont conjugués pour proposer des solutions innovantes qui seront peut-être développées à l'avenir.

La combinatoire des matériaux

L'imbrication de plus en plus poussée entre les différents champs de la technique est particulièrement sensible dans le domaine des matériaux. Peu de matériaux nouveaux ont vu le jour depuis l'émergence des matières plastiques, mais on assiste depuis ces dernières décennies à une exploration de plus en plus poussée de toutes les voies disponibles.

Pour la première fois depuis la révolution industrielle, la France a vu sa production de matériaux synthétiques dépasser dès 1982, en volume, celle des aciers et de l'aluminium réunis. Les retombées de cette expansion des matières plastiques sont extrêmement nombreuses et affectent directement le comportement culturel des consommateurs occidentaux. L'habillement, la vie domestique sont profondément marqués par ces matériaux synthétiques qu'on retrouve à chaque seconde. L'automobile, longtemps restée dans le domaine des techniques lourdes, de la mécanique et de la métallurgie, est elle aussi touchée par le développement des matériaux synthétiques, qui occupent une place de plus en plus importante dans sa fabrication. La proportion de plastiques par rapport au poids total du véhicule atteignait 12 % pour la Fiat Tipo en 1988.

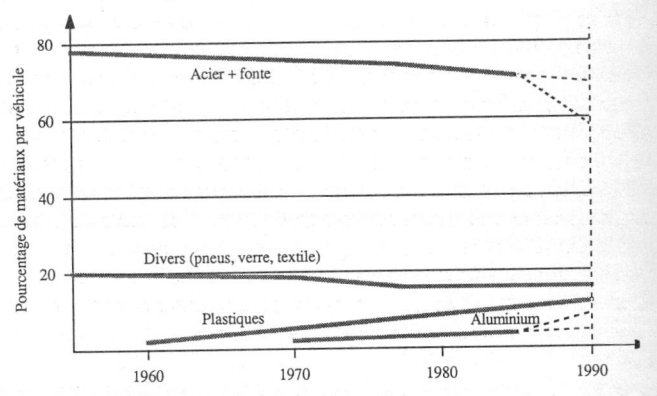

Diagramme des proportions de matériaux dans les véhicules.

Afin de réduire la consommation des voitures, les constructeurs font largement appel aux matériaux synthétiques pour diminuer le poids des véhicules. De l'équipement intérieur, ceux-ci ont peu à peu gagné les pare-chocs — polycarbonates ABS —, puis les pièces de carrosserie — panneaux en polyester armé de verre —, et enfin tendent à remplacer les métaux dans des pièces mécaniques — ressorts à lame en époxyde fibre de verre. Par son volume de production, l'industrie automobile suscite à son tour des retombées dans les domaines connexes.

Mais les métaux ne sont pas en reste pour autant. Les aciers à forte limite élastique, le titane et surtout les alliages, subissent les retombées de l'industrie aéronautique et se développent tant dans leurs techniques d'élaboration que dans leur utilisation. La métallurgie des poudres fait partie de ces nouveaux développements d'une technique ancienne qui retrouve un regain d'intérêt avec la concurrence des matériaux synthétiques et composites de ces dernières décennies. Cette technique du frittage consiste à compacter des poudres de métaux sous haute pression dans des fours électriques pour associer des métaux que la fusion rendrait hétérogènes. Imaginé dans son principe au XIXe siècle, le frittage s'est surtout développé à partir des années cinquante et permet de réaliser des aciers à haute résistance pour des outils de coupe ou des engrenages. Mais résisteront-ils, à l'avenir, à la concurrence des céramiques et des nouveaux matériaux ?

Dans ces domaines, l'historien des techniques est confronté au problème de la rapidité de diffusion des innovations. Du laboratoire à l'application industrielle, la durée se réduit parfois à moins de cinq ans sous l'effet de gros programmes de recherches menés soit au sein d'une industrie — regroupement de firmes aéronautiques ou automobiles —, soit au plan d'unités géographiques. Le programme Eurêka, lancé à l'échelle européenne en 1985, s'est donné pour mission de contrebalancer les puissants organismes de recherche américains, soviétiques ou japonais et de coordonner les efforts des différents partenaires européens.

Mais au-delà de ces techniques « en développement », le caractère qui risque de marquer le domaine des matériaux de la fin du siècle semble être celui des matériaux « composites », c'est-à-dire des matériaux traditionnels mariés de différentes manières pour engendrer de nouvelles matières premières ou de nouveaux produits. L'alliance des fibres de carbone et de résines permet de réaliser des pièces pouvant rivaliser avec l'acier inoxydable en résistance, avec des poids beaucoup plus faibles. Dans ces composites, les matériaux « anciens » comme le verre et la céramique sont alliés avec les métaux et les plastiques pour créer des moteurs à haute température, des fibres optiques ou des prothèses médicales.

Le champ des matériaux nous offre l'illustration concrète d'une autre constante de l'évolution des techniques : l'exploration systématique de toutes les combinaisons possibles permises par les innovations antérieures. Après la phase d'intense activité inventive qu'a été le XIXe siècle et la première moitié du XXe, la période actuelle tend vers une combinatoire de tous les matériaux disponibles, que ce soit à l'intérieur de la métallurgie avec les alliages les plus variés, ou, transversalement, entre textiles et fibres de carbone, matériaux organiques et métaux, céramiques et alliages.

Domaines forts et courants faibles

Mais les plus grands bouleversements techniques qui ont marqué la seconde moitié du XXe siècle sont sans contexte dus aux avancées spectaculaires de l'électronique puis de l'informatique, autant de techniques qui marquent un pas supplémentaire dans la dématérialisation que nous avons déjà citée à plusieurs reprises. Tout comme l'énergie nucléaire, l'électronique fait intervenir deux types de matière première : l'atome et la matière grise, toutes deux aussi impalpables. L'électronique est au croisement de deux voies de recherches longtemps restées parallèles : une recherche empirique, caractérisée par une démarche tâtonnante dans le domaine des télécommunications dès le dernier quart du XIXe siècle ; une recherche scientifique visant à fixer la théorie du champ électromagnétique et à comprendre les phénomènes de propagation des ondes correspondantes.

C'est l'expérience de Hertz, vérifiant vers 1888 la théorie de Maxwell sur l'existence des ondes électromagnétiques, qui accentua le démarrage des recherches vers la télégraphie sans fil à la fin du siècle. Dès lors, les domaines de l'électronique et des télécommunications se sont trouvés liés pour longtemps, interférant l'un sur l'autre pour faire avancer les nouvelles techniques. De la recherche fondamentale à l'utilisation quotidienne, tout un ensemble de secteurs progressent rapidement pendant la première moitié du XXe siècle, avant que les secteurs du calcul et de l'automatisation ne prennent le relais des télécommunications et n'aboutissent, grâce aux semi-conducteurs, à l'informatique, à la productique et aux applications les plus variées d'aujourd'hui.

Dès 1895, Marconi, s'appuyant sur les travaux de Ducretet, Popov et Branly, avait réalisé les premières applications pratiques de télégraphie sans fil (TSF) permettant de transmettre des messages en morse. Avant 1900, la Manche était franchie et les télécommunications par voie hertzienne se développèrent très vite, notamment dans la navigation maritime où elle permit enfin de faire communiquer des bateaux entre eux ou avec des bases à terre. Au cours de cette préhistoire des télécommunications, l'idée de transmettre l'information sans support matériel a été définitivement acquise, mais le véritable démarrage de l'électronique n'interviendra qu'avec l'utilisation des tubes électroniques.

La triode, mise au point par l'Américain Lee De Forest en 1906, joue un rôle fondamental dans ce développement. Pour la première fois, un objet technique non mécanique permet de moduler une énergie en fonction d'un courant très faible.

Grâce à ce nouveau tube électronique, on peut construire une machine capable d'amplifier un signal électrique de forme quelconque et donc d'engendrer, grâce à la rétroaction, des ondes électromagnétiques entretenues et régulières. Disposant alors d'oscillateurs et d'amplificateurs, la TSF va progresser rapidement, surtout grâce à la Seconde Guerre mondiale qui va donner aux communications radio les moyens de leur développement. La production des tubes à vide — diodes, triodes, pentodes, magnétrons, etc. — va connaître un accroissement considérable jusqu'aux années cinquante, avant qu'une nouvelle découverte de taille, celle du transistor, n'ouvre la porte à une miniaturisation de plus en plus poussée des moyens de communication et de calcul. Le principal tube électronique qui survivra aux semi-conducteurs sera le tube cathodique, avec la télévision dans le domaine public et les oscilloscopes dans les laboratoires.

La technique des tubes à vide arrive à saturation à la fin de la Seconde Guerre mondiale et les premiers essais de calculateurs électroniques capables de résoudre les nombreux calculs nécessaires notamment à la mise au point des armes atomiques, produiront des monstres comme l'ENIAC de 1945, employant 18 000 tubes à vide et pesant 30 tonnes. Avec les années cinquante s'ouvre une ère nouvelle dans le traitement de l'information. Les techniques de base de traitement des signaux sont au point et permettent la diffusion de l'électronique dans les secteurs les plus variés. D'un côté, le grand public profitera très vite des progrès dans les différentes branches du traitement électronique de l'information avec la création des réseaux de radiodiffusion, puis de télévision. De l'autre, les techniques militaires mettront à profit ces nouvelles techniques en développant le radar, les communications radio, et en jouant un rôle moteur dans l'informatique naissante. Longtemps, l'informatique restera du domaine des spécialistes avant de pénétrer de plus en plus dans la vie quotidienne à partir des années 1980.

La production assistée par ordinateur

Jusque dans les années cinquante, l'industrie se développe sur les bases mises en place au cours de la révolution industrielle. La part de la mécanique y est toujours prépondérante parce que rassurante : le système technique mis en place à la fin du XVIIIe siècle s'appuie toujours sur le métal et la machine. L'état d'esprit des ingénieurs et techniciens de production aura du mal à accepter l'introduction de l'électronique et de l'informatique dans les années d'après-guerre, comme il avait difficilement intégré l'électricité à la fin du XIXe siècle. Comme l'analyse Y. Stourdzé : « Pendant longtemps, l'électricité ne parvient pas, au contraire des systèmes mécaniques, à inspirer une confiance sérieuse (l'état-major ne veut pas entendre parler, jusqu'en 1940, d'électrification du chemin de fer) ; elle est par trop fluide, invisible, subtile, alors que la mécanique, littéralement, fait le poids[1]. » Alors que, jusqu'à aujourd'hui, l'industrie automobile jouera un rôle capital dans l'avancée des domaines de la métallurgie, des matériaux, de la propulsion, elle mettra longtemps avant de prendre en compte les acquis de l'électronique et de l'informatique.

Les services de comptabilité et de gestion seront les premiers à utiliser les « calculateurs électroniques », relayant les techniques mécanographiques du début du siècle. Mais les nouvelles

---

1. Yves Stourdzé, *Pour une poignée d'électrons*, Paris, Fayard, 1987, p. 189.

techniques de l'information ne pénétreront pas les chaînes de production avant les années soixante-dix. Alors seulement, sous la poussée d'une concurrence internationale de plus en plus vive et d'une diminution considérable des coûts et de la taille des matériels, l'informatisation irriguera les structures de production, depuis les bureaux de conception jusqu'aux chaînes de montage. On assiste alors, dans toutes les branches industrielles, à l'introduction du DAO — dessin assisté par ordinateur —, puis de la CAO — conception assistée par ordinateur —, enfin de la « productique », néologisme illustrant la nouvelle organisation de la production autour de l'ordinateur, ou plutôt de réseaux informatiques. Le rôle du dessin, langage traditionnel du monde de la technique, change complètement. Le dessin, jusque-là recréé par les différents échelons, depuis le bureau d'études jusqu'à l'atelier, ne devient plus que la mise en images « palpables » de données stockées dans des mémoires informatiques. Ces données sont gérées et transformées aux différents stades de la production pour concevoir les produits, leur mode de fabrication, mais aussi programmer les mouvements des machines-outils, des robots, etc. La productique s'est affirmée comme une trame d'information depuis la conception jusqu'au contrôle final des produits, la fabrication venant y puiser ses sources et en modeler le contenu tout au long de la chaîne. Cette réorganisation structurelle autour de « bus » de transmission de données a créé à son tour une adaptation en profondeur du potentiel humain à tous les niveaux.

La maison mécanisée

Avec un retard de quelques décennies, puis de quelques années seulement, sur l'évolution des systèmes de production, la vie quotidienne des Occidentaux s'est trouvée elle aussi profondément modifiée par l'introduction des techniques nouvelles. Le machinisme du XIXe siècle n'a eu de véritables retombées qu'au cours du XXe. Ce sont d'abord nombre d'objets techniques fabriqués en masse qui ont été introduits : ustensiles de cuisine, vêtements, mobilier. Au début du siècle, l'électricité donne de l'éclairage à la majeure partie des citadins, mais c'est plus tard seulement que l'électroménager viendra bouleverser la vie des foyers avec, surtout, l'introduction de la machine à laver dont on a tendance à oublier un peu vite le nombre considérable d'heures de travail féminin qu'a épargnées cette machine aujourd'hui si familière. Point de départ de l'électroménager, la machine à laver le linge est aussi au point d'arrivée de l'introduction de réseaux dans la vie domestique. Nécessitant un raccordement à l'eau, au gaz et à l'électricité, elle ne se développera en France qu'à partir de 1960, suivant un processus classique d'évolution des objets techniques dans lesquels l'automatisation est de plus en plus poussée, les fonctions humaines étant progressivement intégrées dans la machine.

Son évolution la plus récente concourt encore au phénomène de dématérialisation contemporain. Cette dernière mutation, pratiquement invisible aux usagers, se situe au niveau même du processus de lavage. On est passé progressivement d'une action mécanique, puis thermique, vers une action chimique. A présent, les produits détergents issus des derniers progrès de l'industrie chimique font pratiquement le travail à eux seuls, les températures étant descendues de 100 à 60 puis à 30 ou 40 °C, le mouvement d'agitation n'ayant plus pour fonction principale que de mêler intimement linge et solution détergente. Soit, il reste toujours à introduire le linge, mettre la machine en route, puis décharger et étendre, mais déjà le séchage peut être mécanisé à condition de transvaser le linge. Selon un processus logique, il est probable qu'il sortira bientôt sec de la machine. Devrons-nous tout de même encore le repasser et le ranger manuellement, ou bien la machine disparaîtra-t-elle totalement, cédant la place à des procédés uniquement chimiques ?

L'automatisation du lavage du linge suit le même schéma d'évolution que tous les autres objets techniques, tant dans le cadre domestique que dans le domaine industriel. Les téléviseurs et autres appareils audiovisuels actuels remplissent un nombre croissant de fonctions auparavant dévolues à l'homme : recherche des stations, réglages des caractéristiques d'image ou de son, simplification des commandes, etc. Après une phase de complexification dans laquelle la technicité est affichée comme critère de progrès, une phase de simplification du mode d'usage tend à en faciliter l'accès : code à barres pour la sélection d'émissions dans les magnétoscopes, interface graphique dans la micro-informatique.

L'automobile joue ici un rôle d'exception. La tendance générale est bien à l'intégration progressive des accessoires peu à peu surajoutés : ailes, éclairages, rétroviseurs, etc., mais la mécanique et la facilité d'emploi se sont arrêtées prématurément pour des raisons multiples et pas toujours simples à mettre en lumière. Le moteur Diesel, plus économe et plus « synergique » que le moteur à essence par l'absence d'allumage, n'a toujours pas supplanté celui-ci. De même l'automatisation du changement de vitesses stagne dans de nombreux pays. Raisons de rendement certainement, mais raisons psychologiques surtout, où le fait de jouer avec les vitesses laisse encore l'impression au conducteur qu'il domine un objet technique complexe.

De même que les moteurs électriques, miniaturisés, ont mécanisé beaucoup d'opérations dans la maison — moulins à café, rasoirs, aspirateurs, réfrigérateurs, etc. —, les réseaux d'information ont eux aussi suivi, avec quelques années de retard sur les réseaux professionnels : téléphone au début du siècle, puis radio, télévision, télématique, etc. Les loisirs sont devenus aujourd'hui un élément primordial de l'économie des pays occidentaux, et une grande partie des usages des transports est affectée à cette fonction.

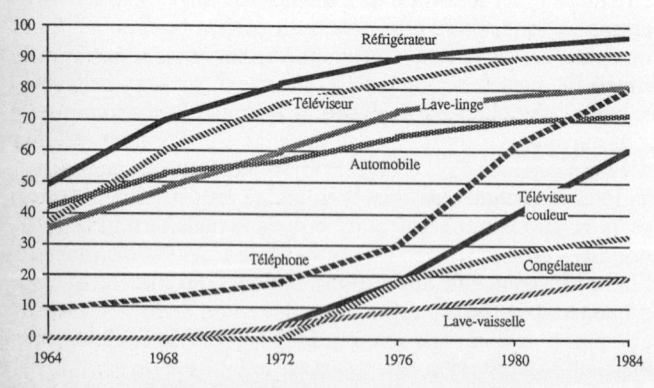

Diagramme de l'équipement des ménages.

Renaissance ou déclin ?

Au bout du compte, la question reste ouverte. Vivons-nous, en cette fin de XXe siècle, une mutation du système technique aussi profonde que celles du Moyen Age et de la fin du XVIIIe siècle, qui nous ouvre l'ère nouvelle d'une société de création où l'intelligence, activée par des communications de plus en plus intenses, deviendra la véritable matière première d'un renouveau de la technique ? C'est la thèse relativement optimiste que soutiennent les auteurs du *Rapport sur l'état de la technique*[1], sous l'égide notamment du Centre de prospective et d'évaluation. Au contraire, ne sommes-nous pas en train d'assister aux derniers soubresauts d'une société technicienne en plein déclin qui va aboutir, en quelques années, à l'écroulement de la civilisation occidentale, comme le pressentent plusieurs experts, dont l'historien Jean Gimpel[2] ?

Il ne fait pas de doute que le système technique occidental est en mutation. Mais le déplacement des lieux de production de masse vers l'Extrême-Orient, de même que le fossé de plus en plus grand entre zones riches et zones pauvres ne vont-ils pas créer des bouleversements irréversibles ? Il n'est pas dans notre intention de répondre à ces questions dans le cadre de ce livre, surtout en quelques lignes, mais l'actualité de cette mutation illustre le trouble dans lequel ont dû se trouver « économistes » et « politiciens » des XIIe et XVIIIe siècles en face d'une évolution en profondeur du système technique dans laquelle il est difficile de saisir, en plein tourbillon, quelles sont les voies de recherche à favoriser et le type de mesures à prendre pour assurer l'avenir.

Parmi les grandes tendances qui émergent aujourd'hui, l'effacement des frontières entre domaines du savoir constitue certainement l'une des conditions les plus favorables à l'innovation. Cet esprit a toujours été porteur de création. Il

---

1. *La Révolution de l'intelligence : Rapport sur l'état de la technique*, Paris, Sciences et techniques, Centre de prospective et d'évaluation, *Sciences et Techniques*, n° spécial, 1985, XVI-192 p., nouv. éd.
2. Jean Gimpel, *Ultime rapport sur le déclin de l'Occident*, Paris, O. Orban, 1985, 240 p.

n'est qu'à voir le nombre d'artistes ou de non-spécialistes qui ont été à l'origine de grandes réussites scientifiques ou techniques : Alexander Graham Bell était professeur de physiologie vocale, Samuel Morse peintre, et plus près de nous, Roland Moreno, créateur de la carte à mémoire en 1974, était alors journaliste.

De cette combinaison de plus en plus grande de disciplines parfois éloignées, d'ailleurs pas seulement dans les domaines scientifique et technique, le cas des supraconducteurs est exemplaire à plusieurs titres. Connue de longue date, la supraconductivité est cette capacité qu'ont certains éléments d'atteindre une résistance électrique nulle à une température proche du zéro absolu. Deux chercheurs, Alex Müller et Georg Bednorz, ont obtenu en 1988 le prix Nobel de physique pour avoir découvert de nouveaux supraconducteurs à «haute» température, c'est-à-dire autour de -238 °C (35 kelvin). Premier élément d'étonnement, la rapidité avec laquelle a été décerné le prix à ces chercheurs, moins d'un an après leur découverte. Le monde des sciences et des techniques a été sensible à l'événement, dont les conséquences sur les techniques électroniques et informatiques pourraient être considérables.

Depuis lors, beaucoup de laboratoires se sont mis à l'ouvrage pour approfondir la question ; des supraconducteurs à -183 °C ont été découverts peu de temps après, et l'on tente de trouver des applications commerciales à cette découverte physique : supercalculateurs cryogéniques, transistors à haute vitesse, etc. Les recherches se poursuivent dans les laboratoires de cristallographie de Caen, les laboratoires IBM de Yorktown et Bell de Murray Hill, sans que l'on sache encore, autre sujet d'étonnement, totalement expliquer le pourquoi de la supraconductivité. Un chercheur du Centre d'études nucléaires de Saclay s'étonnait récemment : « Il faut remonter deux cents ans en arrière pour pouvoir montrer de la physique incomprise dans un salon. » Finalement, on en est toujours là : la méthode expérimentale a encore de beaux jours devant elle et l'on utilisera peut-être bientôt des ordinateurs ultrarapides et puissants fondés sur des principes physico-chimiques inexpliqués. Cela n'a jamais empêché la technique de progresser, d'explorer à fond les nouvelles voies offertes par des découvertes fondamentales comme les supraconducteurs, tout en fournissant aux chercheurs les outils nécessaires à la mise en œuvre de leurs travaux, comme les presses de laboratoires à très hautes pressions et les fours à températures très élevées qui ont permis la découverte des supraconducteurs.

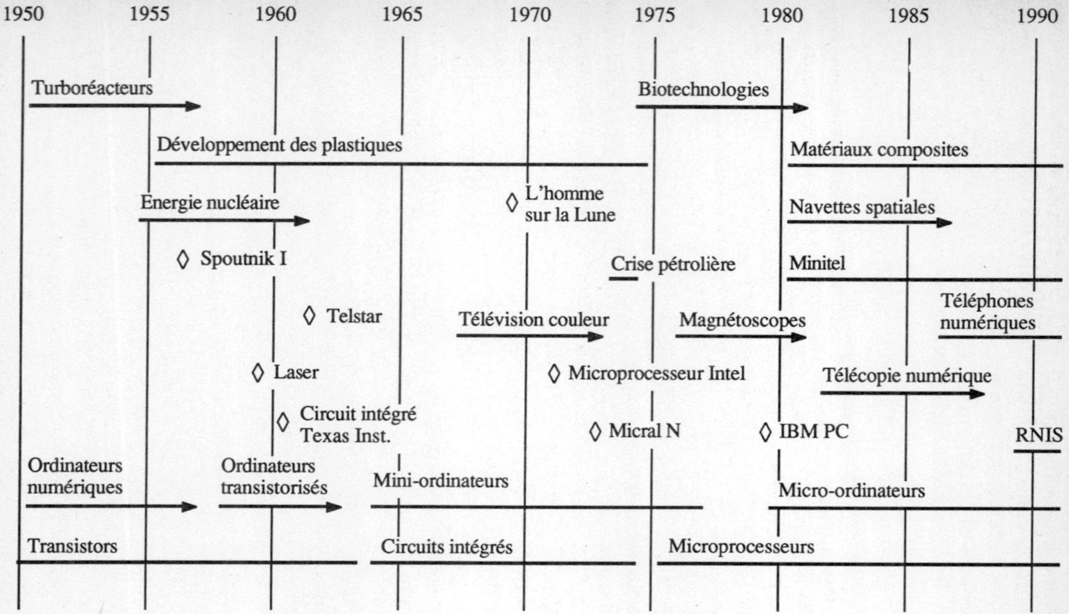

1950									
1955	Turboréacteurs ↑	Développement des plastiques	Énergie nucléaire ↑					Ordinateurs numériques ↑	Transistors
1960				◇ Spoutnik I	◇ Laser ◇ Telstar			Ordinateurs transistorisés ↑	
1965					◇ Circuit intégré Texas Inst.			Mini-ordinateurs	Circuits intégrés
1970			◇ L'homme sur la Lune		Télévision couleur				
1975		Biotechnologies ↑	Crise pétrolière		◇ Microprocesseur Intel	◇ Micral N	Magnétoscopes ↑		Microprocesseurs
1980			Matériaux composites	Navettes spatiales ↑	Minitel		◇ IBM PC	Micro-ordinateurs	
1985					Téléphones numériques	Télécopie numérique ↑			
1990						RNIS			

2. Un objet : le minitel

Notre catalogue d'objets se referme avec, là aussi, un retour aux sources. Les norias, moulins, métiers à bas et autres rivets avaient des fonctions techniques bien définies et étaient apparus pour répondre à une demande, effectuer une tâche utile. A quoi servent l'obélisque et le minitel ? Le premier a une fonction symbolique mais le second ? Il ne permet pas *a priori* de remplacer ou d'assister l'homme dans une tâche préalablement manuelle. Il ne se substitue à rien, il ne sert à rien d'autre qu'à communiquer, comme le téléphone, mais d'une tout autre manière. Nous touchons du doigt, avec le minitel, plusieurs éléments clés de notre époque. Tout d'abord, l'apparition de produits, que ce soient des services ou des objets, avant que ne surgisse un besoin ; ensuite l'arrivée, dans les foyers, d'objets de communication relayant la vague de l'électroménager des années d'après-guerre ; la télématique, mariage des télécommunications et de l'informatique dans le courant de combinatoire des techniques d'aujourd'hui ; enfin l'avènement des réseaux de communications gigantesques succédant aux réseaux énergétiques.

Le minitel, un objet très simple

L'étendue des possibilités qu'offre la télématique n'a d'égale que la simplicité de l'objet technique minitel, un terminal somme toute très ordinaire et, donc, très bon marché. Il se compose de quatre modules principaux :
— un clavier pour envoyer des textes ;
— un écran pour les recevoir ;
— un modem, modulateur-démodulateur pour assurer les « traductions » ;

— une carte mère électronique pour coordonner l'ensemble des modules.

Le principe de base du minitel est de faire transiter par le réseau téléphonique des données textuelles ou graphiques dont clavier et écran constituent les unités d'entrée et de sortie des données. En un mot, le minitel est un tout petit élément d'un immense ordinateur, dont l'unité centrale est très lointaine et très puissante. L'une des causes du succès populaire de notre appareil est sa facilité d'emploi, qui contraste avec la grande complexité de l'ensemble du système, que l'usager ne peut soupçonner. Essayons de suivre pas à pas une interrogation type.

Lorsque, une fois connecté à un serveur — service ou annuaire électronique — le particulier frappe sur son clavier un code ou un nom, les caractères qui s'affichent à l'écran n'obéissent pas aux ordres directs du clavier. Il se passe en fait une multitude de choses dans la fraction de seconde qui sépare la frappe d'un caractère de son affichage :

— l'usager frappe la lettre «P»;
— l'électronique transforme le signal analogique que lui envoie la touche en un signal numérique correspondant, après conversion;
— elle envoie ce signal au modem qui le transforme à son tour en un signal analogique identique à celui que produit un son dans le combiné;
— ce signal transite alors par le réseau téléphonique jusqu'au serveur, au même titre que la parole;
— le serveur, doté lui aussi d'un modem, transforme à nouveau le signal analogique en signal numérique;
— il vérifie sa validité et renvoie à l'expéditeur, sous forme numérique, l'ordre d'afficher le caractère, en lui précisant la taille, la couleur, le clignotement éventuel ou, pour un mot de passe, exige un astérisque;
— le signal de retour est alors traduit en analogique par le modem du serveur, transite par le réseau et arrive par le fil du téléphone jusqu'au minitel de l'usager;
— il est à nouveau transcrit en numérique par le modem et arrive à la carte principale;
— l'électronique de cette carte compare le signal avec sa table de conversion et envoie à l'écran un signal vidéo correspon-

Un objet : le minitel

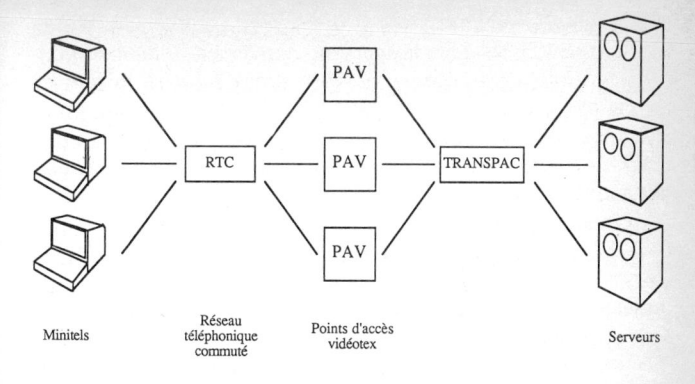

Schéma de la communication minitel serveur.

dant à la lettre « P », avec les attributs éventuels spécifiés par le serveur.

Entre la frappe de la lettre et son affichage sur l'écran, il ne s'est pas écoulé plus d'une fraction de seconde, alors même que le minitel s'est contenté de transmettre ses données à petite vitesse — 75 bits par seconde — l'homme étant très lent à frapper sur un clavier. Au retour, le signal va à sa vitesse normale, soit 1 200 bits par seconde. On imagine la rigueur nécessaire pour qu'à chaque niveau le signal soit reconnu, authentifié, traduit, etc. D'autant plus que le voyage même entre minitel et centre serveur peut emprunter des voies diverses : soit il reste uniquement sur le réseau téléphonique traditionnel, dit réseau « commuté », soit il emprunte un réseau spécialisé dans le transport des données numériques, Transpac. Dans le cas d'un accès par l'un des numéros Télétel, l'appel de l'usager est orienté vers un point d'accès vidéotex qui met en forme le signal pour le faire transiter par le réseau Transpac. Ce dernier réseau, au maillage extrêmement serré, fonctionne à la vitesse de 48 kbits/s et fait circuler de nombreuses communications simultanément.

Par ailleurs, dans le cas du réseau commuté, le signal analogique de la parole peut être lui aussi transformé en signal numérique pour emprunter des chemins à haute densité —

câbles matériels ou hertziens — avant d'être à nouveau synthétisé à l'arrivée ; les deux usagers qui conversent n'en ont aucunement conscience, l'ensemble des transactions se faisant en temps réel.

Dans cet ensemble, le minitel n'est au bout du compte qu'une machine très modeste comportant des éléments standard et que la production en masse a permis de livrer à un prix de revient extrêmement bas : fixé à 1 000 F au lancement de l'opération, en 1982. L'innovation technique est ailleurs, dans l'ensemble des réseaux de communications avec leurs tuyaux — fils métalliques, fibres optiques, lasers, câbles hertziens — et leurs nœuds « intelligents » qui assurent l'aiguillage des millions de communications analogiques ou numériques qui transitent simultanément.

Une base de données gigantesque

Mais nous n'avons là qu'une communication sans contenu, alors même que l'originalité de l'expérience française réside dans la mise à disposition du public d'un service jusque-là réservé aux professionnels : une base de données gigantesque recensant quelque 24 millions d'abonnés au téléphone. Outre toute la partie matérielle qui s'intègre dans le complexe réseau vidéotex, l'annuaire électronique est un logiciel extrêmement perfectionné qui a demandé des recherches approfondies dans le domaine technique comme dans celui des sciences humaines, pour offrir un service de consultation accessible à un public sans connaissance informatique particulière. Avec le minitel, qui se développe en même temps qu'une nouvelle vague de micro-ordinateurs dans les années 1980, une ère s'ouvre dans l'histoire de l'informatique. Dorénavant, l'ordinateur n'est plus réservé aux seuls spécialistes informaticiens. Puisque cette machine peut faire beaucoup de choses très vite, autant lui apprendre à communiquer aisément avec l'homme.

Dans le cas de l'annuaire électronique, les concepteurs ont été conduits à mettre en œuvre des pratiques d'interrogation extrêmement complexes afin qu'à toute demande de l'usager, une réponse soit donnée et permette de poursuivre la consultation. Des études approfondies sont menées avec des utilisateurs types au cours de l'année 1982 pour tester les réactions du public face à ce nouveau média. De déceptions en modifications, le système est affiné pour faire tomber les réticences des usagers et rendre l'accès au service le plus aisé possible. Des procédures touchant à l'intelligence artificielle sont mises en place progressivement pour que la recherche prenne en compte les fautes d'orthographe et les homonymies sur les noms de personnes et de localités, les synonymies dans la rubrique professionnelle. Dans sa phase de maturité, l'annuaire électronique représente incontestablement une réussite d'interface logicielle entre service et utilisateur dont de nombreux autres services télématiques s'inspireront. Parallèlement, le logiciel sera affiné pour accélérer la recherche et retrouver le numéro de téléphone d'un abonné parmi plus de 20 millions en quelques fractions de seconde, en n'importe quel point du territoire.

Avec le minitel, le progrès technique dépasse le champ du matériel pour atteindre celui de l'intelligence, de la matière grise. L'innovation est avant tout logicielle et économique, logicielle dans la gestion des interrogations et économique dans le processus de mise en place d'un service gratuit, tant dans la consultation de l'annuaire que dans la distribution des minitels. Avec les nombreux autres services qui se sont greffés par la suite sur le système télématique élaboré par le ministère des Postes et Télécommunications, une rentabilité partielle a momentanément mis fin aux vives réactions des détracteurs qui accusaient l'État de dilapider les deniers publics pour imposer une technique dont les gens n'avaient nul besoin. La mise en place du service « kiosque » dont le principe repose sur une double rétribution, aux PTT et aux prestataires, du service fourni à l'usager, a permis à l'administration de rentabiliser ses investissements considérables. Mais, malgré tout, la question de faire payer la distribution des terminaux revient périodiquement à l'ordre du jour. Ainsi, en 1989, lorsque la Cour des comptes met en garde l'Administration contre le déficit à venir et lui demande de prendre des mesures, le ministère répond en terme de « retombées industrielles et techniques, qui se traduisent par une valeur ajoutée de 6 milliards de francs dans l'industrie et par douze mille à quinze mille emplois, dont la moitié nouveaux [1] ».

1. « Très cher minitel… », *Le Monde*, 30 juin 1989.

La guerre des normes internationales

Contrairement à ce qui s'était produit pour le télégraphe au cours du XIXe siècle, aucun consensus n'a pu, à ce jour, se mettre en place au niveau international pour un protocole vidéotex commun, tant en Europe que sur les autres continents. Une trentaine de pays auraient implanté des systèmes vidéotex mais, sur ce plan, la France dispose d'une avance confortable avec près de 5 millions de minitels installés en 1989. La question des normes est primordiale mais s'y ajoutent des questions politiques et surtout économiques. Le fait que, dans certains pays, le téléphone soit aux mains de sociétés privées qui se partagent le trafic n'est pas non plus étranger à cette stagnation, comme c'est le cas au Canada et aux États-Unis. S'ajoutent à cela, pour ces derniers, des questions juridiques épineuses qui, comme dans beaucoup d'autres domaines, tendent à freiner l'innovation. Le Royaume-Uni a démarré bien avant la France, avec l'implantation de Prestel dès 1979, mais le choix s'est porté essentiellement vers les secteurs professionnels. L'Allemagne fédérale a mis en place elle aussi un service vidéotex, le Bildschirmtext, mais son prix est resté dissuasif : le terminal coûtait 1 800 à 3 000 DM en 1988.

Pourtant, nombre de normes étrangères offrent une définition beaucoup plus élevée que celle de Télétel, le vidéotex français. Mais le coût s'en ressent. Comme les Anglais qui ont joué à leurs dépens un rôle de pionniers dans le domaine, les Français pourraient bien se retrouver eux aussi en retard d'ici quelques années si les réseaux numériques arrivaient à mettre d'accord les partenaires internationaux et imposer une norme favorisant la mise en place de services télématiques haute définition.

De l'analogique au numérique

Quand on dissèque, comme on l'a fait plus haut, une communication élémentaire entre un usager et un service vidéotex, on ne peut qu'être étonné par le nombre de traductions

Un objet : le minitel

de l'analogique au numérique et vice versa. Dans une dynamique qui s'est amplifiée avec l'expansion de l'informatique au cours des dernières décennies, la tendance vers le tout numérique s'est accentuée, surtout grâce à la baisse des coûts des composants et à leur miniaturisation. Avec de surcroît l'augmentation du nombre d'entreprises utilisant les réseaux de télécommunications pour transmettre des données — banques, commerces à succursales, industrie automobile, gestion en général —, la nécessité de se tourner vers un réseau numérique est née dans le sillage du vidéotex. Dans ce cas, la cible est avant tout les services professionnels et le RNIS (réseau numérique à intégration de services) fait déjà l'objet d'accords entre RFA, Italie, Royaume-Uni et France pour une interconnexion des réseaux. Là aussi, le RNIS n'est encore qu'un patchwork outre-Atlantique, en raison de la déréglementation des télécommunications américaines.

Le principe du RNIS est de proposer aux utilisateurs un canal de communication à haut débit — 64 kbits/s — permettant de faire passer, dans un même «tuyau», tous les types de transmission. Ainsi, à une prise du nouveau réseau peuvent être raccordés : téléphone classique ou numérique, minitel, télécopieur, micro-ordinateur... A la profusion de réseaux plus ou moins parallèles qui ont surgi depuis les années soixante — après le téléphone, le télex, le télétex, etc. —, la tendance est au regroupement, à l'intégration des réseaux en un réseau unique, selon un processus typique de l'évolution des techniques que nous avons déjà plusieurs fois rencontré.

Une naissance difficile

La préhistoire du minitel nous amène en 1974 où la France, très en retard sur ses partenaires étrangers dans les domaine du téléphone, prend la décision de réformer en profondeur l'administration des Télécommunications et de lancer un programme ambitieux d'expansion et de rajeunissement du réseau téléphonique. Dans ce climat de dynamisme naissant, plusieurs idées germent dans le domaine du couplage de l'informatique et des télécommunications. Mais c'est au retour d'un voyage d'études à Londres où leur a été présenté le projet de vidéotex britannique Prestel que Gérard Théry et Jean-Pierre Souviron, respectivement directeur général des Télécommunications et directeur des Affaires industrielles, imagineront les grandes lignes de ce qui deviendra le système Télétel français, avec l'annuaire électronique. Toutefois, le passage de l'idée à la réalisation se heurtera à nombre de difficultés, tant au sein même de l'administration que dans les rapports avec la presse, les personnalités politiques ou l'ORTF. Le système Prestel leur semble déjà dépassé, même si les Anglais peuvent à juste titre se glorifier d'un premier service vidéotex professionnel en état de fonctionnement. Le couplage du téléphone avec la télévision est un moment envisagé, l'écran du téléviseur servant à afficher les données à échanger. Mais la solution adoptée sera un petit terminal indépendant, relié simplement à la prise téléphonique des usagers. Le rapport de Simon Nora et Alain Minc sur l'informatisation de la société [1] jouera, au cours de cette période, un rôle important dans la prise de conscience des responsables politiques, et bien sûr des télécommunications, sur les retombées de l'informatique, et notamment de la télématique, néologisme issu du rapport, sur le public.

Le projet prend corps et, en 1978, est proposée une expérience télématique à Vélizy, en banlieue parisienne, dont les objets sont : « *a*. de montrer qu'il est possible à un abonné de consulter directement les fichiers des centres de renseignements publics ou privés et plus généralement les banques de données ; *b*. de susciter l'offre de nouveaux services de consultation, de communication et de transaction ; *c*. de définir et de développer un terminal de télétexte interactif permettant ces fonctions [2]. » Lancée effectivement en 1981, l'expérience de Vélizy permettra de tester en vraie grandeur le bien-fondé des propositions françaises en matière de télématique. Rarement une innovation à caractère technique aura suscité autant de débats publics, tant au Parlement que par voie de presse, les princi-

1. Simon Nora, Alain Minc, *L'Informatisation de la société, rapport à M. le Président de la République*, Paris, Éd. du Seuil, coll. « Points Politique », 1978.
2. Note de Gérard Théry à l'inspecteur général des Télécommunications citée par Michel Abadie, *Minitel story, les dessous d'un succès...*, Lausanne, Paris, Favre, 1988, p. 35.

paux médias sur papier voyant d'un très mauvais œil l'arrivée d'un nouveau média électronique qui risque de leur faire de la concurrence. Les années 1980 et 1981 seront largement marquées par ces discussions qui aboutiront à une mise à plat des problèmes et à un accord de toutes les parties, l'optique d'une complémentarité presse-minitel calmant les ardeurs. A partir de 1982, Télétel entrera dans sa phase de développement avec un accroissement considérable du parc de minitels installés, du trafic des appels et des heures de connexion.

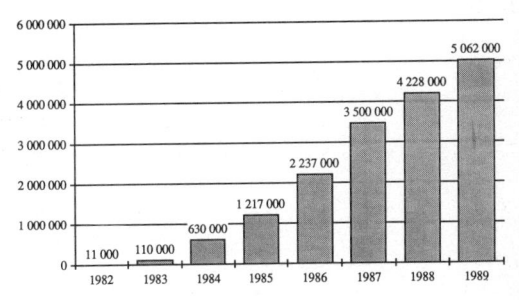

Évolution du parc de minitels installés.

Année	Parc
1982	11 000
1983	110 000
1984	630 000
1985	1 217 000
1986	2 237 000
1987	3 500 000
1988	4 228 000
1989	5 062 000

Un nom nouveau pour un concept nouveau

Alors que le concept du nouveau « produit » proposé au public est relativement clair dans l'esprit de ses initiateurs, il n'en est rien auprès des usagers. La dématérialisation des techniques crée immanquablement un malaise. L'homme a besoin de se rattacher constamment à des choses palpables, et donc rassurantes. C'est ce que pressentira la direction générale des Télécommunications lorsqu'elle proposera en 1981 à un designer français, Roger Tallon, de dessiner le terminal destiné à entrer dans tous les foyers. S'attachant au problème à sa base, Tallon ne se contentera pas de donner une forme à l'objet. Il lui donnera un nom pour le rendre plus familier, jugeant le concept trop flou pour le public. Il sera ainsi amené à proposer le nom de minitel qui s'imposera rapidement par sa parfaite adéquation à la fonction qui lui est dévolue. Dès lors, la technique complexe du vidéotex interactif aura une signification concrète et matérielle, associée à un nom qui deviendra familier. Ce baptême sera pour beaucoup dans l'acceptation du service et son succès auprès des usagers.

A présent, le minitel a pris place auprès du téléphone de plusieurs millions de Français : un objet technique de plus dans l'aménagement des foyers mais beaucoup plus qu'un robot ménager puisqu'il représente un moyen de communication à part entière que beaucoup d'autres pays regardent avec envie.

3. Des hommes : les Bell Laboratories

Ce n'est pas un homme isolé qui nous guidera dans ce dernier chapitre mais une collectivité très puissante, qui tranche nettement avec les autres «ingénieurs» qui nous ont accompagné tout au long de cette histoire. N'existerait-il donc pas un personnage représentatif des techniques de notre époque, comme nous avons tenté d'en chercher pour toutes les autres périodes ? Bien sûr, de telles personnalités ne manquent pas, mais leur domaine de compétences est, de par l'extrême spécialisation de la recherche et des techniques contemporaines, nécessairement étroit, ce qui va à l'encontre du paysage technique actuel tel que nous l'avons brossé plus haut, c'est-à-dire très «fluide», aux implications fortement imbriquées et évoluant à une vitesse accélérée. Notre choix s'explique par une autre raison, plus essentielle. L'innovation, la création technique de la société industrielle de la deuxième moitié du XXe siècle ne sont plus, à quelques exceptions près, le fait d'individus isolés. La concurrence vive qui régit actuellement le champ des techniques, des sciences et des industries fait que la plupart des inventions et innovations de ces quarante dernières années ont été réalisées par des firmes, des organismes de recherche institutionnels ou privés. Là encore, avançons avec prudence puisque le champ de la recherche technique ne recouvre plus seulement des activités matérielles, et que le domaine du logiciel nous fournit un contre-exemple frappant. La micro-informatique, très médiatisée, a ses héros, comme l'industrie des chemins de fer du XIXe siècle avait les siens.

Malgré tout, le cas des «Bell Labs» — de leur dénomination complète «AT/T Bell Laboratories, Inc.» — est indéniablement représentatif du contexte de la recherche technique au cours de la seconde moitié du XXe siècle. Pour citer un premier chiffre éloquent, les Bell Labs ont à leur actif 60 % des innovations importantes introduites entre 1951 et 1971 dans le domaine des semi-conducteurs [1].

La naissance d'un grand laboratoire industriel

Tout en constituant l'une des plus importantes organisations de recherche privées au monde, les Bell Labs ne sont, en fait, qu'un élément dans le *Bell System*, structure complexe dont les origines remontent au début du siècle. Le système Bell comporte trois composantes principales :
— AT&T (American Telephone and Telegraph Company), la société qui a bâti de A à Z le réseau téléphonique des États-Unis grâce aux deux branches suivantes ;
— Western Electric, le fabricant de tout le matériel pour AT&T ;
— les Bell Labs, le centre de recherche dont la mission essentielle est de fournir à AT&T la matière scientifique et technique dont elle a besoin.

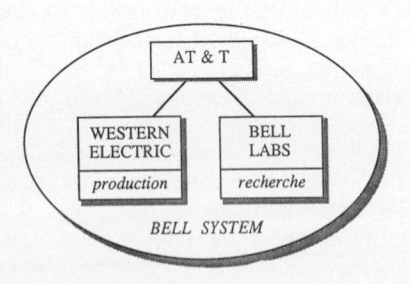

Schéma du Bell system.

---

1. D'après D.W. Webbink, *The Semiconductor Industry*, Staff Report to the US Federal Trade Commission, 1977, cité par Roy Rothwell, « Les petites et moyennes entreprises, moteur de l'innovation », *La Recherche « économie »*, suppl. au n° 183, décembre 1986, p. 19.

Cette énorme machine a construit en cinquante ans le plus gros réseau de télécommunications au monde. Mis en place en 1925, les Bell Labs ont été fondés au départ sur le modèle du laboratoire de General Electric conçu en 1905 et ont servi eux-mêmes de base aux centres de recherches de Du Pont de Nemours, puis d'IBM. La mission que s'est assignée AT&T dès ses origines est de permettre à tous les Américains l'accès à un service téléphonique universel au moindre coût. Bénéficiant d'un statut particulier de monopole réglementé par l'État, AT&T s'est considéré depuis l'époque de son fondateur, Theodore Vail, architecte du système Bell de 1905 à 1920, comme « une entreprise privée au service du public [1] ». Après cinquante ans d'un développement intense du réseau téléphonique largement fondé sur les contributions scientifiques et techniques des Bell Labs, le système Bell a subi en janvier 1983 un démantèlement spectaculaire dont les retombées sur l'avenir des télécommunications aux États-Unis posent actuellement de graves questions aux économistes et politiciens d'outre-Atlantique.

Pendant toutes ces années, le système Bell est resté à juste titre un modèle du genre, ayant servi notamment à l'élaboration des politiques de Recherche et Développement dans les autres pays occidentaux. Dès le début, AT&T a investi des sommes importantes dans un programme de recherches essentiellement centré sur le téléphone, et c'est dans le but de développer des réseaux et des centraux toujours plus performants que les Bell Labs ont poursuivi leurs efforts tant dans la mise au point de techniques particulières que dans la recherche fondamentale. Il est impossible, dans ce nouveau contexte, de dissocier sciences et techniques. C'est dans ce cadre que les Bell Labs développent des travaux mettant en évidence, en 1937, la nature ondulatoire de la matière ou, comme onze ans plus tôt, mettent au point un premier système de film sonore synchronisé. Les câbles téléphoniques transocéaniques seront eux aussi issus de leurs travaux, de même que la radiotéléphonie au-dessus de l'Atlantique.

---

1. Peter F. Drucker, *Façonner l'avenir*, Paris, Éd. d'organisation, 1988, p. 301.

La découverte du transistor

Mais l'un des apports majeurs des Bell Labs reste incontestablement la découverte du *transistor*, en 1948, qui leur valut l'un des nombreux prix Nobel dont ils peuvent s'enorgueillir et qui a ouvert la porte à l'électronique, puis aux ordinateurs.

Autour de la Seconde Guerre mondiale, la technique des tubes à vide arrive à saturation. On sent bien qu'une limite est atteinte et que, pour développer des machines de calcul ou de commutation puissantes, il faut franchir un cap, passer à une autre technique. C'est au sein des laboratoires Bell que Bardeen, Brattain et Shockley trouveront, dans les caractéristiques des semi-conducteurs, la possibilité de réaliser de nouveaux composants alliant les fonctions des tubes à vide — redressement, amplification et modulation des signaux électriques — avec une taille et un coût considérablement réduits, ainsi qu'une fiabilité accrue.

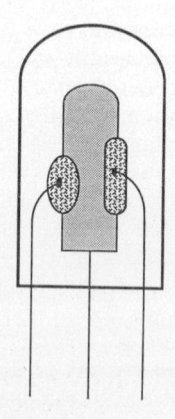

Le transistor de Bardeen, Brattain et Shockley.

Diodes et transistors au germanium seront tout d'abord mis à profit dans les radiocommunications — le nom de transistor restera longtemps lié aux postes portatifs — avant d'entrer dans la composition d'ensembles électroniques complexes. Le 3e âge de l'électronique sera marqué par les circuits intégrés dans les années soixante, ouvrant la voie à la miniaturisation poussée de l'électronique actuelle : microprocesseurs, etc.

Le transistor constitue l'exemple type d'une découverte alliant intimement recherche fondamentale et recherche appliquée, science et technique. Le terme de technologie, que nous avons généralement évité d'employer, peut prendre ici un sens nouveau que l'usage tend à consacrer, même parmi les historiens des techniques, comme Daumas lui-même qui précise : « La technologie se situe entre la science et la technique et se caractérise par leur pénétration mutuelle [...]. Il s'agit d'attirer l'attention sur ce domaine d'activité commun aux sciences et aux techniques, mais en même temps différent de chacune d'elles, au sein duquel s'établissent leurs contacts et leur collaboration réciproque pour leur plus grand profit respectif [1]. » En l'occurrence, cette nouvelle technologie peut représenter une osmose complexe entre les différentes composantes de la recherche.

Mais une telle découverte, comme les innovations postérieures — batteries solaires pour satellites, microprocesseurs — nécessitent des moyens, en argent et en matière grise, qui ne peuvent être le fait que de laboratoires industriels puissants. C'est véritablement d'un savoir collectif que peut naître l'innovation dans ces domaines avancés.

Stratégies d'innovation

L'un des apports les plus importants de l'expérience des Bell Labs est sans doute la réflexion sur les stratégies d'innovation dont se sont emparés les entrepreneurs, dans le courant de la Recherche et Développement, de l'ingénierie des systèmes, etc. Là où B. Gille voyait des « systèmes bloqués », à propos des techniques grecques ou chinoises, les économistes d'aujourd'hui voient des modèles de développement et d'évolution technique, fondés sur la notion de limites technologiques et propres à favoriser l'innovation.

---

1. Maurice Daumas (dir.), *op. cit.*, t. II, p. XVI-XVII.

On peut mettre en évidence le phénomène de discontinuité des mutations technologiques par une courbe en S représentant graphiquement la relation entre efforts cumulés consacrés à l'amélioration d'un procédé ou d'un produit, et les résultats obtenus grâce à cet investissement.

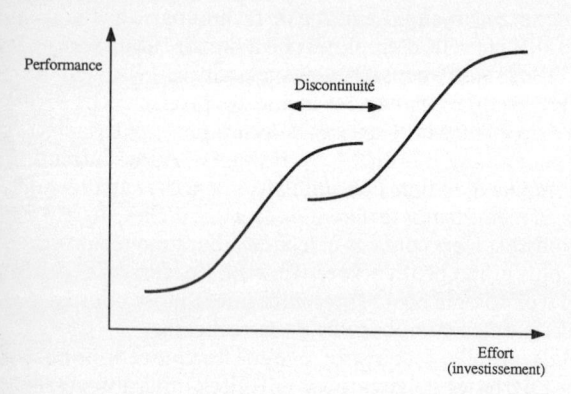

Représentation graphique de la relation entre efforts cumulés consacrés à l'amélioration d'un procédé ou produit, et les résultats obtenus grâce à cet investissement.

Au début, les investissements sont importants pour obtenir des progrès notables. Dans une seconde phase, celle du développement, la technique progresse beaucoup plus vite, l'effort est récompensé. Enfin, la courbe s'aplatit, il faut à nouveau investir de plus en plus pour des progrès médiocres : la technique atteint ses limites. Une autre technique prend alors généralement le relais pour contourner le problème. C'est le cas des tubes à vide dans les années quarante relayés par les transistors, ou bien celui du rivetage au début du siècle lorsqu'à lui se substitue le soudage électrique.

Et c'est le rôle d'organismes comme les Bell Labs que de sentir à temps quand une technique s'essouffle pour trouver un substitut. Mais l'histoire des techniques nous montre que les innovations surgissent fréquemment là où on les attend le moins. Forts de leurs succès dans la découverte du transistor, les Bell Labs n'ont pu résoudre le problème de la miniaturisation et c'est Jack Kilby, chez Texas Instruments, qui aura l'idée, en 1958, d'utiliser le silicium des transistors pour des composants passifs, ce qui permettra de créer les premiers circuits intégrés. La limite infranchissable de la dimension des fils de connexion a été contournée par une solution nouvelle. Pourtant, les Bell Labs se penchaient déjà sur la question, mais butaient sur ce problème, comme le résume Jack Morton, vice-président : « [Tous les composants] doivent être fabriqués, testés, empaquetés, envoyés, déballés, retestés et interconnectés, un par un, pour produire un système complet. Chaque élément et ses connexions doivent être fiables si le système doit fonctionner comme un tout. C'était la tyrannie des grands nombres, une limite aux progrès futurs [1]. »

Les retombées de l'« effet transistor »

Si la mise au point des circuits intégrés a échappé aux Bell Labs, quelques années après la mise au point du transistor, la naissance de la micro-informatique leur doit à nouveau beaucoup, directement par leurs propres recherches, et indirectement par l'essaimage d'ingénieurs issus des Bell Labs qui ont été à l'origine de la Silicon Valley.

Quand William B. Shockley, l'un des créateurs du transistor, eut mis au point en 1952 le transistor à effet de champ au sein des Bell Labs, il quitta le centre de recherche pour exploiter à son compte son innovation, installant sa propre entreprise à Palo Alto et attirant auprès de lui des physiciens et des ingénieurs de haut niveau. En 1957, huit de ses principaux collaborateurs le quittent pour se lancer à leur tour dans l'aventure des semi-conducteurs en créant rapidement la Fairchild Camera Corporation. « Cet événement marquait le début d'une croissance rapide des entreprises fondées sur les nouvelles techniques dans la région de Palo Alto, qui allait lui valoir son nom de Silicon Valley [2]. » Dès lors le pôle de développement

1. T.R. Reid, *The Chip, the Microelectronics Revolution and the Men who made it*, New York, Simon & Schuster, 1985, cité par Richard Foster, *L'Innovation, avantage à l'attaquant*, Paris, 1986, p. 82.
2. Roy Rothwell, *op. cit.*, p. 19.

de l'électronique quitte la côte Est des États-Unis pour la Californie, où se perpétuera le processus de diffusion de la matière grise à la faveur des nombreuses créations d'entreprises, dont la durée de vie est parfois fort brève.

La course à la miniaturisation se poursuit à vive allure, les coûts des composants électroniques diminuant dans la même proportion. Entre un transistor isolé de 1965 et un autre, intégré dans une puce vingt ans plus tard, on est passé de 50 F à 10 000 fois moins.

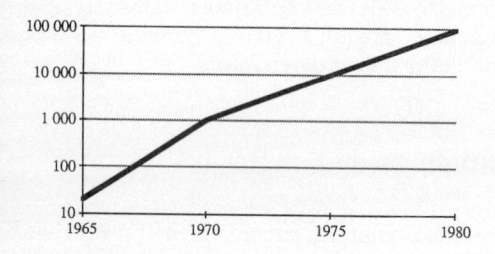

Miniaturisation. Nombre d'équivalents de transistors sur une « puce » de 16 mm².

Mais on semble atteindre là aussi certaines limites dans le processus d'intégration, dues à présent aux techniques lithographiques employées dans la fabrication des puces. Les Bell Labs travaillent toujours dans cette voie et Ian Ross, leur président, s'explique sur les limites contre lesquelles bute la technologie électronique :

« Au cours des dernières années, grâce à la photolithographie en lumière visible, la largeur minimum de ligne est passée de 25 microns à 2,5 microns, approchant la longueur d'onde de la lumière [1]. » Mais cette limite semble pouvoir être atteinte par le recours à la lithographie au faisceau d'électrons. « Et il a été démontré que nous pourrions obtenir alors des lignes

---

1. Ian Ross, *Limits of Semiconductor Technology*, Sixth Mountbatten Lecture, Londres, novembre 1983, cité par Richard Foster, *op. cit.*, p. 73-74.

Des hommes : les Bell Laboratories

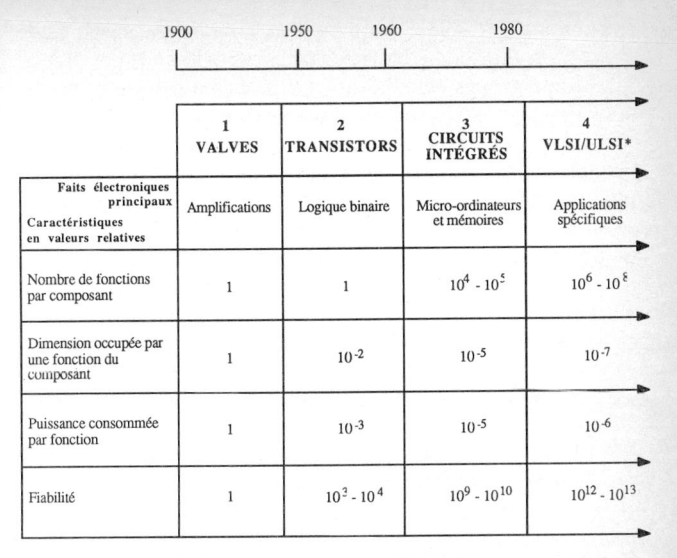

	1 VALVES	2 TRANSISTORS	3 CIRCUITS INTÉGRÉS	4 VLSI/ULSI*
Faits électroniques principaux	Amplifications	Logique binaire	Micro-ordinateurs et mémoires	Applications spécifiques
Caractéristiques en valeurs relatives				
Nombre de fonctions par composant	1	1	$10^4 - 10^5$	$10^6 - 10^8$
Dimension occupée par une fonction du composant	1	10^{-2}	10^{-5}	10^{-7}
Puissance consommée par fonction	1	10^{-3}	10^{-5}	10^{-6}
Fiabilité	1	$10^3 - 10^4$	$10^9 - 10^{10}$	$10^{12} - 10^{13}$

* VLSI = very large scale integration — ULSI = ultra large scale integration

Les grandes étapes de l'industrie électronique [1].

de un dixième à un centième de micron. Lorsque l'on en arrive à de tels ordres de grandeur, on a affaire à des distances comparables à celle qui sépare cent atomes, voire dix atomes. Et là, on se demande à juste titre s'il n'y aura pas de nouvelles limites à la miniaturisation. » Les autres limites sont d'ordre électrique, le silicium réclamant une différence de potentiel de un volt pour qu'une puce fonctionne à la température ambiante, et les dimensions minimales de la structure ne peuvent alors descendre en dessous du dixième de micron. Si les limites physiques de la structure semblent atteintes, reste à se tourner vers la vitesse de transmission. « La limite est ici la vitesse maximale des électrons à l'intérieur du silicium, qui est de dix millions de centimètres par seconde, soit un millième

1. D'après *La Révolution de l'intelligence : rapport sur l'état de la technique*, Paris, 1986, p. 114.

de la vitesse de la lumière. » Au bout de son raisonnement, Ross conclut : « Ayant passé en revue tous ces principes physiques et effectué tous ces calculs, nous arrivons à cette étonnante conclusion : il n'existe aucun obstacle fondamental à la fabrication des circuits intégrés sur des puces de dix centimètres carrés contenant un milliard de composants opérant chacun à la vitesse de dix picosecondes. »

La vitesse des progrès actuels dans cette branche est telle que nous ne développerons pas davantage cet exemple, nous contentant de constater que les limites de la miniaturisation étant en passe d'être atteintes, c'est sur la structure même de l'ordinateur que se penchent à leur tour les chercheurs. En effet, les ordinateurs fonctionnent toujours sur les principes mis en place par Von Neumann il y a plus de quarante ans : une architecture « série » dans laquelle les machines ne traitent qu'une seule instruction à la fois. Le recours à des architectures « parallèles » pourraient permettre de dépasser les limites physiques imposées actuellement aux matériels, et de multiplier par cent les vitesses de traitement atteintes par les architectures série.

Les recettes du succès et les causes du déclin

Les bases du succès du système Bell sont avant tout économiques et peuvent se résumer, pour la phase ascendante de son histoire, au statut de monopole dont a bénéficié AT&T pour installer le réseau téléphonique des États-Unis. Ce monopole a permis à AT&T de dégager des bénéfices substantiels qui ont largement été réinvestis dans les Bell Labs, aboutissant à une puissance de recherche phénoménale. Alors que, pendant une cinquantaine d'années, les laboratoires ont fourni toute la recherche scientifique et technique nécessaire au développement du téléphone, ils se trouvent depuis une quinzaine d'années face au problème de l'élargissement du téléphone vers le domaine beaucoup plus vaste des télécommunications, mettant en jeu les technologies de l'électronique et de l'informatique. En un sens, les Bell Labs sont victimes de leurs nombreux succès. « En effet, dans un large éventail de domaines, du transistor aux fibres optiques, de la théorie des commutations à la logique de l'informatique, le système Bell ne pouvait plus canaliser le flot croissant de réalisations de Bell Labs. Ce sont surtout les secteurs autres que le téléphone qui en ont bénéficié — les laboratoires Bell tirant peu de parti de leurs réalisations, à l'exception d'une note en bas de page dans un article scientifique [1]. »

Plusieurs faits se sont conjugués pour aboutir au démantèlement final du Bell System. La décision prise par AT&T à la fin des années cinquante d'exploiter au maximum le téléphone dans la vie sociale — plusieurs lignes par client, téléphones « décoratifs » —, plutôt que de se tourner résolument vers la transmission de signaux autres que la voix, fut certainement une première erreur. L'explosion des télécommunications, puis de la télématique, avec de plus en plus de besoins liés à la transmission de données n'a pas été évaluée avec assez de perspicacité par AT&T alors même que les Bell Labs étaient pour beaucoup dans cette mutation. Les nombreuses entreprises nées de l'électronique et de l'informatique ont joué à fond sur cette nouvelle donne pour faire tomber le monopole dont jouissait le système Bell depuis ses origines et instaurer la concurrence indispensable à leur développement.

Finalement, la loi anti-trust a été mise en application pour déréglementer le téléphone et l'imbroglio politico-économique qui en a suivi a conduit les laboratoires Bell dans une situation de repli sur des activités à redéfinir, avec une base financière considérablement réduite. Est-ce pour autant la fin de l'aventure des Bell Labs ? Une donnée importante reste en jeu et la question n'est pas réglée à ce jour. En effet, à côté des trois branches principales du système Bell subsiste une activité aussi importante que discrète, la communication militaire, qui a toujours joué un rôle majeur dans les financements d'AT&T et donc dans ceux des laboratoires. Avec ce démantèlement, les États-Unis semblent avoir tourné la page et les nombreuses contraintes juridiques installées au cours du temps dans le système économique sont peut-être en train de freiner cette innovation qui a été le fer de lance de la technologie américaine tout au long du XXe siècle. Sans nul doute, il existe

---

1. Peter F. Drucker, *op. cit.*, p. 306.

aujourd'hui de ce côté-ci de l'Atlantique un courant d'innovation dans les télécommunications et dans le génie logiciel qui pourrait bien prendre le relais d'un système américain qui marque le pas.

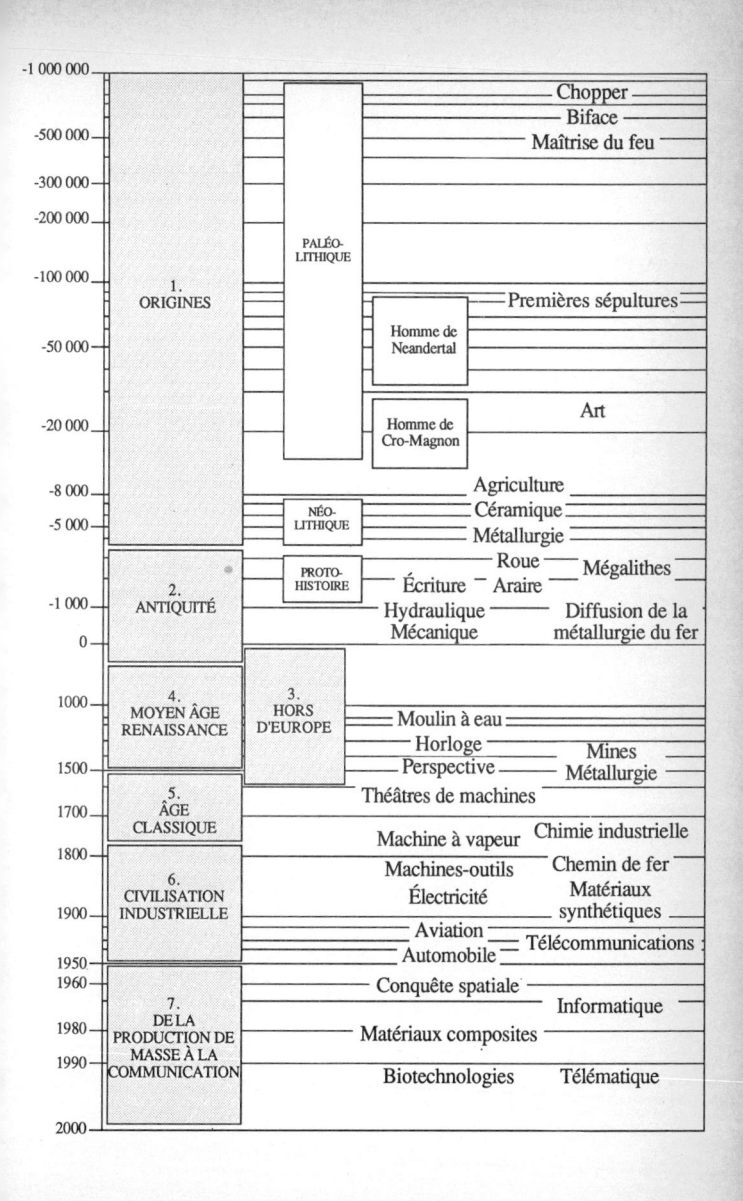

Date	Période		Innovation
-1 000 000			
			Chopper
-500 000		PALÉO-LITHIQUE	Biface
-300 000			Maîtrise du feu
-200 000	1. ORIGINES		
-100 000			
			Premières sépultures
-50 000		Homme de Neandertal	
-20 000		Homme de Cro-Magnon	Art
-8 000		NÉO-LITHIQUE	Agriculture
-5 000			Céramique
	2. ANTIQUITÉ		Métallurgie
		PROTO-HISTOIRE	Roue — Mégalithes
-1 000			Écriture — Araire
0			Hydraulique — Diffusion de la métallurgie du fer
			Mécanique
1000	4. MOYEN ÂGE RENAISSANCE	3. HORS D'EUROPE	Moulin à eau
			Horloge
1500			Perspective — Mines
	5. ÂGE CLASSIQUE		Métallurgie
1700			Théâtres de machines
1800			Machine à vapeur — Chimie industrielle
	6. CIVILISATION INDUSTRIELLE		Machines-outils — Chemin de fer
1900			Électricité — Matériaux synthétiques
1950			Aviation
1960			Automobile — Télécommunications
	7. DE LA PRODUCTION DE MASSE À LA COMMUNICATION		Conquête spatiale
1980			Informatique
1990			Matériaux composites
			Biotechnologies — Télématique
2000			

Repères bibliographiques

Ouvrages généraux illustrés

Conti Laura, Lamera Cesare, *La Technologie, des origines à l'an 2000*, Paris, Solar, 1983, 336 p.
Un bon ouvrage de vulgarisation sur l'histoire générale des techniques. Une iconographie abondante et de qualité. Quelques imprécisions dans les schémas et illustrations techniques. Bibliographie, sommaire, index.

Strandh Sigvard, *Machines, histoire illustrée*, Paris, Gründ, coll. « Regards », 1988, 240 p.
Très intéressante histoire de la mécanique, largement illustrée, avec notamment de nombreuses tentatives de reconstitutions. Bibliographie, index.

Ces Inventions qui ont changé le monde, Paris, Sélection du Reader's Digest, 1983, 368 p.
Présenté sous la forme d'un dictionnaire, un bon guide des objets techniques et des principaux acteurs de leur histoire. Biographies, chronologie, index.

Ouvrages de référence

Daumas Maurice (dir.), *Histoire générale des techniques*, Paris, PUF, 1962-1979, 5 vol.
Une histoire événementielle des techniques, indispensable pour aborder l'histoire d'une technique particulière. Classement par époques et sous-classement thématique. Bibliographie, index.

Gille Bertrand (dir.), *Histoire des techniques*, Paris, Gallimard, coll. « Encyclopédie de la Pléiade », 1978, XIV-1652 p.
Une histoire très globale des techniques, complémentaire de celle de Daumas par son approche pluridisciplinaire : systèmes technique, économique, politique... Bibliographie, index, tables.

Klemm Frédéric, *Histoire des techniques*, Paris, Payot, coll. «Bibliothèque scientifique»,1966, 240 p.
Bon ouvrage d'introduction à l'histoire des techniques, d'accès aisé. Tableau chronologique.

Mumford Lewis, *Technique et Civilisation*, Paris, Éd. du Seuil, coll. «Esprit, la Cité prochaine », 1950, 416 p.
Brillante synthèse ayant servi de base à de nombreux travaux d'histoire des techniques. Toujours intéressant, même si l'ouvrage date un peu. Bibliographie commentée.

Russo François, *Introduction à l'histoire des techniques*, Paris, A. Blanchard, 1986, 544 p.
Ouvrage de synthèse essayant de donner des cadres structurés à l'histoire des techniques, tout en la situant par rapport aux disciplines connexes. Bibliographie, index.

Encyclopédie ou Dictionnaire raisonné et universel des sciences, des arts et des métiers par D. Diderot, J. Le Rond d'Alembert..., Paris, Briasson, 1751-1780, 35 vol.
Un monument pour l'histoire des techniques. Une mine de connaissances avec une iconographie capitale (2 900 pl.) sur le système technique préindustriel. Deux rééditions compactes accessibles : Pergamon, intégrale en 5 vol., Hachette, planches seules en 1 vol.

Ouvrage de réflexion

Roqueplo Philippe, *Penser la technique*, Paris, Éd. du Seuil, coll. «Science ouverte», 1983, 256 p.
Un des rares ouvrages sur la culture technique, proposant des définitions claires et une réflexion de fond. Index.

Recueils

Haudricourt André-Georges, *La Technologie science humaine, recherches d'histoire et d'ethnologie des techniques*, Paris, Éd. de la Maison des sciences de l'homme, 1988, 352 p.
Recueil d'importants articles parus ces cinquante dernières années, essentiellement dans les domaines de la métallurgie et de l'agriculture. Très intéressante préface de François Sigaut. Bibliographie.

Parain Charles, *Outils, Ethnies et Développement historique*, Paris, Éd. Sociales, coll. «Terrains», 1979.

Repères bibliographiques

Recueil d'articles touchant surtout les techniques agricoles en France depuis l'époque romaine. Approche anthropologique, comme chez Haudricourt et Leroi-Gourhan. Notes bibliographiques.

Histoires de machines, Paris, Belin, « Bibliothèque pour la Science », 1982, 192 p.

Recueil d'articles parus dans *Pour la science* : techniques antiques, force motrice, machines-outils, automatisation... Bibliographie, index.

La Recherche en histoire des sciences, Paris, Éd. du Seuil/La Recherche, coll. « Points Sciences », 1983, 304 p.

Recueil d'articles parus dans *La Recherche* sur l'histoire des sciences et des techniques : la Grèce, l'Islam, la brouette, Galilée, la thermodynamique... Notes bibliographiques.

Évolution des techniques

Deforge Yves, *Technologie et Génétique de l'objet industriel*, Paris, Maloine, coll. « Université de technologie de Compiègne », 1985, 192 p.

Indispensable pour acquérir une méthodologie d'étude des objets industriels dans une perspective d'évolution génétique des techniques. Bibliographie.

Leroi-Gourhan André, *Évolution et Techniques*, Paris, A. Michel, coll. « Sciences d'aujourd'hui », 1945-1973, 2 vol. [1. L'Homme et la Matière, 2. Milieu et Techniques].

Avec le suivant, deux ouvrages fondamentaux pour les techniques primitives mais aussi pour une méthode d'approche ethnologique et génétique notamment. Bibliographie, index.

Leroi-Gourhan André, *Le Geste et la Parole*, Paris, A. Michel, 1985, coll. « Sciences d'aujourd'hui », 2 vol. [1. Technique et Langage, 2. La Mémoire et les Rythmes].

Simondon Georges, *Du Mode d'existence des objets techniques*, Paris, Aubier, coll. « L'invention philosophique », 1989, 336 p.

Réédition, avec une importante postface d'Yves Deforge, de la thèse de Simondon (1958) sur l'évolution des objets techniques.

Index

ABADIE (Michel), 336.
Aérage : circulation forcée de l'air dans les galeries de mines, 167.
Afrique, 56, 128, 178, (centrale) 164-165, (du Nord) 115, 127, (occidentale) 29.
Agricola, 128, 167, 196, 217, 274.
Agriculture, 12, 20, 24-31, 40, 56, 65, 72, 110-111, 118, 127, 145-149, 172, 179, 210.
Ajutage : tuyau s'adaptant à l'orifice d'une canalisation pour régulariser le débit d'un fluide, 83, 181.
Albany, 266.
ALBARET, 308.
ALBERTI (Léon-Battista), 190, 193, 195, 196.
ALEMBERT (Jean Le Rond d'), 241.
ALEXANDRE LE GRAND, 73, 84, 94.
Alexandrie, 49, 73-89, 131, 133, 139, 216.
Allemagne, 105, 149, 151-152, 154-155, 167, 196, 217, 220, 263, 334-335.
Alpes, 144, 146, 277.
Ambert, 175.
Amérique, 29, 93, 103-112, 266, 307, *voir aussi* États-Unis.
Amérique du Sud, 29.
Amers (lacs), 72.
Amiens, 153.
Amon, 62.
Analogique-numérique, 330-331, 334-335.
Anatolie, 55.
Andalousie, 57,
Andronicos, 108.
Angleterre, 139, 151, 155, 159, 167, 177, 210, 221-222, 224-225, 228, 241, 253, 255, 258, 261, 263, 266, 273, 302, 334-336.
Antioche, 49.
Appia (aqua), 47.
Aqueducs, 43, 47-48, 127, 191.
Arabes, 93, 99, 102-103, 105-107, 116, 128, 131, 139-140, 155, 178, *voir aussi* Islam.
Araire, 30-31, 145-146.
Archanthropes, 24.
ARCHIMÈDE, 86, 116.
ARCHYTAS DE TARENTE, 45, 73, 79, 116.
Argent, 57, 61, 279.
ARKWRIGHT (Sir Richard), 225.
Arles, 49.
Arménie, 54.
Armes, 54, 56, 84-86, 279.
Art, 26, 32, 54, 87, 167, 189-191, 193-197, 202, 274, 325-326.
Artillerie, 84, 106, 190, 192-193, 206-208.
Artois, 99.
Artuqqides, 132.
Asie, 105, 115, 128, 147, (du Sud-Est) 30, (Mineure) 27-29, *voir aussi* Moyen-Orient, Proche-Orient.
Asple : sorte de dévidoir pour tirer la soie des cocons, 242.
Assolement triennal, 146-148.
Assouan, 56, 63.
Astronomie, 106-109, 132, 161, 197, 205.
AT & T, 339-349.
Athéna, 201.
Athènes, 48, 57, 108.
Atlantique (océan), 154, 273, 341, 349.

ATTALI (Jacques), 158.
Attique, 57.
Aubenas, 248.
Augsbourg, 258.
Australanthropes, 20-24.
Automates, 74-78, 80-84, 86-88, 131-132, 136, 157, 159, 214, 216-217, 239-245, 247, 292.
Automobile, 12, 187, 198-199, 254, 260, 268-269, 290, 314, 317, 321, 323-324.
Aviation, 254, 265, 269, 314, 318.
Aztèques, 110.
Babylone, 51.
Bagdad, 139.
Balkans, 54.
Bambou, 99-101, 104, 106, 118, 127.
BANU MUSSA, 132.
Barbegal, 49-50, 172.
BARDEEN (John), 342.
BARRAT, 228.
Bastion, 192-194, 206.
Bateaux, *voir* Navigation.
Bâton à fouir : bâton pointu servant à creuser le sol, 30, 110, 146.
Bazacle (moulins du), 180-181, 214-215, 258.
Beaucourt, 295-296, 298, 302-303, 305-308.
BEAUNE (Jean-Claude), 240.
Beauvais, 153, 159.
BEDNORZ (Georg), 326.
BÉLIDOR, 181, 182, 208, 258.
BELL (Alexander Graham), 326.
Bell Laboratories, 314, 326, 339-349.
BENOÎT (saint), 159.
BERTHO (Catherine), 270, 272-273.
BERTHOLLET (Claude-Louis, comte), 264.
BERTIN, 234.
BESSEMER (Henry), 263.
Béton, 45, 289.
Biface, 21, 23.
BIRINGUCCIO (Vannoccio), 167.
Bitume, 38, 42, 49, 105.
Bleu (fleuve), 29, 101.
BLOCH (Marc), 146, 179, 185.
Bocard : dispositif servant à broyer les minerais, 166.

Bochimans, 29.
Bohême, 146, 167.
Bois (travail du), 31, 69, 72, 99-100, 118, 212-214.
Bologne, 161.
Bordeaux, 272.
BOUCHON (Basile), 247.
Bourgogne, 166, 209.
Boussole, 94, 103, 155.
Bouterolle : outil servant à former la tête des rivets, 282, 286.
BRANLY (Édouard), 320.
BRATTAIN (Walter Houser), 342.
Brésil, 309.
Brie, 222.
Bronze, 33, 54-56, 95, 102, 104, 110, 164-165, 190, 196.
Brouette, 101-104.
BRUNEL (Isambard Kingdom), 266.
BRUNELLESCHI (Filippo), 201.
Bus : en électronique, câblage rigide transportant énergie ou données à diverses cartes d'un ensemble, 314.
Byzance, 105, 109, 131, 154.
Cagli, 191.
Calandre : cylindre servant à lisser les étoffes ou à glacer le papier, 245.
Californie, 99, 345-346.
Came, 80, 156, 175.
Canada, 334.
Canaux, 69, 72, 101, 152-153.
Canterbury, 159.
CARON (François), 272.
CARTWRIGHT (Dr Edmund), 225.
Cassel, 221.
Çatal-Höyük, 27.
Catapulte, 51, 84-86, 156.
Cathédrales, 143, 149-150, 152-155, 156, 159, 161, 166, 189, 191, 196.
Caucase, 54.
CAUS (Salomon de), 216.
Celtes, 51, 57.
Céramique, 26, 32-34, 52-54, 102, 104, 318-319.
Cerd, 117-118.
Ceylan, 102.
Chadouf : appareil à bascule servant à tirer l'eau d'un puits, 42, 117, 133, 138.

Index

CHAILLEY (Jacques), 150.
Chalybes, 54.
Chapelle-Saint-Denis (La), 284.
CHAPPE (Claude), 270-271.
Chaqui, 121, 128-129.
Chariot, 40, 51, 76, 104, 111, 150, 152.
Charrue, 30, 145-148, 165.
Chasse, 24-27.
Chemin de fer, 99, 260, 264-268, 273, 279, 281, 306, 321, 339.
Cheval, 40, 51-52, 110, 121, 129, 145-147, 150, 152, 172, 211, *voir aussi* Élevage.
Chèvre : appareil de levage composé de trois poutres de bois supportant une poulie, 45.
CHEVRIER (Henri), 65.
Chimie, 260, 264-265, 315, 323.
Chine, 15, 37, 38, 93-109, 115, 118, 121, 123, 127, 139, 155, 165, 176, 178, 343.
Chine (mer de), 49.
Chopper, 21-22.
Cinématique : étude des transmissions de mouvements, 214.
Cinglage : opération consistant à battre le fer au sortir du four, 257.
Clepsydres, 77, 79-81, 84, 107-109, 132-133, 139-140, 157, 159.
Clin (assemblage à) : dans la marine, disposition des bordages se chevauchant l'un l'autre, 154, 280.
Cnide, 49.
COLBERT (Jean-Baptiste), 209, 228, 243.
Communication, 37, 255, 258, 261, 270-274, 319-320, 329-337.
Concorde (pont de la), 212.
Conques, 165-166.
Construction, 26-27, 32, 37-49, 56, 61-73, 97, 99-100, 109-112, 149-150, 152, 156, 165, 177, 191-194, 201, 207, 212-214, 279, 287, 289.
COOK, 273.
Corée, 105.
Cornouailles, 268.

CORT (Henry), 263.
Crète, 51, 54-55.
Creusot (Le), 209-210, 248, 267, 283, 291, 298, 304.
Cro-Magnon (homme de), 26.
CROMPTON (Samuel), 225.
CTÉSIBIOS, 14, 73, 79-81, 84, 116-117, 138-139, 221.
CUGNOT (Joseph), 268-269.
Cuivre, 32-33, 54, 105, 110, 287.
Cyrus, 51.
Damas, 109, 133-134.
Danube, 144, 147.
DARBY (Abraham), 262.
DARNTON (Robert), 236.
DAUMAS (Maurice), 177, 223, 299, 343.
Dauphiné, 242, 248.
DE FOREST (Lee), 320.
DE L'ORME (Philibert), 196.
Decauville, 66.
DEFORGE (Yves), 13-14.
DELATOUCHE (Raymond), 129.
Delle, 306.
Dématérialisation des techniques, 10, 260-261, 315, 319, 323, 337.
DENIÉLOU (Guy), 13.
DENYS L'ANCIEN, 84.
Derbyshire, 262.
DESCARTES, 240.
Dessin, 190, 193-197, 202, 276.
DIDEROT (Denis), 115, 190, 206, 211, 227-232, 234-235, 241, 249, 255, 298.
Diesel, 268, 314, 324.
DONDI (Giovanni di), 135, 161-162.
DOYON (André), 241-242.
DRUCKER (Peter F.), 341, 349.
DU PONT DE NEMOURS, 341.
DUCRETET (Eugène), 320.
DÜRER (Albrecht), 190, 193, 195.
Échappement : en horlogerie, mécanisme adapté au balancier pour en régulariser le mouvement, 160-161.
Éclairage, 42, 272.
EDISON (Thomas Alva), 272.
Égée (mer), 49, 55.
Égypte, 32, 34, 37-43, 45, 48-49, 51, 53-57, 61-73, 77, 93, 101, 105, 112, 116, 123, 127, 279.

Index

EIFFEL (Gustave), 263, (tour) 281-282.
Électricité, 187, 254, 257, 259-261, 264, 268, 273, 293, 314-316, 321-324, 326, 347.
Électronique, 314, 316, 319-321, 330, 342-349.
Élevage, 27-29, 31, 147, *voir aussi* Cheval.
EMPTOZ (Gérard), 173.
Énergie, 37, 48-49, 186-187, 205, 210-212, 220-225, 254-261, 265, 268, 292-293, 314-316.
Énergie musculaire, 123, 127, 198, 211, 297.
Engrenages, 75-78, 111, 121, 123, 129, 133, 135-136, 155-156, 175, 177, 182, 199, 214, 225, 292, 299.
Éolipile, 81-84, 111.
ÉRARD DE BAR-LE-DUC, 193, 206.
Espagne, 48, 57, 104, 109, 127, 139, 151, 196, 210.
États-Unis, 10, 12, 259, 263-264, 266, 273, 286, 306, 308, 318, 334, 341, 345, 348-349.
EULER (Leonhard), 258.
EUPALINOS, 48.
Euphrate, 132, (vallée de l') 38.
Europe, 55, 97, 101, 105, 109, 137, 143-154, 165-167, 176, 178-180, 191, 208, 224-225, 263, 266, 275, 318, 334 ; (centrale) 98, 165 ; (du Nord) 159, 179 ; (occidentale) 99, 115, 129, 138-139, 146-147, 172.
Exeter, 159.
Exhaure : dans les mines, opération consistant à épuiser les eaux d'infiltration, 57, 167, 221, 256.
FAIRBAIRN (William), 211, 283-284, 291.
Fairchild Camera Corporation, 345.
FALCON (Jacques de), 247.
FEBVRE (Lucien), 9, 185.
Fer, 33-34, 54-57, 95-100, 106, 110, 148, 164-167, 171, 179, 190, 209-210, 225, 255, 258, 261-264, 266-267, 281, 288, 291.
Fer à cheval, 51, 147, 165.

FERGUSON (Eugène), 220.
FERMI (Enrico), 315.
Ferrare, 161, 216.
Feschotte (La), 303.
Feu, 20, 24-27, 29, 31-34, 52-53, 260.
Feu grégeois, 105-106.
Feux d'artifice, 87, 105-106.
Fiat, 317.
FIGUIER (Louis), 277.
FILARETE, 196.
Flandres, 149, 151, 185, 210.
Florence, 149, 191, 201, 216.
Foliot : balancier à axe vertical servant à réguler la marche des premières horloges, 160.
FONTANA (Giovanni), 163, 198.
Fonte, *voir* Métallurgie, Fer.
Fontenay, 166.
FOSTER (Richard), 345.
Ford T, 269.
Forez, 248.
Fortifications, 192-194, 201, 206-207.
FOURNEYRON (Benoît), 258-259.
France, 146, 149-150, 153, 167, 173, 175, 180, 193, 209, 221, 228, 241, 253, 258, 263, 270-273, 295, 308-309, 314, 323, 334-338.
Frittage, 318.
FRONTIN, 48.
FULTON (Robert), 266.
GALILÉE, 207-208.
Gange (vallée du), 29.
Garabit (viaduc de), 263.
Garde (lac de), 152.
Gaule, 56, 145, 176.
Gaza, 108-109.
General Electric, 341.
Gênes, 161.
Germains, 147.
Gibraltar (détroit de), 154.
GILLE (Bertrand), 15, 74, 112, 189, 210, 234, 249, 343.
GIMPEL (Jean), 123, 129, 149, 172, 325.
GODARD (Justin), 244.
GOLVIN (Jean-Claude), 66.
Goodyear, 265.
Gouvernail, 51, 101, 103, 154.

Index

GOYON (Jean-Claude), 66.
Grèce, 27, 37, 43, 45, 47-49, 51, 56, 73, 76, 82-83, 93-94, 102, 106-107, 112, 123, 127, 131, 136, 155, 172, 176, 178, 185, 221, 239, 343.
GRÉGOIRE (abbé), 249.
GRIBEAUVAL, 207.
Groenland, 128.
Groslier (Encyclopédie), 235.
GROSS (Heinrich), 167.
GUERICKE (Otto von), 220.
GUILLERME (André), 172-173.
Habillement, 26, 31, 316-317, 322.
Habitat, voir Construction.
Hache, 26, 34, 54, 56.
Halstatt, 56.
Hamâ, 117, 127.
Han (dynastie), 99, 104.
Harappa, 38.
HARGREAVES (James), 225.
Harnais, 51, 123, 129, 147.
HASSAN (al-), 116.
HATCHEPSOUT, 68.
HAUDRICOURT (André-G.), 30, 95, 98, 110.
Héliopolis, 63.
Hellbrunn (château de), 216.
HÉPHAÏSTOS, 201.
Hermès, 309.
Herminette : sorte de hachette à tranchant courbe utilisée dans de nombreux métiers du bois — tonnelier, charpentier... —, 26, 30-31, 34, 56.
HÉRON D'ALEXANDRIE, 37, 73-88, 111, 131, 135-136, 216.
HERTZ (Heinrich), 319.
HILL (Donald R.), 116, 133.
HINDRET (Jean), 228.
Hiroshima, 315.
Hittites, 55.
Hollande, 152, 154.
HOOKE (Robert), 221.
Horloge, 9, 37, 107, 129, 132, 155-162, 171, 206, 214, 217, 229, 295-303, 306-308.
Houe, 30, 110.
HU-PEI, 97.
Huang Ho (vallée du), 29, 37, 94, 101.

Hudson, 266.
HUIZINGA (Johan), 87.
HUYGENS (Christiaan), 221.
Hydraulique, 38, 40, 47-49, 65, 69, 72, 76-77, 79-84, 96-97, 99, 101, 110, 119, 124, 132, 146, 152-153, 155, 159, 166, 174-179, 182-183, 189, 191, 199, 214, 216-218, 225, 256, 258-261, 284-285, 291, 297, 315-316.
Hypertexte, 235.
Hypocauste, 38.
Ibérique (péninsule), 115, 127, 154.
IBM, 326, 341.
Imprimerie, 94, 103-106, 193-194.
Incas, 110.
Inde, 38, 93-94, 102, 118, 121, 123, 126, 129, 178.
Indes, 197.
Indien (océan), 102-104.
Indiens (Amérique), 29, 33, 277.
Indochine, 94.
Indus (vallée de l'), 29, 37-38, 94.
Informatique, 274, 290, 309, 314, 316, 319-323, 330, 332, 335, 339, 345, 348-349.
Ingénieur, 73-75, 80, 84-86, 95, 106, 132-133, 139-140, 143, 150, 152, 156-158, 180-181, 186, 189-202, 205-206, 211-212, 221, 243, 254, 260, 263, 275-276, 282, 288, 290, 292, 298, 321, 339.
Irak, 27, 42.
Irrigation, 40, 42, 101, 117, 121, 123, 126-127, 133, 138, 152, 201, 210.
Islam, 10, 105, 119, 132-133, 138-139, 144.
Italie, 115, 127, 151-154, 161, 176, 191, 193, 216, 335.
JACQUARD (Joseph-Marie de), 247.
Japon, 98, 318.
JAPY (Frédéric), 255, 295-309.
JARMO, 27.
Jaune (fleuve), voir Huang Ho.
Javel, 264.
JAZARI (al-), 14, 131-140.
JEAN-BRUNHES DELAMARRE (Mariel), 30.
JEANNERET-GRIS, 296, 299.

Jerwan, 43-44.
Jeu, 82-84, 86-88, 106, 111, 216-217.
JOUFFROY D'ABBANS, 266.
Juilly, 239.
K'ai-feng, 107.
KAPLAN, 259.
Karnak, 61, 65-66, 68.
KAY (John), 225.
KILBY (Jack), 345.
KINANI (al-), 109.
KLEMM (Frederic), 212.
Kutna Hora, 167.
KYESER (Conrad), 162.
LAMARD (Pierre), 296, 298, 301, 308.
LA METTRIE, 240.
Laurion, 57.
Lavaur, 248.
Lave-linge, 322-324.
LEBLANC, 264.
LE CAT, 242.
LEE (William), 228, 237.
LEIBNIZ (Wilhelm Gottfried), 221.
LEMAÎTRE, 284, 293.
LEROI-GOURHAN (André), 20, 33, 275.
LIAIGRE (Lucien), 241-242.
Liège, 167.
Lillers, 99.
Locle (Le), 296.
Locomotive, 13, 267-268, 284.
Loire, 144, 146.
Lombardie, 149, 153.
Londres, 291, 335.
LOPEZ (Robert Sabatino), 150.
Lorraine, 167.
LOUIS XIII, 209.
LOUIS XIV, 209, 217.
Louksor, 61.
Lyon, 48, 239, 242-243.
Machine à vapeur, *voir* Vapeur (machine à).
Machine atmosphérique : machine à vapeur dont le temps moteur est produit par la pression de l'air sur le piston, lors de la condensation de la vapeur dans le cylindre, 221-222.
Machines de guerre, 84-86, 155-156, 192-193, 198-199.

Machines élémentaires, 45, 69, 112, 156.
Magdebourg, 220.
Magellan (détroit de), 109.
Malaisie, 94, 102.
MALLET, 268.
Manche, 273, 320.
Manchester, 283.
Manivelle, *voir* Système bielle-manivelle.
MANNOURY D'ECTOT, 259.
Manufactures, 209, 239, 242-243, 248.
MARCONI, 320.
Marly (machine de), 217-218.
Marteau (de pierre), 34, 64.
Marteau pneumatique, 286-289.
Martin (acier), 263.
Martinet : lourd marteau de forge à bascule actionné par un arbre à cames, 166.
MARTINI (Francesco di Giorgio), 87, 137-139, 143, 163, 181, 184, 189-202, 214.
Matériaux, 52, 261-265, 316-319, *voir aussi* Céramique, Verre, et aux noms des métaux.
MATHIS, 167.
Matoir : outil servant à mater les tôles, c'est-à-dire à boucher les interstices par écrasement du métal, 286.
MAUDSLAY (Henry), 245, 298.
MAXWELL (James Clerk), 319.
Mayas, 109-112.
Mayence, 105.
Mécanique, 37, 73, 75-80, 85, 106-109, 131, 133, 140, 145, 148, 155-162, 171, 174, 177, 180-182, 184, 186-187, 189, 192, 197-199, 202, 206, 214, 223, 225, 234, 236-237, 239-244, 246, 269, 277, 284, 293, 296, 298, 303, 317, 321, 324.
MÉDICIS, 191, (François Ier de) 216.
Méditerranée (mer), 27, 40, 51, 54-55, 72, 103, 123, 131, 154.
Mélanésiens, 33.
MERSENNE (abbé Marin), 208.

Index

Mésopotamie, 34, 37-43, 48-49, 51, 53-54, 101, 132.
Métallurgie, 12, 21, 26, 32-34, 48, 52-58, 72, 86, 94-101, 103, 106, 110, 145, 148, 164-167, 171, 175-176, 179, 190, 192-193, 205, 207, 210, 223, 255, 258, 261-264, 291, 315, 317-318, 321.
Métier à bas, 13, 206, 227-238, 329.
Meule, 57-58.
Mexique, 29.
Milan, 152, 190-191.
Milet, 131.
Militaires (techniques), 37, 84-86, 106, 156, 190-194, 201, 206-208, 265, 315, 349, *voir aussi* Armes, Artillerie, Fortifications, Machines de guerre, Poudre à canon.
MINC (Alain), 336.
Mines, 48, 57, 98-99, 128, 145, 164-168, 176, 217, 221, 256, 263, 266-267, 286.
Ming (dynastie), 94.
Miniaturisation, 14, 320, 335, 343-348.
Minitel, 13, 273, 314, 329-338.
Mohenjo-Daro, 38.
Mondavio, 191.
MONTAIGNE (Michel de), 216.
Montbéliard, 295-297, 301, 306.
Montcenis, 210.
MONTEFELTRO (comte de), 190-191.
MONTESQUIEU, 298.
MORENO (Roland), 326.
MORSE (Samuel), 272-273, 326.
Mortagne (hôtel de), 248-249.
Mortier, 43, 45, 47.
MORTON (Jack), 345.
Moufle : assemblage de plusieurs poulies dans une même chape pour réaliser des palans de levage pour lourdes charges, 45.
Moulin à eau, 9, 12-13, 49-50, 101, 103, 115, 118, 129, 138, 143, 146, 149-150, 156-157, 161, 165-166, 171-188, 198-199, 201, 206, 211-215, 256, 292, 329.
Moulin à vent, 49, 173.

Moyen-Orient, 38, 93-94, 101-102, 104, 115, 140, 185, voir aussi Proche-Orient.
Mulhouse, 249, 298, 304.
MÜLLER (Alex), 326.
MUMFORD (Lewis), 210.
Murano, 209.
Murray Hill, 326.
MUSTON (Étienne), 298.
Mythes, 33, 52-53, 88, 239-240, 290-292.
Nagaon, 129.
Nagasaki, 315.
NANSOUTY (Max de), 277.
Navigation, 40-42, 49-51, 65, 67, 101-104, 152, 154-155, 180, 266, 279-280, 314-316.
Neandertal (homme de), 24, 26.
Néanthropiens, 26, 32.
NEEDHAM (Joseph), 95, 97, 123.
Népal, 128-129.
NEUMANN (Johannes von), 348.
New York, 266.
NEWCOMEN (Thomas), 221-223, 266.
Nil, 40, 42, 49, 61, 63, 65, 67, 69, 72 ; (vallée du) 38.
Ninive, 43.
Noire (mer), 27, 54.
NORA (Simon), 336.
Nord (mer du), 49.
Noria, 99, 115-130, 133-137, 176, 329.
Normandie, 31.
Nouvelle-Guinée, 31.
NUR AL-DIN MOHAMMAD QARA ARSLAN, 132.
Nuremberg, 104.
Obélisque, 13, 37, 42, 61-72, 329.
Onion, 263.
Or, 33, 54, 61, 110, 279.
Organsiner : tordre la soie pour obtenir le fil de chaîne des étoffes, 244-246.
ORRY (Philibert), 242.
Orvieto, 190.
Outils, 19-31, 54, 56, 97, 111, 128, 165, 174-175, 235, 281, 286-290, 302, 318.
PACIOLI (Luca), 195.

Padoue, 161.
Pakistan, 38, 123, 126.
Palestine, 27.
PALLADIO, 196.
Palo Alto, 345.
Papier, 94, 104-106, 234.
PAPIN (Denis), 13, 221, 223.
PAPPUS, 84.
PARAIN (Charles), 179, 185.
Paris, 222, 248, 270, 303.
Pavie, 191.
Pays-Bas, *voir* Hollande.
Pêche, 27, 31.
PELTON (Lester Allen), 259.
PÉRIER, 221.
PERNOUD (Régine), 129.
PERRIAULT (Jacques), 273.
PERRONET (Jean Rodolphe), 212.
Perse (empire), 51.
Perspective, 193, 195-196.
Pétrole, 42, 99, 222, 256, 260, 314, 316.
Peugeot, 308.
PEYRE (Philippe), 173.
Phéniciens, 51.
PHILIPPE DE MACÉDOINE, 84.
PHILON DE BYZANCE, 73, 79, 84, 136.
Photographie, 179, 254, 274, 306.
PI CHING, 105.
Piémont, 242.
PIERO DELLA FRANCESCA, 202.
Plâtre, 32-33, 45.
Plomb, 57-58, 105.
Pô (plaine du), 152.
POLHEM, 214, 217.
Polo (Marco), 102.
Polynésiens, 33.
Pompes, 77, 84, 97, 116, 123, 128, 138, 155, 217, 221, 306.
PONCELET, 259.
Pondicherry, 102.
Ponts, 43-44, 47, 99-101, 201, 212.
POPOV, 320.
Portage, 31, 40.
Portland (ciments), 47.
Portugal, 115, 176.
Poudre à canon, 12, 87, 94, 103-106, 192-193.
Poulie, 45, 57, 76, 80, 117, 214, 292-293.

Pratolino, 216.
Proche-Orient, 37-38, 95, 101, 106-107, 126, 131, 133, *voir aussi* Asie Mineure, Moyen-Orient.
PROUST (Jacques), 229, 232.
Puddlage : procédé métallurgique de décarburation de la fonte par brassage dans un four, 262-263.
Puy (Le), 165.
Pygmées, 277.
RAMELLI, 220.
RÉAUMUR, 97-98.
Régulation, 73, 79-80, 87, 107, 133, 139, 184-185.
REID (T.R.), 345.
REMINGTON, 308.
Renault, 235.
Rétroaction, 184-185, 320.
Rhin, 277.
Rhodes, 131.
Richard-de-Bas (moulin), 175.
Rivet, 13, 119, 210, 255, 276, 279-293, 299, 302, 329, 344.
Rocca San Leo, 191.
ROLAND DE LA PLATIÈRE (Jean-Marie), 232.
Rome, 37-38, 43, 45-48, 51-53, 56-57, 93, 104, 106, 108-109, 144-145, 147, 155-156, 172, 176-178, 180, 183, 192, 256.
ROSS (Ian), 346, 348.
ROTHWELL (Roy), 340, 345.
Roubaix, 249.
Roue, 41-42, 69, 110-111, 117, 171, 177, 185-186.
Roue hydraulique, *voir* Moulin à eau.
Roues élévatoires, 116.
Rouge (mer), 72, 94, 102.
Roumanie, 147.
ROUSSEAU (Jean-Jacques), 298.
Route, 51-52, 69, 104, 111, 151-152, 268, 314.
Royaume-Uni, *voir* Angleterre.
Saclay, 326.
Sahel, 128.
Saint-Étienne, 249.
Saint-Gobain, 209-210.
SAINTE-CLAIRE DEVILLE (Henri), 264.
Sakièh, 121, 123, 135.

Salzbourg, 216.
Samos, 48.
Sandoz, 308.
SANGALLO, 202.
Saône, 266.
Sardes, 51.
Sassocorvaro, 191.
SAVERY (Thomas), 221, 223.
Scandinavie, 176.
SCHEELE (Carl Wilhelm), 264.
SCHMIDT (W.), 268.
SCHNEIDER, 283, 293, 298.
SEGUIN (Marc), 13, 268.
Seine, 219.
Sel, 98-99, 127.
Sennachérib, 42-43.
SERLIO (Sebastiano), 196.
SÉSOSTRIS Ier, 63.
SFORZA, 190.
Shang (dynastie), 94.
Shanidar, 27.
SHEN KUA, 106-108.
SHOCKLEY (William B.), 342, 345.
Sienne, 190-191, 199.
Silicon Valley, 345.
Slaves, 147.
SMITH (Norman), 258.
SONG YING-SING, 99.
Sostratos de Cnide, 49.
Soudage, 285, 288, 316, 344.
Soudage oxyacétylénique : soudage au chalumeau avec un mélange d'oxygène et d'acétylène, 287.
Soudan, 29.
SOUMILLE (B.-L.), 242.
SOUVIRON (Jean-Pierre), 336.
Sparendam, 152.
Stecknitz, 152.
STOURDZÉ (Yves), 321.
Strasbourg, 270.
Suède, 214, 217.
Suisse, 296, 301, 306, 309.
Sumer, *voir* Mésopotamie.
Supraconductivité, 326-327.
Suse, 51.
Symington, 266.
Syrie, 27, 53, 109, 117, 123, 127.
Système bielle-manivelle, 97, 123, 137, 138, 155, 161-163, 199.
SZU-CH'UAN, 99.

TACCOLA (Mariano), 163, 198.
Tage, 217.
TALLON (Roger), 337.
TANG-YANG, 97.
Tartaglia, 207.
Télécommunications, *voir* Communication, Minitel, Télégraphe, Téléphone, Télévision.
Télégraphe, 270-273.
Téléphone, 12, 254, 270, 273-274, 324, 330-338, 341, 348-349.
Télévision, 274, 321, 323-324.
Texas Instruments, 345.
Textile, 149, 156, 172, 175, 201, 210, 214, 223-225, 243-248, 255, 257, 261-262, 264-266, 319, *voir aussi* Tissage.
Tharsis, 57, 127.
Théâtres d'automates, 74-78, 82-84.
Thèbes, 63.
THÉRY (Gérard), 336.
THÉVENOT, 74.
THOMPSON, 285.
Tigre, 132, (vallée du) 38.
Timbre : pression maximale admissible dans une chaudière à vapeur, 275, 281.
Tissage, 31, 37, 101, 224-225, 245-247, 261, 271.
Tivoli, 216.
Tolède, 217.
TORRICELLI (Evangelista), 208.
Toulouse, 180, 214, 258.
Tour, 111, 211, 234, 239, 245-246, 302.
Transistor, 320, 342-343, 345-348.
Transports, 40-42, 49-52, 65-69, 72, 101-104, 127, 147-148, 150-155, 167, 179, 211, 260, 264-270, 314 ; *voir aussi* Automobile, Aviation, Navigation, Portage.
TREVITHICK (Richard), 13, 267.
Triode : tube électronique à trois électrodes — anode, cathode et grille — ayant largement contribué à l'essor initial des télécommunications, 179, 320.
Troyes, 233.
Tunnels, 47-48, 286.
Turbine, 181, 199-200, 214, 258.

Turgan, 277.
Turgot, 253.
Turquie, 27.
Turriano (Juanelo), 196, 217, 220.
Tweddell, 284-285, 293.
Urbino, 190-192.
URSS, 318.
USA, *voir* États-Unis.
Vail (Theodore), 341.
Valentin, 167.
Valturio (Roberto), 198.
Vannerie, 26, 31.
Vapeur (machine à), 13, 73, 75, 112, 157, 172, 177, 183, 186, 205, 211, 220-225, 234, 253, 256, 258-260, 263-268, 280-282, 289, 291, 293, 303, 314.
Vauban, 207.
Vaucanson (Jacques), 74, 87, 206, 217, 239-250, 272, 274, 296, 298.
Végèce, 192.
Vélizy, 336.
Venise, 209.
Vérin (Hélène), 201.
Verne (Jules), 277.
Verre, 26, 53, 102, 149, 209-210, 317-318.
Versailles, 209, 217.

Vielle, 162-163.
Vigevano (Guidoda), 195, 198.
Villard de Honnecourt, 87-88, 157-158, 161, 189.
Vinci (Léonard de), 75-76, 78, 152, 181, 190-191, 196, 198, 234.
Vis d'Archimède : machine élévatoire constituée d'un tube dans lequel une vis fait monter l'eau emprisonnée entre les flans successifs de l'hélice, 45, 57, 76, 116-117, 121, 176.
Vistule, 277.
Vitruve, 118, 127, 176, 183, 192.
Volant, 163, 186-187.
Voltaire, 298.
Voûte, 47.
Watt (James), 13, 184, 186, 205, 217, 221, 223-224, 253, 266.
Webbink (D.W.), 340.
Wheatstone, 273.
White (Lynn Jr.), 103, 145, 147, 161.
Wilkinson, 223, 298.
Wurtemberg, 297.
Wyatt & Paul, 225.
Yafar, 31.
Yazid, 134.
Yorktown, 326.

Table

Introduction 9
   Invention et innovation 12
   Le règne machinal 13

première partie

Les origines

L'outil de pierre taillée... 20
L'explosion du néolithique 26
Les arts et techniques du feu 32

deuxième partie

L'Antiquité

1. Panorama 37
   Les grands bâtisseurs de l'Antiquité 39
   De la brique à la pierre 43
   Les transports 49
   Les arts et techniques nés du feu 52

2. Un objet : l'obélisque 61
   L'obélisque élément symbolique 61

L'art d'ériger les obélisques	63
Les méthodes constructives des Égyptiens	68
Un système technique profondément cohérent	69

3. Un homme : Héron d'Alexandrie 73

Automates et automatisme	74
Une grande lignée d'hydrauliciens	79
L'art militaire, déjà...	84
Du jeu comme moteur des techniques	86

troisième partie

Au-delà de l'Europe

1. Panorama 93

Les techniques chinoises primitives	94
La métallurgie chinoise	95
Un système technique original	98
Des transports à la mesure de l'Empire	101
L'océan Indien, voie d'échanges commerciaux et techniques	102
Le papier et la poudre à canon, grandes innovations chinoises	104
Reproduire la mécanique céleste	106
Les techniques de l'Amérique précolombienne	109

2. Un objet : la noria . . . . : 115

La famille des norias	116
Les usages de la noria	127
Les « technologies appropriées »	128

3. Un homme : al-Jazari 131

L'homme et son œuvre	132
Variations sur la noria	133
Les clepsydres	139

quatrième partie

Le Moyen Age et la Renaissance

1. Panorama 143

   L'agriculture, terrain d'innovations 145
   L'essor de la vie urbaine 149
   Les cathédrales, premiers grands chantiers modernes . 149
   La circulation des techniques, des gens, des idées . . 152
   Les transports maritimes 154
   Le goût du machinisme 155
   La naissance de l'horloge mécanique 157
   Petite taille et précision 160
   Les mines et la métallurgie 164

2. Un objet : le moulin à eau 171

   Le moulin, usine du Moyen Age 171
   Le moulin à eau, un ensemble technique 174
   Aux origines de la roue hydraulique 176
   Une révolution technique médiévale 179
   La mécanique du moulin 181
   La culture des moulins 185

3. Un homme : Francesco di Giorgio Martini 189

   Le grand ingénieur de la Renaissance 189
   La naissance du bastion 192
   Dessin artistique, dessin technique 194
   Les trois engins de l'ingénieur 200

cinquième partie
De l'âge classique à l'Encyclopédie

1. Panorama 205

    Des techniques en maturation 206
    Les techniques de la vie quotidienne 208
    Le bois, l'eau et l'animal 210
    Le bois, élément de construction 212
    L'eau : jouer et produire 216
    Quand la machine à vapeur n'était qu'une pompe à feu 220
    La course folle du textile 223

2. Un objet : le métier à bas 227

    La méthode des encyclopédistes 227
    La description du métier 232
    L'*Encyclopédie*, un bilan des techniques classiques . 234
    Des renvois à l'hypertexte 235
    L'ouvrier et l'inventeur 235

3. Un homme : Jacques Vaucanson 239

    La tradition : le mythe de l'homme artificiel . . 239
    Le modernisme : automatisme et rationalisation . 243
    Montrer pour faire comprendre 248

sixième partie
La civilisation industrielle

1. Panorama 253

    La société de consommation... d'énergie 255
    La roue hydraulique réinventée 258
    La trilogie fer-fonte-acier 261
    La naissance de l'industrie chimique 264

L'explosion des transports	265
Du transport de matière au transport de signes	270
La diffusion du savoir technique	274

2. Un objet : le rivet ... 279

Une technique artisanale dans la grande industrie	280
La course à la mécanisation	282
L'hégémonie tardive du marteau pneumatique	286
Un système hommes-machines bloqué	287
La parole au secours de l'écrit	289
Le mythe de la machine autonome	290
L'énergie en miettes	292

3. Un homme : Frédéric Japy ... 295

L'itinéraire d'un patron technicien	296
L'innovation technique, une tradition de famille	298
Une mutation familiale réussie	303
La chute de l'empire Japy	307

septième partie

De la production de masse à la communication

1. Panorama ... 313

L'énergie impalpable	314
La combinatoire des matériaux	316
Domaines forts et courants faibles	319
La production assistée par ordinateur	321
La maison mécanisée	322
Renaissance ou déclin ?	325

2. Un objet : le minitel ... 329

Le minitel, un objet très simple	329
Une base de donnée gigantesque	332

La guerre des normes internationales 334
De l'analogique au numérique 334
Une naissance difficile 335
Un nom nouveau pour un concept nouveau 337

3. Des hommes : les Bell Laboratories 339

La naissance d'un grand laboratoire industriel . . . 340
La découverte du transistor 342
Stratégies d'innovation 343
Les retombées de l'« effet transistor » 345
Les recettes du succès et les causes du déclin . . . 348

Repères bibliographiques 353

Index 357

SOURCE DES ILLUSTRATIONS

Pages 22, 23, 25 : *in* A. Leroi-Gourhan, *Le Geste et la Parole*, A. Michel, 1985, vol. 1, p. 131, 138, 144 — Page 67 : *in* B. Gille, *Histoire des techniques*, Gallimard, Encyclopédie de la Pléiade, 1978, p. 167 — Page 31 : d'après B. Juillerat, « Culture et exploitation du palmier-sagoutier dans les border-Mountains (Nouvelle-Guinée) », *Techniques et Culture*, n° 3, janvier-juin 1984, p. 43-64 — Page 39 : axonométrie d'une maison d'habitation, in *Le Courrier de l'Unesco*, décembre 1973, p. 10 — Page 42 : d'après J. Spruytte, « La roue pleine et ses dérivés », *Techniques et Culture*, n° 6, 1985, p. 99-110 — Pages 44-50, 111 : d'après L. Conti, C. Lamera, *La Technologie des origines à l'an 2000*, Solar, 1983, p. 50-51, 62, 95 — Page 46 : *in* R. Harot, « La technique romaine », *La Recherche*, n° 99, avril 1979, p. 367 — Page 55 : *in* Centre de recherche de l'histoire de la sidérurgie, *Histoire du fer, Guide illustré du Musée du fer*, Jarville, 1977, p. 28 — Pages 64-66, 70-71 : *in* J.C. Golvin, J.C. Goyon, *Les Bâtisseurs de Karnak*, Presses du CNRS, 1987, p. 128, 100 et 132 — Pages 75, 240 : *in* la *Nature*, mars 1893, p. 245-247 et 3 juin 1905 — Pages 77, 78 bas, 220 : *in* S. Strandh, *Machines, histoire illustrée*, Gründ, 1988, p. 37, 39, 104 — Pages 78 haut, 162, 228 : *in History of Mechanical Engineering*, New York, Dover Publ., 1988, p. 146, 199, 280 — Pages 80, 81 : dessin Dan Todd, *in* O. Mayr, « La régulation des machines par rétroaction », *Histoire de machines*, « Bibliothèque Pour la science », © Pour la science, 1982, p. 128-129 — Pages 96, 107, 138 : *in* J. Needham, *Clercks and Craftsmen in China and the West*, Cambridge University Press, 1970, p. 120, 211, 192 — Pages 102, 160, 246 bas : *in* M. Daumas, *Histoire générale des techniques*, PUF, I, p. 301, 303, 680 — Pages 120, 124, 125, 135 : *in* S. Needham, *Science and Civilisation in China*, Cambridge University Press, 1954, IV, 2, p. 317, 340, 353 — Pages 134, 136, 137 : *in* Al-Hassan, Hill, *Islamic Technology, an Illustrated History*, Cambridge University Press, Unesco, 1986, p. 43, 46-47, 48 — Page 138 : d'après J. Needham, *Clerks...*, p. 192. — Page 140 : d'après Al-Hassan, Hill, *op. cit.*, p. 58 — Page 153 : *in* M. Cianchi, *Les Machines de Léonard de Vinci*, Florence, Becocci, 1984, p. 35 — Pages 163, 224, 259, 271, 272, 283, 285 : *in* Reuleaux, *Le Grandi Scoperte*, t. VI et t. II, p. 271, 251, t. VI, p. 39, 32, 47, 48 — Page 164 : *in* Francis Van Noten, Jan Raymaeckers, « Les débuts de la métallurgie en Afrique centrale », *Pour la science*, n° 130, août 1988, p. 38-45. — Page 166 : *in* M.N. Delaine, « Les grilles romanes en France », *Revue d'histoire des mines et de la métallurgie*, t. IV, n° 1/2, 1972, p. 127 — Page 168 : *in* « L'art et les mines dans les Vosges », *Pierres et Terre*, n° 25-28, 1982 — Page 173 : d'après A. Guillerme, *Les Temps de l'eau, la cité, l'eau et les techniques*, Seyssel, Champ Vallon, coll. « Milieux », 1983, p. 94 — Pages 183, 213, 215, 230, 231 : Diderot, *Encyclopédie*, éd. Pergamon, p. 727, 1143, 18, 107, 109 — Pages 195, 207, 208 : in *Leonardo inventore*, Giunti Barbèra, 1981, p. 20-21, 106-107 — Page 197 : *in* 50, *rue de Varenne*, décembre 1985, p. 8 — Page 269 : Musée national des techniques du CNAM — Page 281 : *in* Tissandier, *La Tour Eiffel de 300 mètres*, G. Masson, 1889, p. 22 — Page 300 : *in* P. Lamard, *Histoire d'un capital familial au XIXe siècle : le capital Japy, 1777-1910*, Belfort, Société belfortaine d'émulation, 1988, p. 63 — Page 305 : *in* Turgan, *Les Grandes Usines*, 1867, t. 7, p. 268 — Page 344 : d'après R. Forster, *L'Innovation, avantage à l'attaquant*, Paris, 1986, p. 29 — Page 346 : d'après *La Révolution de l'intelligence : rapport sur l'état de la technique*, 1985, p. 85.

COMPOSITION : CHARENTE-PHOTOGRAVURE À ANGOULÊME
IMPRESSION : BRODARD ET TAUPIN À LA FLÈCHE
DÉPÔT LÉGAL : SEPTEMBRE 1990. N° 12405 (1102D-5).

Collection Points

SÉRIE SCIENCES

dirigée par Jean-Marc Lévy-Leblond

S1. La Recherche en biologie moléculaire, *ouvrage collectif*
S2. Des astres, de la vie et des hommes, *par Robert Jastrow* (épuisé)
S3. (Auto) critique de la science,
    par Alain Jaubert et Jean-Marc Lévy-Leblond
S4. Le Dossier électronucléaire,
    par le syndicat CFDT de l'Énergie atomique
S5. Une révolution dans les sciences de la Terre, *par Anthony Hallam*
S6. Jeux avec l'infini, *par Rózsa Péter*
S7. La Recherche en astrophysique, *ouvrage collectif* (nouvelle édition)
S8. La Recherche en neurobiologie (épuisé, voir nouvelle édition S57)
S9. La Science chinoise et l'Occident, *par Joseph Needham*
S10. Les Origines de la vie, *par Joël de Rosnay*
S11. Échec et Maths, *par Stella Baruk*
S12. L'Oreille et le Langage, *par Alexandre Tomatis*
S13. Les Énergies du soleil, *par Pierre Audibert,*
    en collaboration avec Danielle Rouard
S14. Cosmic Connection ou l'Appel des étoiles, *par Carl Sagan*
S15. Les Ingénieurs de la Renaissance, *par Bertrand Gille*
S16. La Vie de la cellule à l'homme, *par Max de Ceccatty*
S17. La Recherche en éthologie, *ouvrage collectif*
S18. Le Darwinisme aujourd'hui, *ouvrage collectif*
S19. Albert Einstein, créateur et rebelle, *par Banesh Hoffmann*
S20. Les Trois Premières Minutes de l'Univers, *par Steven Weinberg*
S21. Les Nombres et leurs mystères, *par André Warusfel*
S22. La Recherche sur les énergies nouvelles, *ouvrage collectif*
S23. La Nature de la physique, *par Richard Feynman*
S24. La Matière aujourd'hui, *ouvrage collectif*
S25. La Recherche sur les grandes maladies, *ouvrage collectif*
S26. L'Étrange Histoire des quanta, *par Banesh Hoffmann, Michel Paty*
S27. Éloge de la différence, *par Albert Jacquard*
S28. La Lumière, *par Bernard Maitte*
S29. Penser les mathématiques, *ouvrage collectif*
S30. La Recherche sur le cancer, *ouvrage collectif*
S31. L'Énergie verte, *par Laurent Piermont*
S32. Naissance de l'Homme, *par Robert Clarke*
S33. Recherche et Technologie, *Actes du Colloque national*
S34. La Recherche en physique nucléaire, *ouvrage collectif*
S35. Marie Curie, *par Robert Reid*
S36. L'Espace et le Temps aujourd'hui, *ouvrage collectif*
S37. La Recherche en histoire des sciences, *ouvrage collectif*
S38. Petite Logique des forces, *par Paul Sandori*
S39. L'Esprit de sel, *par Jean-Marc Lévy-Leblond*
S40. Le Dossier de l'énergie, *par le Groupe confédéral énergie de la CFDT*

- S41. Comprendre notre cerveau, *par Jacques-Michel Robert*
- S42. La Radioactivité artificielle, *par Monique Bordry et Pierre Radvanyi*
- S43. Darwin et les Grandes Énigmes de la vie, *par Stephen Jay Gould*
- S44. Au péril de la science ?, *par Albert Jacquard*
- S45. La Recherche sur la génétique et l'hérédité, *ouvrage collectif*
- S46. Le Monde quantique, *ouvrage collectif*
- S47. Une histoire de la physique et de la chimie, *par Jean Rosmorduc*
- S48. Le Fil du temps, *par André Leroi-Gourhan*
- S49. Une histoire des mathématiques, *par Amy Dahan-Dalmedico et Jeanne Peiffer*
- S50. Les Structures du hasard, *par Jean-Louis Boursin*
- S51. Entre le cristal et la fumée, *par Henri Atlan*
- S52. La Recherche en intelligence artificielle, *ouvrage collectif*
- S53. Le Calcul, l'Imprévu, *par Ivar Ekeland*
- S54. Le Sexe et l'Innovation, *par André Langaney*
- S55. Patience dans l'azur, *par Hubert Reeves*
- S56. Contre la méthode, *par Paul Feyerabend*
- S57. La Recherche en neurobiologie, *ouvrage collectif*
- S58. La Recherche en paléontologie, *ouvrage collectif*
- S59. La Symétrie aujourd'hui, *ouvrage collectif*
- S60. Le Paranormal, *par Henri Broch*
- S61. Petit Guide du ciel, *par Bernard Pellequer*
- S62. Une histoire de l'astronomie, *par Jean-Pierre Verdet*
- S63. L'Homme re-naturé, *par Jean-Marie Pelt*
- S64. Science avec conscience, *par Edgar Morin*
- S65. Une histoire de l'informatique, *par Philippe Breton*
- S66. Une histoire de la géologie, *par Gabriel Gohau*
- S67. Une histoire des techniques, *par Bruno Jacomy*

Collection « Science ouverte »

dirigée par Jean-Marc Lévy-Leblond

Pierre Achard *et al.*, *Discours biologique et Ordre social*, 1977
Jean-Pierre Adam, *Le Passé recomposé*, 1988
Alexander Alland, *La Dimension humaine*, 1974
Jacques Arsac, *Les Machines à penser*, 1987
Henri Atlan, *A tort et à raison*, 1986
Madeleine Barthélémy-Madaule, *Lamarck ou le Mythe du précurseur*, 1979
Stella Baruk, *Échec et Maths**, 1973
  Fabrice ou l'École des mathématiques, 1977
  L'Age du capitaine, 1985
Jean-Bernard, Marcel Bessis, Claude Debru (sous la dir.), *Soi et non-Soi*, 1990
Basil Booth & Nicholas Wade, *La Souris truquée*, 1987
Jean-Louis Boursin, *Les Dés et les Urnes*, 1990
Henri Broch, *Le Paranormal**, 1985
Mario Bunge, *Philosophie de la physique*, 1975
Giovanni Ciccotti *et al.*, *L'Araignée et le Tisserand*, 1979
Robert Clarke, *Naissance de l'homme**, 1982
Paul Colinvaux, *Les Manèges de la vie*, 1982
Benjamin Coriat, *Science, Technique et Capital*, 1976
Michel Crozon, *La Matière première*, 1987
Antoine Danchin, *Une aurore de pierres*, 1990
William C. Dement, *Dormir, Rêver*, 1981
Alain Dupas, *La Lutte pour l'espace*, 1977
Albert Einstein et Max Born, *Correspondance 1916-1955*, 1988
Ivar Ekeland, *Le Calcul, l'Imprévu**, 1984
Paul Feyerabend, *Contre la méthode**, 1979
  Adieu la Raison, 1989
Peter T. Furst, *La Chair des dieux*, 1974
Jean-Gabriel Ganascia, *L'Ame-Machine*, 1990
Martin Gardner, *L'Univers ambidextre*, 1985
Bertrand Gille, *Les Mécaniciens grecs*, 1980
Stephen J. Gould, *Le Sourire du flamant rose*, 1988
George Greenstein, *Le Destin des étoiles*, 1987
Edward Harrison, *Le Noir de la nuit*, 1990
P. Huard, J. Bossy, G. Mazars, *Les Médecines de l'Asie*, 1978
Albert Jacquard, *Éloge de la différence**, 1981
  *Au péril de la science ?**, 1984
  L'Héritage de la liberté, 1986
Jean-Jacques, *Les Confessions d'un chimiste ordinaire*, 1981
Patrick Lagadec, *La Civilisation du risque*, 1981
  États d'urgence, 1988
André Langaney, *Le Sexe et l'Innovation**, 1979
Tony Lévy, *Figures de l'infini*, 1987

---

* L'astérisque indique les ouvrages disponibles dans la série de poche « Points Sciences ».

J.-M. Lévy-Leblond et A. Jaubert, *(Auto)critique de la science**, 1973
Eugene Linden, *Ces singes qui parlent*, 1979
Georges Ménahem, *La Science et le Militaire*, 1976
Agata Mendel, *Les Manipulations génétiques*, 1980
P.-A. Mercier, F. Plassard, V. Scardigli, *La Société digitale*, 1984
Abraham A. Moles, *Les Sciences de l'imprécis*, 1990
Catherine Mondiet-Colle, Michel Colle, *Le Mythe de Procuste*, 1989
Hubert Reeves, *Patience dans l'azur**, 1981
  Poussières d'étoiles, 1984
  L'Heure de s'enivrer, 1986
Jacques-Michel Robert, *Comprendre notre cerveau**, 1982
Colin Ronan, *Histoire mondiale des sciences*, 1988
Philippe Roqueplo, *Le Partage du savoir*, 1974
  Penser la technique, 1983
Steven Rose, *Le Cerveau conscient*, 1975
H. Rose, S. Rose *et al.*, *L'Idéologie de/dans la science*, 1977
Joël de Rosnay, *L'Aventure du vivant*, 1988
Rudy Rucker, *La Quatrième Dimension*, 1985
Carl Sagan, *Les Dragons de l'Eden*, 1980
Evry Schatzman, *Les Enfants d'Uranie*, 1986
Michel Schiff, *L'Intelligence gaspillée*, 1982
Dominique Simonnet, *Vivent les bébés!*, 1986
William Skyvington, *Machina Sapiens*, 1976
Solomon H. Snyder, *La Marijuana*, 1973
Isabelle Stengers *et al.*, *D'une science à l'autre*, 1987
Peter S. Stevens, *Les Formes dans la nature*, 1978
Pierre Thuillier, *Le Petit Savant illustré*, 1978
  Les Savoirs ventriloques, 1983
Francisco J. Varela, *Connaître*, 1989
Renaud Vié le Sage, *La Terre en otage*, 1989
Steven Weinberg, *Les Trois Premières Minutes de l'Univers**, 1978

Collection Points

DERNIERS TITRES PARUS

59. Une saison au Congo, *par Aimé Césaire*
61. Psychanalyser, *par Serge Leclaire*
63. Mort de la famille, *par David Cooper*
64. A quoi sert la Bourse?
    par Jean-Claude Leconte (épuisé)
65. La Convivialité, *par Ivan Illich*
66. L'Idéologie structuraliste, *par Henri Lefebvre*
67. La Vérité des prix, *par Hubert Lévy-Lambert* (épuisé)
68. Pour Gramsci, *par Maria-Antonietta Macciocchi*
69. Psychanalyse et Pédiatrie, *par Françoise Dolto*
70. S/Z, *par Roland Barthes*
71. Poésie et Profondeur, *par Jean-Pierre Richard*
72. Le Sauvage et l'Ordinateur, *par Jean-Marie Domenach*
73. Introduction à la littérature fantastique
    par Tzvetan Todorov
74. Figures I, *par Gérard Genette*
75. Dix Grandes Notions de la sociologie, *par Jean Cazeneuve*
76. Mary Barnes, un voyage à travers la folie
    par Mary Barnes et Joseph Berke
77. L'Homme et la Mort, *par Edgar Morin*
78. Poétique du récit, *par Roland Barthes, Wayne Booth
    Philippe Hamon et Wolfgang Kayser*
79. Les Libérateurs de l'amour, *par Alexandrian*
80. Le Macroscope, *par Joël de Rosnay*
81. Délivrance, *par Maurice Clavel et Philippe Sollers*
82. Système de la peinture, *par Marcelin Pleynet*
83. Pour comprendre les média, *par M. McLuhan*
84. L'Invasion pharmaceutique
    par Jean-Pierre Dupuy et Serge Karsenty
85. Huit Questions de poétique, *par Roman Jakobson*
86. Lectures du désir, *par Raymond Jean*
87. Le Traître, *par André Gorz*
88. Psychiatrie et Anti-Psychiatrie, *par David Cooper*
89. La Dimension cachée, *par Edward T. Hall*
90. Les Vivants et la Mort, *par Jean Ziegler*
91. L'Unité de l'homme, *par le Centre Royaumont*
    1. Le primate et l'homme,
    par E. Morin et M. Piattelli-Palmarini
92. L'Unité de l'homme, *par le Centre Royaumont*
    2. Le cerveau humain, *par E. Morin et M. Piattelli-Palmarini*
93. L'Unité de l'homme, *par le Centre Royaumont*
    3. Pour une anthropologie fondamentale
    par E. Morin et M. Piattelli-Palmarini
94. Pensées, *par Blaise Pascal*
95. L'Exil intérieur, *par Roland Jaccard*

96. Semeiotiké, recherches pour une sémanalyse
    par Julia Kristeva
97. Sur Racine, *par Roland Barthes*
98. Structures syntaxiques, *par Noam Chomsky*
99. Le Psychiatre, son « fou » et la psychanalyse
    par Maud Mannoni
100. L'Écriture et la Différence, *par Jacques Derrida*
101. Le Pouvoir africain, *par Jean Ziegler*
102. Une logique de la communication
     par P. Watzlawick, J. Helmick Beavin, Don D. Jackson
103. Sémantique de la poésie, *par T. Todorov, W. Empson
     J. Cohen, G. Hartman et F. Rigolot*
104. De la France, *par Maria-Antonietta Macciocchi*
105. Small is beautiful, *par E. F. Schumacher*
106. Figures II, *par Gérard Genette*
107. L'Œuvre ouverte, *par Umberto Eco*
108. L'Urbanisme, *par Françoise Choay*
109. Le Paradigme perdu, *par Edgar Morin*
110. Dictionnaire encyclopédique des sciences du langage
     par Oswald Ducrot et Tzvetan Todorov
111. L'Évangile au risque de la psychanalyse (tome 1)
     par Françoise Dolto
112. Un enfant dans l'asile, *par Jean Sandretto*
113. Recherche de Proust, *ouvrage collectif*
114. La Question homosexuelle
     par Marc Oraison
115. De la psychose paranoïaque dans ses rapports
     avec la personnalité, *par Jacques Lacan*
116. Sade, Fourier, Loyola, *par Roland Barthes*
117. Une société sans école, *par Ivan Illich*
118. Mauvaises Pensées d'un travailleur social
     par Jean-Marie Geng
119. Albert Camus, *par Herbert R. Lottman*
120. Poétique de la prose, *par Tzvetan Todorov*
121. Théorie d'ensemble, *par Tel Quel*
122. Némésis médicale, *par Ivan Illich*
123. La Méthode
     1. La Nature de la Nature, *par Edgar Morin*
124. Le Désir et la Perversion, *ouvrage collectif*
125. Le Langage, cet inconnu, *par Julia Kristeva*
126. On tue un enfant, *par Serge Leclaire*
127. Essais critiques, *par Roland Barthes*
128. Le Je-ne-sais-quoi et le Presque-rien
     1. La manière et l'occasion
     par Vladimir Jankélévitch
129. L'Analyse structurale du récit, Communications 8
     ouvrage collectif
130. Changements, Paradoxes et Psychothérapie
     par P. Watzlawick, J. Weakland et R. Fisch

131. Onze Études sur la poésie moderne
   par Jean-Pierre Richard
132. L'Enfant arriéré et sa mère, *par Maud Mannoni*
133. La Prairie perdue (Le roman américain)
   par Jacques Cabau
134. Le Je-ne-sais-quoi et le Presque-rien
   2. La méconnaissance, *par Vladimir Jankélévitch*
135. Le Plaisir du texte, *par Roland Barthes*
136. La Nouvelle Communication, *ouvrage collectif*
137. Le Vif du sujet, *par Edgar Morin*
138. Théories du langage, Théories de l'apprentissage
   par le Centre Royaumont
139. Baudelaire, la Femme et Dieu, *par Pierre Emmanuel*
140. Autisme et Psychose de l'enfant, *par Frances Tustin*
141. Le Harem et les Cousins, *par Germaine Tillion*
142. Littérature et Réalité, *ouvrage collectif*
143. La Rumeur d'Orléans, *par Edgar Morin*
144. Partage des femmes, *par Eugénie Lemoine-Luccioni*
145. L'Évangile au risque de la psychanalyse (tome 2)
   par Françoise Dolto
146. Rhétorique générale, *par le Groupe µ*
147. Système de la Mode, *par Roland Barthes*
148. Démasquer le réel, *par Serge Leclaire*
149. Le Juif imaginaire, *par Alain Finkielkraut*
150. Travail de Flaubert, *ouvrage collectif*
151. Journal de Californie, *par Edgar Morin*
152. Pouvoirs de l'horreur, *par Julia Kristeva*
153. Introduction à la philosophie de l'histoire de Hegel
   par Jean Hyppolite
154. La Foi au risque de la psychanalyse
   par Françoise Dolto et Gérard Sévérin
155. Un lieu pour vivre, *par Maud Mannoni*
156. Scandale de la vérité, *suivi de*
   Nous autres, Français, *par Georges Bernanos*
157. Enquête sur les idées contemporaines
   par Jean-Marie Domenach
158. L'Affaire Jésus, *par Henri Guillemin*
159. Paroles d'étranger, *par Elie Wiesel*
160. Le Langage silencieux, *par Edward T. Hall*
161. La Rive gauche, *par Herbert R. Lottman*
162. La Réalité de la réalité, *par Paul Watzlawick*
163. Les Chemins de la vie, *par Joël de Rosnay*
164. Dandies, *par Roger Kempf*
165. Histoire personnelle de la France, *par François George*
166. La Puissance et la Fragilité, *par Jean Hamburger*
167. Le Traité du sablier, *par Ernst Jünger*
168. Pensée de Rousseau, *ouvrage collectif*
169. La Violence du calme, *par Viviane Forrester*
170. Pour sortir du XXe siècle, *par Edgar Morin*

171. La Communication, Hermès 1, *par Michel Serres*
172. Sexualités occidentales, Communications 35
    ouvrage collectif
173. Lettre aux Anglais, *par Georges Bernanos*
174. La Révolution du langage poétique, *par Julia Kristeva*
175. La Méthode
    2. La Vie de la Vie, *par Edgar Morin*
176. Théories du symbole, *par Tzvetan Todorov*
177. Mémoires d'un névropathe
    par Daniel Paul Schreber
178. Les Indes, *par Édouard Glissant*
179. Clefs pour l'Imaginaire ou l'Autre Scène
    par Octave Mannoni
180. La Sociologie des organisations, *par Philippe Bernoux*
181. Théorie des genres, *ouvrage collectif*
182. Le Je-ne-sais-quoi et le Presque-rien
    3. La volonté de vouloir, *par Vladimir Jankélévitch*
183. Le Traité du rebelle, *par Ernst Jünger*
184. Un homme en trop, *par Claude Lefort*
185. Théâtres, *par Bernard Dort*
186. Le Langage du changement, *par Paul Watzlawick*
187. Lettre ouverte à Freud, *par Lou Andréas-Salomé*
188. La Notion de littérature, *par Tzvetan Todorov*
189. Choix de poèmes, *par Jean-Claude Renard*
190. Le Langage et son double, *par Julien Green*
191. Au-delà de la culture, *par Edward T. Hall*
192. Au jeu du désir, *par Françoise Dolto*
193. Le Cerveau planétaire, *par Joël de Rosnay*
194. Suite anglaise, *par Julien Green*
195. Michelet, *par Roland Barthes*
196. Hugo, *Par Henri Guillemin*
197. Zola, *par Marc Bernard*
198. Apollinaire, *par Pascal Pia*
199. Paris, *par Julien Green*
200. Voltaire, *par René Pomeau*
201. Montesquieu, *par Jean Starobinski*
202. Anthologie de la peur, *par Éric Jourdan*
203. La Paradoxe de la morale, *par Vladimir Jankélévitch*
204. Saint-Exupéry, *par Luc Estang*
205. Leçon, *par Roland Barthes*
206. François Mauriac
    1. Le sondeur d'abîmes (1885-1933), *par Jean Lacouture*
207. François Mauriac
    2. Un citoyen du siècle (1933-1970), *par Jean Lacouture*
208. Proust et le Monde sensible, *par Jean-Pierre Richard*
209. Nus, Féroces et Antropophages, *par Hans Staden*
210. Œuvre poétique, *par Léopold Sédar Senghor*
211. Les Sociologies contemporaines, *par Pierre Ansart*
212. Le Nouveau Roman, *par Jean Ricardou*